Klaus Grüning

Umformtechnik

Klaus Grüning

Umformtechnik

4., durchgesehene Auflage

Mit 220 Bildern, 34 Beispielen und 23 Tabellen

Friedr. Vieweg & Sohn   Braunschweig/Wiesbaden

CIP-Kurztitelaufnahme der Deutschen Bibliothek

Grüning, Klaus:
Umformtechnik / Klaus Grüning. – 4., durchges.
Aufl. – Braunschweig; Wiesbaden: Vieweg, 1986.
  (Viewegs Fachbücher der Technik)
ISBN-13: 978-3-528-34041-4   e-ISBN-13: 978-3-322-85076-8
DOI: 10.1007/978-3-322-85076-8

1. Auflage 1966
2., berichtigte Auflage 1972
3., neubearbeitete Auflage 1982
4., durchgesehene Auflage 1986

Umschlaggestaltung: Hanswerner Klein, Leverkusen
Satz: Friedr. Vieweg & Sohn, Braunschweig
Druck und buchbinderische Verarbeitung: W. Langelüddecke, Braunschweig

Vorwort

Für die 3. Auflage des Bandes Umformtechnik wurde eine Überarbeitung erforderlich. Die Darstellung der Umformverfahren der Metallbearbeitung und ihre Grundlagen wurden ergänzt und stärker als bisher an Definition und Reihenfolge der in DIN 8582 und Folgenormen vorgenommenen Einteilung der Fertigungsverfahren Umformen angelehnt. Gleichzeitig erfolgte die Umstellung auf die nach DIN 1301 gültigen Einheiten.

Der Verfasser hat viele Anregungen aus dem Kreis der Benutzer des Bandes Umformtechnik erhalten und sie in der jetzt vorliegenden 3. Auflage verwertet.

Das Buch soll als Lehrbuch den Studierenden einen Überblick über die Umformtechnik verschaffen. Die beim Zusammenwirken von Werkzeug und Werkstoff auftretenden mannigfaltigen Einflußgrößen der Kräfte und Spannungen, der Reibung, der Temperatur, der Geometrie, des Gefüges u.a. werden aufgezeigt, um das Wesen dieser Technik zu veranschaulichen.

Dieses Buch will eine Hilfe sein, wenn es darum geht, bei der Fertigung eines Teiles zwischen mehreren Umformverfahren zu wählen oder von einem zerspanenden Fertigungsverfahren auf ein umformendes Verfahren überzugehen. Bei der Auslegung von Werkzeugen und der Wahl geeigneter Maschinen wird man die Kräfte berechnen und den erforderlichen Arbeitsbedarf ermitteln. Eine Reihe von durchgerechneten Beispielen soll den Umgang mit den Größen erleichtern, die einer Berechnung zugänglich sind.

Kritische Hinweise und Anregungen sind auch für die 3. Auflage des Bandes Umformtechnik willkommen.

Berlin, Januar 1982 *Dr.-Ing. Klaus Grüning*

In der 4. Auflage wurden Fehler korrigiert.

Berlin, Juli 1986

Inhaltsverzeichnis

Einleitung

Durch viele Jahrhunderte hindurch wurde das Umformen der Metalle praktisch schon geübt, bevor man daran ging, ihnen durch Zerspanen eine bestimmte Gestalt zu geben. Man bediente sich vor allem der Umformung des Eisens in der Schmiedehitze, um Waffen herzustellen. Bei der Schmuck- und Münzherstellung lernte man früh das Umformen durch Prägen.

Heute verlangt man genauere Formen, die auf wirtschaftliche Weise nur durch Zerspanen hergestellt werden können. Neben die *Zerspantechnik* ist inzwischen gleichrangig die *Umformtechnik* getreten. Das war möglich, weil durch die Entwicklung von Werkzeugen und Maschinen auch bei der Kaltumformung Genauigkeiten erzielt werden konnten, die bislang nur der Zerspantechnik vorbehalten blieben.

Während die Zerspantechnik in der Einzel- und Kleinserienfertigung und bei hohen Genauigkeitsansprüchen nach wie vor unentbehrlich ist, gelangte die Umformtechnik vor allem in der Massenfertigung zu erheblicher Bedeutung. Dort zwingt die scharfe Kalkulation ständig zu einer möglichst sparsamen Anwendung von Stoff und Arbeit. Dieser Forderung wird die Umformtechnik am ehesten gerecht, weil sie oft schon mit Hilfe eines Hammerschlages oder in einem Walzdurchgang die gewünschte Form hervorbringt; oder sie nähert sich ihr so weit, daß die Spanabnahme, mit der dem Werkstück die endgültige Gestalt gegeben wird, nur noch sehr gering ist. Das an der Umformung beteiligte Volumen bleibt erhalten; im Idealfall ist daher eine *Formgebung ohne Stoffverlust* möglich. Nach Prof. Kienzle [22] wurde in DIN 8580 eine Einteilung der Fertigungsverfahren in sechs Hauptgruppen vorgenommen:

Urformen – Umformen – Trennen – Fügen – Beschichten – Stoffeigenschaftändern

Unter dem Begriff **Urformen** werden die vielen Wege, aus dem formlosen Rohstoff eine erste Form herzustellen, zusammengefaßt. Dazu zählt das *Schmelzen* der Metalle und das anschließende *Gießen* in eine Form. Die gegossene Form ist in vielen Fällen nur vorläufig; sie wird durch **Umformen**, etwa durch *Walzen*, in eine neue Gestalt gebracht.

Durch Urformen und Umformen können jeweils schon fertige Formen entstehen; meist müssen sie aber durch **Trennen** in kleinere Stücke oder durch *Abtragen*, beispielsweise von Spänen, weiterbearbeitet werden. Aus mehreren kleinen Teilen entsteht schließlich durch **Fügen** ein Gebrauchsgegenstand. Häufig erhält er durch *galvanisches Beschichten* ein anderes Aussehen oder durch **Stoffeigenschaftändern**, etwa durch *Vergüten*, eine andere Festigkeit.

Unter *Umformen* soll das Fertigen durch Ändern einer Form in eine *bestimmte* Form verstanden werden, während *Verformen* das Ändern in eine *unbestimmte*, meist auch unerwünschte Form bedeutet. Das Wesen der Umformtechnik ist die Gestaltänderung eines Körpers, der durch gegenseitiges Verschieben von Stoffteilchen im festen Zustand in die gewünschte Form gebracht wird. Der *Zusammenhalt der Teilchen bleibt dabei erhalten*, so daß die *Teilmassen lediglich anders verteilt werden*.

Je nach Art des Umformvorganges treten verschiedene Spannungen gleichzeitig auf. Man unterscheidet daher die Umformverfahren nach der überwiegend wirksamen Spannung bzw. Beanspruchung in der Umformzone. Danach kann man das Umformen eines festen Körpers in fünf Gruppen einteilen:

Druckumformen [5]

– der plastische Zustand wird im wesentlichen durch Druckbeanspruchung herbeigeführt.

Zugdruckumformen [6]

– der plastische Zustand wird im wesentlichen durch eine zusammengesetzte Zug- und Druckbeanspruchung herbeigeführt.

Zugumformen [7]

– der plastische Zustand wird im wesentlichen durch eine Zugbeanspruchung herbeigeführt.

Biegeumformen [8]

– der plastische Zustand wird im wesentlichen durch eine Biegebeanspruchung herbeigeführt.

Schubumformen [9]

– der plastische Zustand wird im wesentlichen durch eine Schubbeanspruchung herbeigeführt.

Die Tabelle 1 zeigt eine Übersicht über die Umformverfahren der einzelnen Gruppen.

Man kann die Umformverfahren auch in *Massivumformung* und *Blechumformung*, d.h. nach der körperlichen Ausdehnung der Werkstücke unterteilen. Eine Unterscheidung in Warm-, Halbwarm- oder Kaltumformung ist nicht zweckmäßig, da viele Verfahren warm *und* kalt angwandt werden können.

Der *Stanztechnik* ist innerhalb der Reihe „Viewegs Fachbücher der Technik" ein eigener Band[1] gewidmet. Sie umfaßt nur die *Umformung von Feinblechen*, daneben aber auch das *Schneiden* und behandelt daher Teile der Verfahren Umformen und Trennen aus der *Blechbearbeitung*.

Ein Hauptvorteil der Anwendung umformender Fertigungsverfahren liegt in der möglichen Werkstoffeinsparung aufgrund der Formanpassung und des Leichtbaues gegenüber den herkömmlichen Methoden des Drehens, Fräsens u.a.[2]. Da die Kosten der Werkzeuge eine wesentliche Rolle spielen, beeinflußt die Stückzahl eines Formteiles die Wirtschaftlichkeit der Herstellung durch Umformen. Beim Gesenkschmieden werden für die teuren Gesenke hochwertige Warmarbeitsstähle verwendet, die schwierig zu bearbeiten sind und oft verwickelte Hohlformen aufweisen. Man muß daher eine genügend große Anzahl von Werkstücken in einem Gesenk schmieden, um die hohen Werkzeugkosten auf diese verteilen zu können. Die Mindeststückzahlen sind von der Werkstückgröße und ihrer geometrischen Form abhängig. Verwickelte Teile sind bei geringerer Stückzahl wirtschaftlich im Gesenk herzustellen, im Gegensatz zu einfachen Werkstücken, die auch durch Zerspanung kostengünstig gefertigt werden können. Je größer die Stückzahl, um so besser kann das Verfahren dem Werkstück angepaßt werden.

Dieser Band behandelt im ersten Abschnitt die für das Verständnis der Umformtechnik notwendigen Grundlagen. Der Hauptteil ist den Umformverfahren gewidmet. Daran schließt sich eine Betrachtung der Sonderverfahren der Hochleistungsumformungen an, bei der durch Sprengstoffe oder elektrische Entladungen hohe Energiemengen zur Umformung herangezogen werden. Im letzten Abschnitt wird gezeigt, wie das Umformen für das Fügen eingesetzt wird.

---

[1] *Semlinger*, Stanztechnik, Viewegs Fachbücher der Technik, Verlag Vieweg, Braunschweig.

[2] *Preger*, Zerspantechnik, Viewegs Fachbücher der Technik, Verlag Vieweg, Braunschweig.

Tabelle 1 Umformverfahren nach überwiegender Beanspruchung in der Umformzone

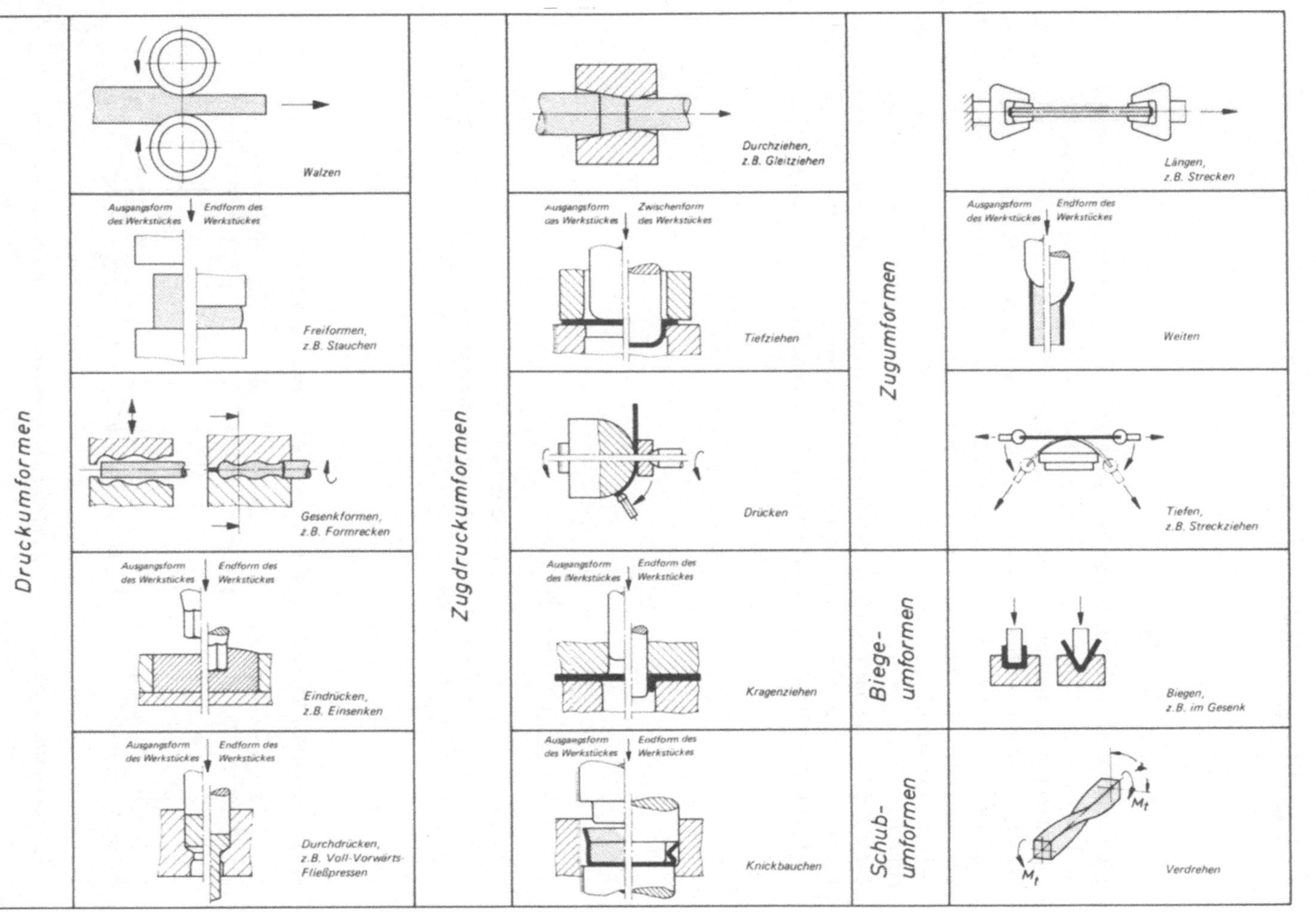

I Grundlagen der Umformtechnik

1 Aufbau der Metalle

Die Umformtechnik behandelt überwiegend Metalle; Ihre Fertigungsverfahren sind aber auch auf andere bildsame Stoffe übertragbar. In Metallen sind die Moleküle der Elemente regelmäßig angeordnet und bilden *Kristalle*. Unter einem Kristall stellt man sich gewöhnlich einen von ebenen Flächen begrenzten Körper vor. Erst unter dem Mikroskop erkennt man, daß sich ein Metallstück aus einer Vielheit verschieden orientierter kleiner Kristalle zusammensetzt. Sie entstehen bereits bei der Erstarrung des geschmolzenen Metalles, wobei sich die Atome an Kondensationskernen in einer bestimmten Ordnung anlagern (Bild I/1). So wächst der Kristall, bis eine *Grundzelle* entstanden ist. Die Atome bilden eine *Gitterstruktur*. Je nach den Symmetrieverhältnissen unterscheidet man im wesentlichen kubisch-flächenzentrierte, -raumzentrierte und hexagonale Gitter (Bild I/2). Die Grundzellen ordnen sich nahezu parallel und ergeben *Kristallkörner*, die immer größer werden,

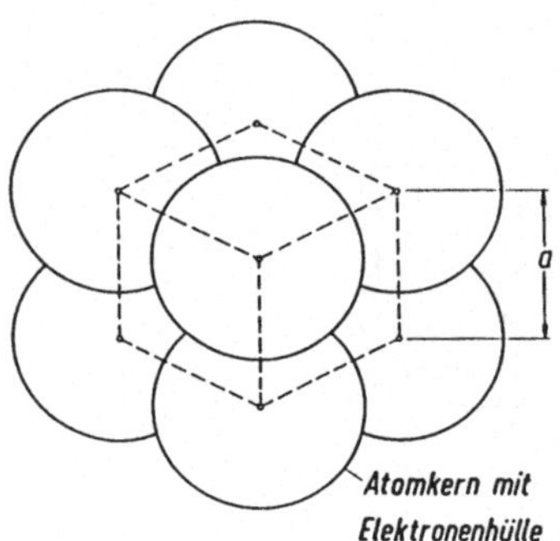

Bild I/1
Anordnung der Atomkerne in einer Kristall-Grundzelle
(a = 0,1 ... 0,5 · 10^{-6} mm)

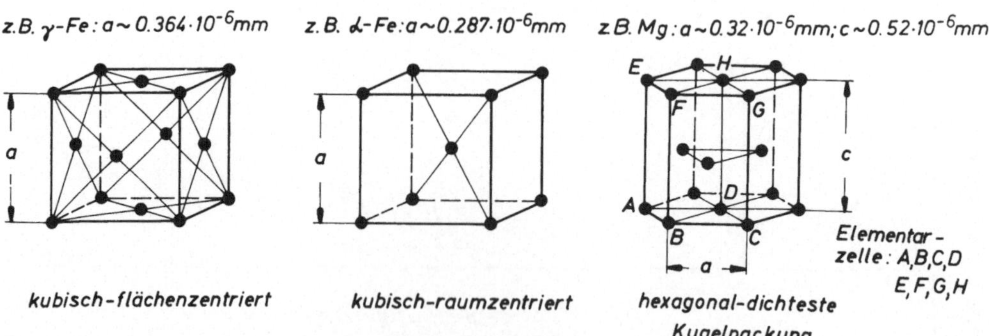

Bild I/2 Grundzellen der wichtigsten Kristallsysteme von Metallen [25]

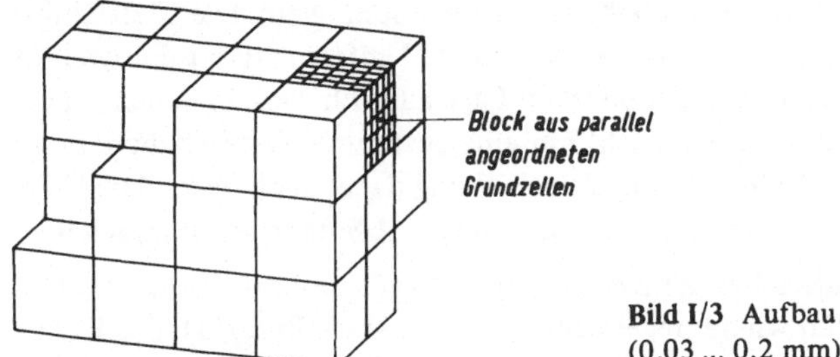

Bild I/3   Aufbau eines Kristallkornes (Kristallit)
(0,03 ... 0,2 mm)

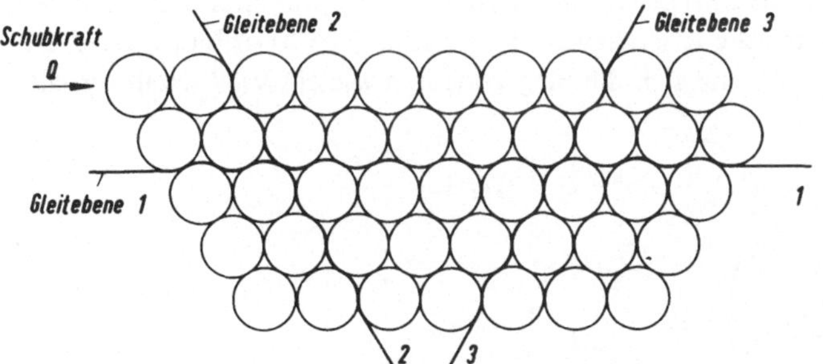

Bild I/4
Gleitvorgang

bis sie sich gegenseitig berühren und die Schmelze damit erstarrt ist. In Bild I/3 ist der Aufbau eines Kristallkornes schematisch dargestellt. Auf einer feingeschliffenen Oberfläche, die mit einem geeigneten Mittel vorher geätzt wird, kann man das *Gefüge*, d.h. die einzelnen Kristallkörner bzw. ihre Korngrenzen, genau erkennen. Kristallkörner stellen, jedes für sich, sogenannte *Einkristalle* dar, weil in ihnen die einzelnen Kristalle bzw. ihre Grundzellen gleichmäßige Formen aufweisen und parallel angeordnet sind. Die Kristallkörner sind unabhängig voneinander, von verschiedenen Kondensationskernen aus, gewachsen; damit sind die Grundzellen benachbarter Kristallkörner, wenn sie sich schließlich berühren, nicht mehr parallel zueinander. Das erstarrte Metall besteht dann aus einem Verband von ungleichmäßig geformten Kristallkörpern, den man ein *Vielkristall* nennt.

Durch geeignete Methoden kann man Metalleinkristalle züchten. Sie sind ungewöhnlich weich; so läßt sich z. B. ein Kupfereinkristall von 10 mm Durchmesser von Hand bequem wie Wachs biegen. Beim Zurückbiegen merkt man aber, daß er nun so fest ist wie ein normales vielkristallines Kupferstück. Dieses Verhalten beruht auf der Anordnung der Metallatome im Kristall.

Man stellt sich die Atome als Kugeln vor, die in einer Kugelpackung sitzen und sich gegenseitig berühren (Bild I/4). Greift eine bestimmte Schubkraft Q von außen an, wird eine Atomschicht über die andere hinweggeschoben. Durch dieses Gleiten werden die Atome in ihrer

Lage zueinander verändert und es tritt eine bleibende Formänderung ein. Die Gleitfähigkeit der verschiedenen Atomschichten ist die Ursache für die gute Umformbarkeit der wichtigsten Metalle. Beim Einkristall muß wegen der gleichen Lage aller Ebenen, in denen solch eine Gleitung möglich ist, die Schubkraft F nicht nur eine bestimmte Größe haben, sie muß auch in der Gleitrichtung wirken. In ihr ist eine Verschiebung daher auch besonders leicht. Im Bild I/4 sind drei solcher bevorzugten Gleitrichtungen bzw. Gleitebenen eingezeichnet.

Ein Vielkristall setzt sich aus zahlreichen *Kristalliten* mit unregelmäßigen Korngrenzen zusammen, in denen die Grundzellen wieder regelmäßig geordnet sind (Bild I/5). Die Kristallkörner haben verschiedene Orientierung. Das Gleiten setzt unabhängig von einer bestimmten Richtung ein, da immer zur Beanspruchungsrichtung günstig orientierte Körner vorhanden sind. Eine große Anzahl von Kristallkörnern befindet sich gleichzeitig in Lagen, in denen ein Gleiten in der Kraftrichtung nicht möglich ist. Daher ist der Widerstand, den ein vielkristallines Metallstück einer Formänderung entgegensetzt, größer als bei einem Einkristall. Aus diesem Grunde wird in dem genannten Beispiel der Kupfereinkristall nach dem Verbiegen fester, weil die durch die Kristallzüchtung gleichmäßige Anordnung der Kristallite durch die Biegung gestört ist und sich die Biegezone nun wie ein Vielkristall verhält.

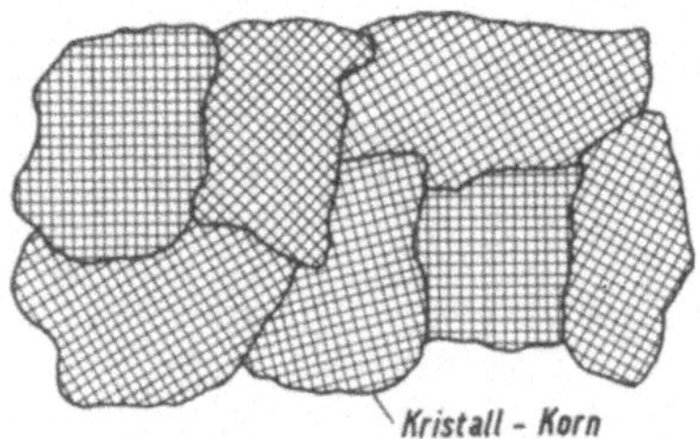

Bild I/5 Vielkristallines Gefüge

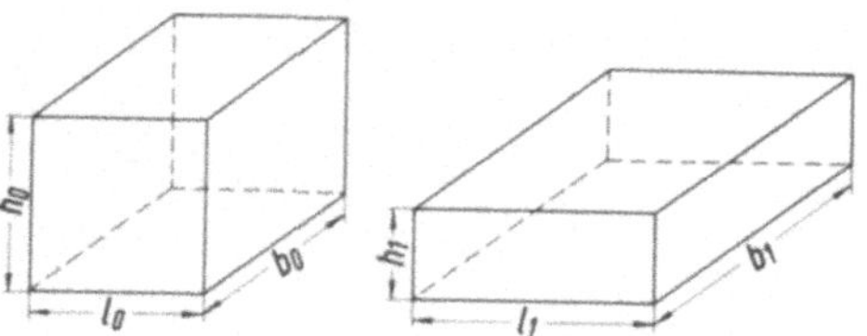

Bild I/6 Erhaltung des Volumens

2 Kenngrößen der Formänderung

Da sich die Umformung durch Gleiten in den verschiedenen Gleitrichtungen vollzieht, bleibt das Volumen des umgeformten Körpers gleich. Bei der Stauchung eines Quaders (Bild I/6) mit den Ausgangsabmessungen h_0, l_0 und b_0 auf die Endabmessungen h_1, l_1 und b_1 gilt wegen der Volumengleichheit die Beziehung:

$$V = h_0 \cdot l_0 \cdot b_0$$
$$= h_1 \cdot l_1 \cdot b_1$$
$$= \text{const.}$$

oder, wenn man die Abmessungen zueinander in Beziehung setzt:

$$\frac{h_1 \cdot l_1 \cdot b_1}{h_0 \cdot l_0 \cdot b_0} = 1.$$

In dieser Gleichung wird die Formänderung durch die Verhältnisse h_1/h_0, l_1/l_0 und b_1/b_0 angegeben. Für Rechnungen und Vergleiche genügt meist die Feststellung der Änderung einer Körperabmessung, die gewöhnlich die größte ist und daher als Hauptformänderung bezeichnet wird. In der obigen Beziehung kann das z.B. die Höhe h, die Länge l oder die Breite b sein.

Die Größe der Formänderung wird in verschiedener Weise angegeben:

1. Unter der *absoluten Formänderung* versteht man den Unterschied der geometrischen Abmessungen vor und nach der Umformung:

$$\Delta h = h_1 - h_0; \quad \Delta b = b_1 - b_0; \quad \Delta l = l_1 - l_0 \text{ in mm.}$$

2. Bei der *bezogenen Formänderung* wird die absolute Formänderung zum ursprünglichen Maß ins Verhältnis gesetzt:

$$\epsilon_h = \frac{h_1 - h_0}{h_0}; \quad \epsilon_b = \frac{b_1 - b_0}{b_0}; \quad \epsilon_l = \frac{l_1 - l_0}{l_0}.$$

Ein positives Vorzeichen zeigt eine Verlängerung des umzuformenden Körpers an; eine Verkürzung wird durch ein negatives Vorzeichen gekennzeichnet.

3. Das *Formänderungsverhältnis* ist das Verhältnis der geometrischen Abmessungen vor und nach der Umformung:

$$\frac{h_1}{h_0}; \quad \frac{l_1}{l_0}; \quad \frac{b_1}{b_0}.$$

4. Beim logarithmierten Formänderungsverhältnis hat man es mit dem natürlichen Logarithmus[1] des Formänderungsverhältnisses zu tun. Es wird mit φ bezeichnet:

$$\varphi_h = \ln \frac{h_1}{h_0}; \quad \varphi_l = \ln \frac{l_1}{l_0}; \quad \varphi_b = \ln \frac{b_1}{b_0}.$$

Diese Größe wird auch kurz *Umformgrad* genannt und spielt in der Umformtechnik bei der Ermittlung des Kraft- und Arbeitsbedarfes eine wesentliche Rolle.

Eine Formänderung tritt nie in einer Richtung allein auf. Bei der Längung eines Stabes wird gleichzeitig sein Querschnitt geringer; wenn man einen Bolzen staucht, vergrößert sich gleichzeitig sein Durchmesser. Für die Berechnung des Kraftbedarfes ist aber nur die größte der möglichen Formänderungen φ_g wichtig. Wendet man den Umformgrad φ auf den Satz von der Volumengleichheit an, so lautet dieser:

$$\ln \frac{h_1}{h_0} \cdot \frac{b_1}{b_0} \cdot \frac{l_1}{l_0} = \ln \frac{h_1}{h_0} + \ln \frac{b_1}{b_0} + \ln \frac{l_1}{l_0} = \varphi_h + \varphi_b + \varphi_l = 0,$$

oder allgemein

$$\varphi_1 + \varphi_2 + \varphi_3 = 0.$$

In dieser Form besagt das Gesetz, daß alle logarithmierten Formänderungsverhältnisse zusammen Null ergeben.

---

[1] Der natürliche Logarithmus ln wird aus dem Briggsschen Logarithmus lg durch Multiplikation mit 2,3026 berechnet ($\ln a = \lg a \cdot 2{,}3026$), z.B. $\ln 2 = \lg 2 \cdot 2{,}3026 = 0{,}3010 \cdot 2{,}3026 \approx 0{,}693$.

● *Beispiel I/1:*
Anwendung der genannten Beziehungen auf einen Quader, gemäß Bild I/6.
Abmessungen vor dem Umformen:

$$h_0 = 40 \text{ mm}, \quad b_0 = 30 \text{ mm}, \quad l_0 = 20 \text{ mm}$$

Abmessungen nach dem Umformen:

$$h_1 = 20 \text{ mm}, \quad b_1 = 40 \text{ mm}, \quad l_1 = 30 \text{ mm}$$

Welche Werte haben die verschiedenen Angaben für die Formänderung?

● *Lösung:*
Satz von der Volumengleichheit:

$$\frac{20 \text{ mm} \cdot 40 \text{ mm} \cdot 30 \text{ mm}}{40 \text{ mm} \cdot 30 \text{ mm} \cdot 20 \text{ mm}} = \frac{24\,000}{24\,000} = 1$$

absolute Formänderung:

$$\Delta h = 20 \text{ mm} - 40 \text{ mm} = -20 \text{ mm};$$
$$\Delta b = 40 \text{ mm} - 30 \text{ mm} = 10 \text{ mm};$$
$$\Delta l = 30 \text{ mm} - 20 \text{ mm} = 10 \text{ mm}$$

bezogene Formänderung:

$$\epsilon_h = -0,5; \quad \epsilon_b = +0,33; \quad \epsilon_l = +0,5$$

Formänderungsverhältnis:

$$\frac{h_1}{h_0} = 0,5; \quad \frac{b_1}{b_0} = 1,33; \quad \frac{l_1}{l_0} = 1,5$$

logarithmiertes Formänderungsverhältnis:

$$\varphi_h = \ln 0,5 = -0,693; \quad \varphi_b = \ln 1,33 = 0,287; \quad \varphi_l = \ln 1,5 = 0,406$$

Volumengleichheit:

$$\varphi_h + \varphi_b + \varphi_l = -0,693 + 0,287 + 0,406 = 0$$

3 Formänderungsfestigkeit

Die Umformbarkeit der Metalle beruht auf der Fähigkeit der einzelnen Kristalle, bei Überschreitung einer Grenzbeanspruchung in bestimmten Richtungen zu gleiten. Dabei bleibt der stoffliche Zusammenhang der aufeinander gleitenden Schichten erhalten.

Die Streckgrenze stellt beispielsweise beim Zugversuch eine solche Grenzbeanspruchung dar. Im Zugversuch[1] wird ein Probestab in der Zerreißmaschine mit einer allmählich steigenden Zugkraft F[2], die im Stab mit dem Querschnitt A_0 die Zugspannung $\sigma = F/A_0$ erzeugt, belastet. Dabei dehnt er sich elastisch bis zur Elastizitätsgrenze σ_E (Bild I.7). In

---

[1] *Böge*, Mechanik und Festigkeitslehre, Viewegs Fachbücher der Technik, Verlag Vieweg, Braunschweig.

[2] In Übereinstimmung mit DIN 1304 werden folgende Abkürzungen verwendet:

Größe	Fläche	Volumen	Kraft	Leistung	Arbeit
Formelzeichen	A	V	F	P	W

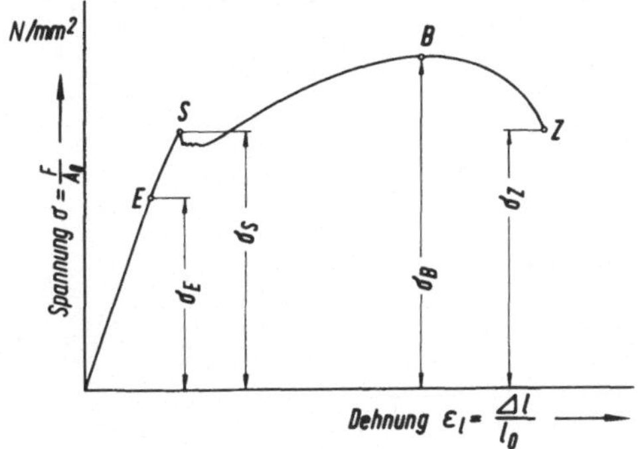

Bild I/7 Spannung-Dehnung-Schaubild

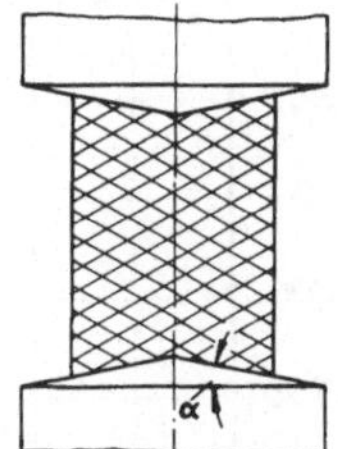

Bild I/8 Versuch-Kegelstauch

diesem Bereich gilt das Hookesche Gesetz $\sigma = \epsilon_l E$. Schließlich erreicht die Zugspannung die Streckgrenze σ_S, an der eine bleibende Formänderung eintritt; die Kristalle geraten in Bewegung, und der Werkstoff beginnt zu fließen.

Die Zugspannung sinkt geringfügig, während die Dehnung ϵ_l weiterzunimmt. Mit der Gleitung wächst jedoch der Gleitwiderstand auf den kristallinen Gleitebenen, weil die Gleitung an den Block- und Korngrenzen behindert wird. Wegen dieser Verfestigung steigt die Zugspannung wieder, bis die Zugfestigkeit σ_B erreicht ist. Das Formänderungsvermögen des Werkstoffes ist nun erschöpft, und der Probestab zerreißt bei einer geringeren Spannung σ_Z.

Bei weichen Flußstählen findet sich eine erkennbare Streckgrenze, während sie bei vergüteten Stählen meist nicht ausgeprägt ist. Bei ihnen wird daher als Ersatz der Einfachheit halber die Spannung $\sigma_{0,2}$ genommen, bei der eine bleibende Dehnung von 0,2 % eintritt.

Der für die *Umformtechnik wichtige Bereich* im Spannung-Dehnung-Schaubild liegt *zwischen der Streckgrenze und der Zugfestigkeit*. In diesem Bereich befindet sich der Werkstoff in plastischem Zustand; an der Streckgrenze setzt das Fließen ein, und bei der Zugfestigkeit ist die Gleitung der Kristalle so weit fortgeschritten, daß ihr Zusammenhalt verlorengeht.

Während des Zerreißversuches wird die Querschnittsfläche des Probestabes kleiner. Die wahre Zugspannung ist daher durch die jeweilige Zugkraft F, bezogen auf die augenblickliche Querschnittsfläche A, gegeben. Sie steigt mit fortschreitender Formänderung an. Oberhalb der Streckgrenze wird diese wahre Spannung als *Formänderungsfestigkeit* k_f bezeichnet, die bei dem jeweiligen Formänderungszustand immer überschritten werden muß, um eine weitere Formänderung zu erzielen [35].

Man kann die Formänderungsfestigkeit k_f auch im *Kegelstauchversuch* bestimmen. Dazu wird zwischen angespitzten Platten (Bild I/8) ein runder Probekörper durch Druck belastet, bis der Werkstoff fließt. Ein einfacher Probezylinder würde sich tonnenförmig aufbauchen. Die Keilwirkung der zwei kegeligen Platten erleichtert den Werkstofffluß an den Berührungsflächen, so daß die Ausbauchung des Körpers in der Mitte verhindert wird. Bei großem Winkel α kann man sogar hohle Außenformen erreichen. Der Körper bleibt außen zylindrisch, wenn der Winkel α gleich dem Reibungswinkel ρ für die Reibung des Werkstoffes an den Berührflächen ist; dann wird die Reibkraft durch die Keilwirkung gerade aufgehoben.

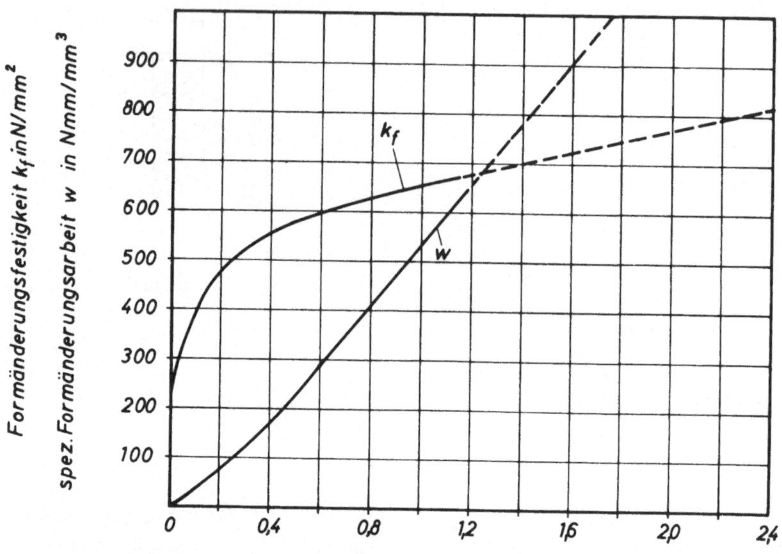

Bild I/9 Fließkurve für Stahl Ck 10

Es hat sich in der Umformtechnik als zweckmäßig erwiesen, die Formänderungsfestigkeit k_f über dem logarithmierten Formänderungsverhältnis $\varphi = \ln(l_1/l_0)$ aufzutragen. In dieser Darstellung spricht man von der *Fließkurve*; sie liegt für viele in der Umformtechnik wichtigen Metalle fest [45]. Bild I/9 zeigt z.B. die Fließkurve für den Kohlenstoffstahl Ck 10. Um diesen Werkstoff durch Stauchen oder Strecken umzuformen, muß ihm eine Druck- oder Zugspannung aufgezwungen werden, die höher als seine Streckgrenze ist. Soll er beispielsweise um 50 %, bzw. $\varepsilon_h = 0,5$, gestaucht werden, muß die Druckspannung nach dem Verlauf der k_f-Kurve während der Umformung auf 615 N/mm² gesteigert werden. Man findet diesen Wert für $\varphi_h = 2,303 \cdot \lg 0,5 = -0,693$ in der Fließkurve, wobei für φ_h jeweils der absolute Betrag einzusetzen ist. Auf diesen Betrag steigt die Streckgrenze durch die Verfestigung während der Umformung.

Bei vielen Werkstoffen kann man die Fließkurve im doppeltlogarithmischen System durch eine Gerade ersetzen. Für sie gilt die Potenzfunktion

$$k_f = C \cdot \varphi^n.$$

Darin sind C und n Werkstoffkonstanten. Wobei n der die Verfestigung bestimmende Wert ist. Die Potenzfunktion gilt für diese Werkstoffe unterhalb der Umformtemperatur, von der ab Rekristallisation eintritt. Tabelle I/1 zeigt eine Zusammenstellung von Werkstoffen, für die diese Potenzfunktion angewendet werden kann, und ihre Werkstoff-Kennwerte.

Aus der Fließkurve entnehmen wir beispielsweise für die in dem Beispiel I/2 vorkommende Formänderungsfestigkeit $k_f = 615$ N/mm². Die Potenzfunktion ergibt nach Tabelle I/1

$$k_f = 690 \cdot \varphi^{0,2519}$$

Tabelle I/1 Kennwerte verschiedener Werkstoffe [27]

Nr.	Werkstoff	Werkstoff-nummer	k_{f_0} N/mm²	k_f $\varphi = 0{,}1$ N/mm²	k_f $\varphi = 1{,}0$ N/mm²	$k_f = C \cdot \varphi^n$ N/mm²
1	Al 99.5	3.0255	20 … 60	60 … 90	120 … 140	$135 \cdot \varphi^{0.2553}$
2	AlMn	3.0515	40 … 90	120 … 160	180 … 230	$205 \cdot \varphi^{0.1656}$
3	AlMg 1	3.3315	40 … 90	110 … 155	175 … 220	$198 \cdot \varphi^{0.1745}$
4	AlMg 3	3.3535	80 … 150	190 … 280	290 … 420	$355 \cdot \varphi^{0.1792}$
5	AlMg 5	3.3555	110 … 180	270 … 300	420 … 520	$470 \cdot \varphi^{0.2173}$
6	AlMg 4.5 Mn	3.3547	110 … 200	270 … 330	360 … 430	$395 \cdot \varphi^{0.1195}$
7	AlMgSi 0.5	3.3206	65 … 145	150 … 180	200 … 250	$225 \cdot \varphi^{0.1347}$
8	CuZn 15	2.0240	132	290	590	$590 \cdot \varphi^{0.2951}$
9	CuZn 28	2.0261	145	300	720	$720 \cdot \varphi^{0.3689}$
10	UQSt 36-2	1.0204	170 … 200	300 … 370	580 … 660	$620 \cdot \varphi^{0.2687}$
11	QSt 32-3	1.0303	220	330 … 420	620 … 730	$675 \cdot \varphi^{0.2570}$
12	C 10	1.0301	230	450	735	$735 \cdot \varphi^{0.2131}$
13	Ck 10	1.1121	220 … 225	330 … 450	640 … 740	$690 \cdot \varphi^{0.2519}$
14	Ck 15/Cq 15	1.1141	190 … 280	390 … 520	660 … 760	$710 \cdot \varphi^{0.1967}$
15	Cq 35	1.1172	370	540	848	$848 \cdot \varphi^{0.1817}$
16	15 Cr 3	1.7015	230 … 280	480 … 600	680 … 790	$735 \cdot \varphi^{0.1354}$

und damit eine Formänderungsfestigkeit von

$$k_f = 629 \ \text{N/mm}^2 \, .$$

Beide Werte stimmen sehr gut überein, da sie sich nur um 2,3 % unterscheiden.

Die Potenzfunktion und die Fließkurve sind Anhaltswerte, die je nach tatsächlichem Kohlenstoffgehalt und dem aus einer Warmbehandlung sich ergebenden Gefügezustand schwanken können. Außerdem sind Stahlbegleiter für die Höhe und den Verlauf der Formänderungsfestigkeit wichtig.

4 Formänderungswiderstand

An der tonnenförmigen Gestalt gestauchter Zylinder erkennt man die Wirkung der Reibung in den Berührungsflächen zwischen dem Werkstoff und den Stauchbahnen. Nur mit besonderen Maßnahmen, durch Anspitzen der Stauchplatten, kann die Reibwirkung aufgehoben werden. Selten stehen jedoch Werkzeuge zur Verfügung, die entsprechend dem Reibungswinkel ρ angespitzt sind. Man nimmt daher die tonnenförmige Gestalt des Werkstückes nach dem Stauchen in Kauf und muß eine größere Umformkraft aufbringen. Um den Werkstoff zum Fließen zu bringen, sind dann neben der Formänderungsfestigkeit des Werkstoffes auch noch die Reibkräfte zu überwinden. Bei allen normal ablaufenden Umformvorgängen behindern Reibkräfte in den Berührungsflächen das Fließen des Werkstoffes. Dadurch setzt der Werkstoff der Formänderung einen größeren Widerstand entgegen.

Beim Stauchversuch mit angespitzten Druckplatten hat man es mit einem Umformvorgang zu tun, bei dem die Reibkräfte aufgehoben werden. Daher muß die *ideelle Umformkraft* nur die Formänderungsfestigkeit k_f überwinden:

$$\boxed{F_{id} = A \cdot k_f \ \text{in N}} \qquad\qquad (I/1)$$

Dabei ist derjenige Wert k_f einzusetzen, den der Werkstoff am Ende des Umformvorganges besitzt.

- *Beispiel I/2:*
  Ein Bolzen aus Stahl Ck 10 wird durch verlustfreies Stauchen auf seine halbe Ausgangshöhe gebracht. Die Umformkraft ist zu berechnen.
  Gegeben sind: Querschnitt A_1 = 100 mm²; Umformverhältnis $\dfrac{h_1}{h_0}$ = 0,5.

- *Lösung:*
  Formänderungsverhältnis: $\varphi = \ln \dfrac{h_1}{h_0} = 0{,}693$

  Formänderungsfestigkeit: für φ = 0,693 aus Bild I/9 wird k_f = 615 N/mm²
  Umformkraft: F_{id} = 100 mm² · 615 N/mm² = 61 500 N

- *Ergebnis:*
  F_{id} = 61 500 N

Praktisch wird der Widerstand gegen die Umformung jedoch durch die Reibung erhöht, so daß die *tatsächliche Umformkraft*

$$\boxed{F = A \cdot k_w \;\; \text{in N}} \tag{I/2}$$

beträgt, wobei k_w als Formänderungswiderstand bezeichnet wird. Dieser hängt wie k_f vom Werkstoff ab, der umgeformt werden soll; außerdem ändert er sich mit der Art des Umformverfahrens, mit der Reibung und den geometrischen Verhältnissen.

5 Formänderungsarbeit

Zum verlustfreien Umformen eines Werkstoffes ist eine Formänderungsarbeit aufzubringen. Sie ergibt sich zu

$$W_{id} = V \int_0^{\varphi} k_f \cdot d\varphi. \qquad \text{I/3}$$

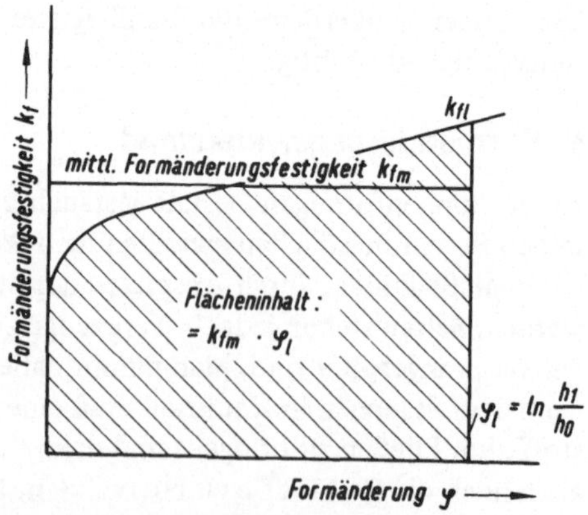

Bild I/10
Fließkurve und mittlere Formänderungsfestigkeit

Darin bedeutet V das umgeformte Volumen. Das Integral ist gleich dem Flächeninhalt unter der Fließkurve über dem jeweiligen Umformgrad und kann durch Planimetrieren bestimmt werden. Man kann den Flächeninhalt unter der Fließkurve durch ein gleichgroßes Rechteck mit dem Flächeninhalt $k_{fm} \cdot \varphi$ ersetzen (Bild I/10). Die Formänderungsfestigkeit k_{fm} stellt darin einen Mittelwert für alle Werte von φ dar, die wegen der Kaltverfestigung von der Ausgangsformänderung bis zur Endformänderung $\varphi_1 = \ln (h_1/h_0)$ steigen.

Für die *verlustfreie Arbeit* erhält man somit folgende Beziehung:

$$\boxed{W_{id} = V \cdot k_{fm} \cdot \varphi_1 \ \text{in Nmm}} \tag{I/4}$$

Die Bestimmung der *spezifischen Arbeit*, d.h. der Arbeit für die Umformung eines Kubikmillimeters

$$\boxed{w = k_{fm} \cdot \varphi_1 \ \text{in Nmm/mm}^3} \tag{I/5}$$

durch Planimetrieren der Teilflächen unter der Fließkurve, ist umständlich und zeitraubend. Daher wurde für die Werkstoffe, deren Formänderungsfestigkeit k_f in den Arbeitsblättern VDI 5-3200 und 3201 dargestellt ist, die Fläche unter der Fließkurve gleich planimetriert und als Kurve w in demselben Diagramm aufgetragen (vgl. Bild I/9). Aus diesem Diagramm der Fließkurve kann also für den jeweiligen Werkstoff die Größe der spezifischen Arbeit w unmittelbar entnommen werden.

- *Beispiel I/3:*
  Ein Bolzen aus Stahl Ck 10 wird durch verlustfreies Stauchen auf die halbe Höhe gebracht. Zu berechnen ist die ideelle Formänderungsarbeit.
  Gegeben sind: Querschnitt $A_1 = 100 \ \text{mm}^2$; Umformverhältnis

  $$\frac{h_1}{h_0} = 0,5; \quad \text{Höhe } h_0 = 40 \ \text{mm}; \quad h_1 = 20 \ \text{mm}.$$

- *Lösung:*
  Umformgrad:

  $$\varphi = \ln \frac{h_1}{h_0} - 0,693$$

  spezifische Formänderungsarbeit:

  $$\text{für } \varphi = 0,693 \text{ aus Bild I/9 wird } w = 343 \ \frac{\text{Nmm}}{\text{mm}^3}$$

  umgeformtes Volumen

  $$V = A_1 \cdot h_1 = 100 \ \text{mm}^2 \cdot 20 \ \text{mm} = 2000 \ \text{mm}^3$$

  Formänderungsarbeit

  $$W_{id} = V \cdot w = 2000 \ \text{mm}^3 \cdot 343 \ \frac{\text{Nmm}}{\text{mm}^3} = 686\,000 \ \text{Nmm}$$

- *Ergebnis:*

  $$W_{id} = 686 \ \text{Nm}$$

Diese Gleichungen gelten nur für den Fall der reibungslosen Umformung. Praktisch muß jedoch bei jeder Umformung wegen der auftretenden Verluste durch Reibung eine größere Arbeit aufgewendet werden. Sie beträgt dann:

$$\boxed{W_{ges} = \frac{1}{\eta_F} \cdot W_{id} \ \text{in Nmm}} \tag{I/6}$$

oder

$$W_{ges} = \frac{1}{\eta_F} \cdot V \cdot k_{fm} \cdot \varphi = V \cdot k_{wm} \cdot \varphi \text{ in Nmm}$$

(I/7)

Darin bedeutet k_{wm} den mittleren Formänderungswiderstand; die Größe η_F wird als Formänderungswirkungsgrad bezeichnet. Zwischen der mittleren Formänderungsfestigkeit k_{fm} und dem *mittleren Formänderungswiderstand* k_{wm} besteht demnach folgender Zusammenhang:

$$k_{wm} = \frac{1}{\eta_F} \cdot k_{fm} \text{ in N/mm}^2$$

(I/8)

Die *tatsächlich erforderliche Umformkraft* kann näherungsweise aus

$$F = \frac{1}{\eta_F} \cdot F_{id} \text{ in N}$$

(I/9)

bestimmt werden.

- *Beispiel I/4:*
  In den Beispielen I/2 und I/3 wird der Formänderungswirkungsgrad zu $\eta_F = 0{,}6$ angenommen. Zu berechnen sind die tatsächliche Umformkraft und die erforderliche Umformarbeit.

- *Lösung:*
  Tatsächliche Umformkraft:

  $$F = \frac{F_{id}}{\eta_F} = \frac{61{,}5 \text{ kN}}{0{,}6} \approx 102 \text{ kN}$$

  tatsächliche Umformarbeit

  $$W = \frac{W_{id}}{\eta_F} = \frac{1372}{0{,}6} \text{ Nm} \approx 2287 \text{ Nm}$$

- *Ergebnis:*
  $$F = 102 \text{ kN}; \quad W = 2287 \text{ Nm}$$

Die Formänderungsfestigkeit k_f, der Formänderungswiderstand k_w und der Formänderungswirkungsgrad η_F sind die Grundlage für die Berechnung des Kraft- und Arbeitsbedarfes. Die Kenntnis der Umformkraft ist für die Wahl einer geeigneten Werkzeugmaschine und für die Auslegung der Werkzeuge wichtig; den Arbeitsbedarf für den Umformvorgang muß man kennen, wenn die Antriebsleistung der Werkzeugmaschine bestimmt werden soll. Nach ihm richtet sich auch die Auswahl einer arbeitsgebundenen Werkzeugmaschine, z.B. eines Hammers. Aus dem Arbeitsbedarf ergibt sich ferner beim Einsatz einer vorhandenen Maschine die Anzahl der Schläge, die zu einer bestimmten Umformung erforderlich sind.

6 Umformtemperatur

Das Verhalten der Metalle bei der Umformung ist in starkem Maße von ihrer Temperatur abhängig. Bei Temperaturen unter der Rekristallisationstemperatur[1]) spricht man im allgemeinen von der sogenannten *Kaltformgebung*. In diesem Temperaturbereich steigt der Gleitwiderstand auf den kristallinen Gleitebenen mit der Gleitung an; das führt zu einer Vergrößerung der Formänderungsfestigkeit des Metalls mit wachsender Umformung, die als *Kaltverfestigung* bezeichnet wird. Oberhalb der Rekristallisationstemperatur erfolgt die sogenannte *Warmformgebung*. Dabei wird die Verfestigung während der Umformung sofort wieder rückgängig gemacht, weil die Kristallelemente in der veränderten Lage mit den jeweils benachbarten Elementen und Blöcken zu neuen Kristallkörnern zusammenwachsen. Dadurch wird der kristalline Gleitwiderstand herabgesetzt und die Verfestigung verhindert. So können auch unerwünschte Verfestigungen bei der Kaltformgebung durch Rekristallisationsglühen rückgängig gemacht werden.

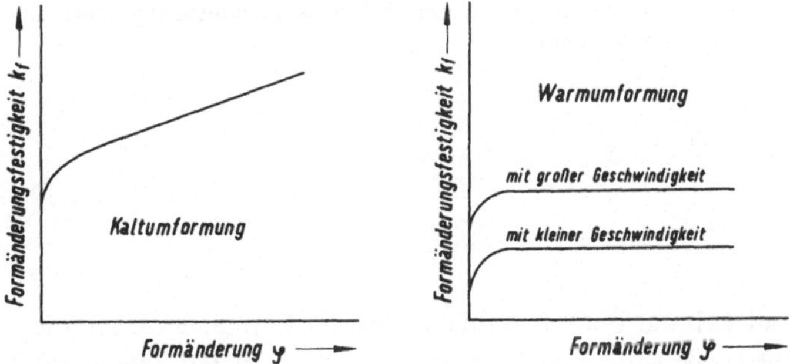

Bild I/11 Schematische Darstellung der Fließkurven bei Kalt- und Warmumformung

Bei der Umformung unterhalb der Rekristallisationstemperatur steigt die Formänderungsfestigkeit k_f mit der Formänderung φ an (Bild I/11). Bei der Warmformgebung wird die Formänderungsfestigkeit k_f mit zunehmender Formänderung φ nicht größer, da keine Verfestigung mehr eintritt. Sie ist hier vor allem von der Temperatur und der Geschwindigkeit, mit der die Umformung durchgeführt wird, abhängig. Geringe Verfestigungen können auftreten, wenn den Kristallkörnern wegen der hohen Umformgeschwindigkeit keine Zeit zur Kornneubildung bleibt.

Zwischen 450 und 800 °C nimmt die Formänderungsfestigkeit von Stahl rasch ab. In diesem Bereich durchgeführte Umformung ist als Halbwarm-Umformung bekannt [26].

7 Formänderungsgeschwindigkeit

Die Geschwindigkeit, mit der eine Formänderung vor sich geht, hängt von der Geschwindigkeit des umformenden Werkzeuges ab. Die Werkzeuggeschwindigkeit ist durch die Umform-

---

[1]) *Weißbach*, Werkstoffkunde und Werkstoffprüfung, Viewegs Fachbücher der Technik, Verlag Vieweg, Braunschweig.

maschine gegeben. Die Formänderungsgeschwindigkeit ist definiert als 1. Ableitung der Formänderung nach der Zeit:

$$\dot{\varphi} = \frac{d\varphi}{dt}$$

Sie hängt mit der Werkzeuggeschwindigkeit v zusammen

$$\dot{\varphi} = \frac{1}{h} \cdot \frac{dh}{dt} = \frac{v}{h} \; [\text{s}^{-1}]$$

Darin ist h die augenblickliche Höhe des umgeformten Stauchkörpers. Bei Proben mit kleinerer Anfangshöhe und gleicher Werkzeuggeschwindigkeit ist die Formänderungsgeschwindigkeit größer.

- *Beispiel I/5:*
  Eine Probe wird von einer Anfangshöhe $h_0 = 40$ mm auf eine Endhöhe $h_1 = 20$ mm unter einer hydraulischen Presse mit $v = 500$ mm/s gestaucht. Wie groß ist die Formänderungsgeschwindigkeit am Anfang und am Ende der Umformung?

- *Lösung:*

$$\dot{\varphi}_A = \frac{500 \text{ mm/s}}{40 \text{ mm}} = 12{,}5 \text{ s}^{-1}$$

$$\dot{\varphi}_E = \frac{500 \text{ mm/s}}{20 \text{ mm}} = 25 \text{ s}^{-1}$$

Die Formänderungsgeschwindigkeit hat Einfluß auf die Größe der Formänderungsfestigkeit. Dieser Einfluß spielt eine große Rolle bei der Umformung mit höheren Temperaturen, während bei Raumtemperaturen der Einfluß gering ist.

Die Formänderungsfestigkeit von unlegierten Stählen nimmt beispielsweise bei einer Temperatur von 1200 °C um 60 bis 70 % zu, wenn die Formänderungsgeschwindigkeit sich verzehnfacht [26].

II Verfahren der Umformtechnik

A Walzen

1 Verfahren

Das Walzen dient in erster Linie der *Herstellung von Halbzeug* in Form von Blech, Stangen, Rohren und Draht aus Stahl und Nichteisenmetallen [17]. Diese erfolgt aus den durch Gießen entstandenen Blöcken und Brammen. Bei dünnerem Blech und Draht wird in der Regel kaltgewalzt, da die große Oberfläche im Verhältnis zum Volumen des Werkstückes eine allzu schnelle Abkühlung bewirkt. Massigere Werkstücke, die nicht so leicht abkühlen, werden meist warmgewalzt. Je nach Werkstück und Anordnung bzw. Bewegung der Walzen wird eine Einteilung in das *Längs-, Quer-* und *Schrägwalzen* vorgenommen.

a) Längswalzen

Beim Längswalzen wird das Walzgut senkrecht zu den Walzachsen ohne Drehung durch den Walzspalt bewegt. Dabei wird zwischen den sich gegensinnig drehenden Walzen (Bild A/1) die Walzenform auf dem Werkstück abgebildet. Das Werkstück tritt als *Strang* aus der Abformebene aus. Längswalzen ist vor allem bei der Halbzeugherstellung zu finden, wobei Halbzeuge mit gleichbleibendem Querschnitt überwiegen. Entsprechend der Werkstückgeometrie unterscheidet man das Flachlängswalzen von Vollkörpern und Hohlkörpern z.B. Blech und Vierkantrohren sowie das Profillängswalzen von Vollkörpern z.B. Reckwalzen von Formteilen und von Hohlkörpern z.B. Pilgerschrittwalzen.

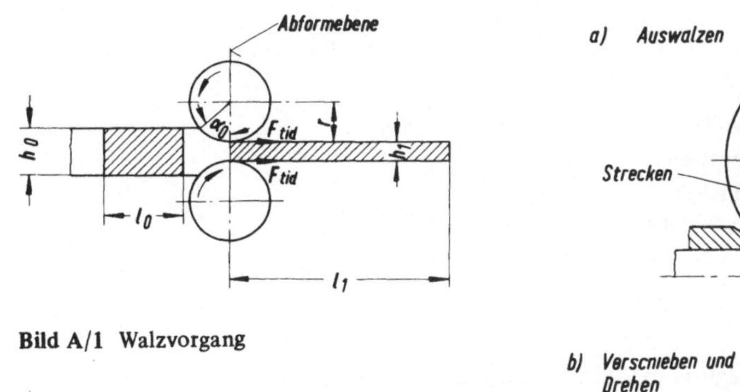

Bild A/1 Walzvorgang

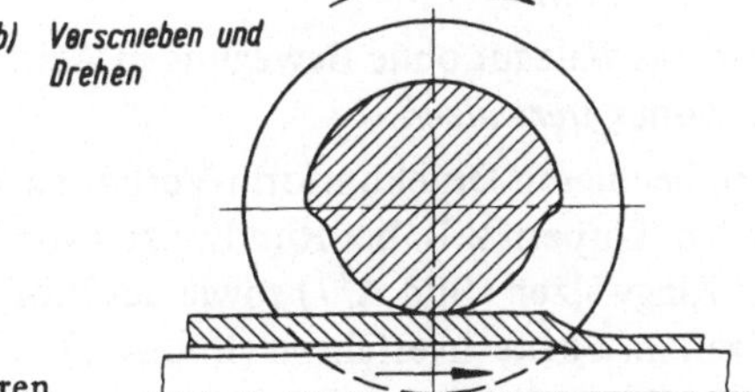

Bild A/2 Pilgerschrittverfahren

Dickwandige Rohre walzt man mittels eines Walzenpaares mit gleichbleibendem Abform-
querschnitt über einen Dorn. Dünnwandige Rohre werden durch ein absatzweises Walzen
nach dem *Pilgerschrittverfahren* (Bild A/2) hergestellt. Danach wird das Rohr über einem
Dorn bei einer halben Walzenumdrehung gestreckt und geglättet (Bild A/2a). Während der
anschließenden halben Walzenumdrehung wird das Rohr ruckartig vorgeschoben und gleichzeitig gedreht. Danach setzt die nächste Umformung ein.

Stränge mit unterschiedlichem Querschnitt können durch *verstellbare Walzen* hergestellt
werden (Bild A/3). Wird der Walzenabstand senkrecht zu den jeweiligen Walzenachsen ver-
stellt, können im Werkstück unterschiedliche Dicken gewalzt werden.

Das *Reckwalzen* ist ein im Schmiedebetrieb häufig angewandtes Verfahren zur Massenverteilung in Werkstücklängsachse, um für das Schmieden im Gesenk günstige Zwischenformen
zu erzeugen. Die Walzen sind so ausgebildet (Bild A/4), daß sich der Walzquerschnitt in der
Abformebene stetig verändert. Der Achsabstand der Walzen bleibt gleich. In dem gezeigten
Beispiel wird in der Ausgangsstellung der Walzen (Walzquerschnitt = Werkstückquerschnitt)
das Werkstück eingelegt (a). Während der gegensinnigen Walzendrehung wird der Querschnitt
enger; der austretende Strang wird entsprechend verjüngt (b). Bild A/5 zeigt den Werdegang
eines Gesenkschmiedestückes (e), das in drei Stichen (b, c und d) aus dem Rohling (a) durch
Reckwalzen vorgeformt wurde.

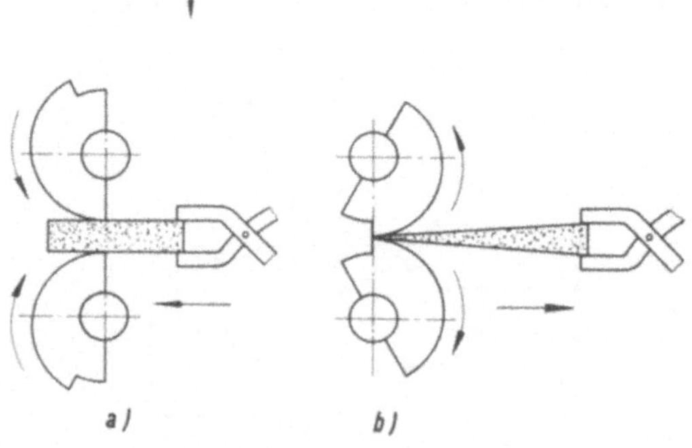

Bild A/3
Walzanordnung zum Walzen von Strängen
mit unterschiedlichem Querschnitt in
Längsrichtung

Bild A/4
Reckwalzen
a) Einlegen
b) Auswalzen

b) Querwalzen

Wenn das Walzgut ohne Bewegung in Achsrichtung um die eigene Achse gedreht wird, spricht
man vom *Querwalzen*.

Auch bei diesen Druckumform-Verfahren unterscheidet man wieder das Flach-Querwalzen
von Vollkörpern z.B. bei Rundwalzen von Werkstücken (Bild A/6) und von Hohlkörpern
z.B. Ringwalzen (Bild A/7) sowie das Profil-Querwalzen von Vollkörpern z.B. Gewindewalzen im Einstechverfahren (Bild A/8) und von Hohlkörpern z.B. Profilglattwalzen
(Bild A/9).

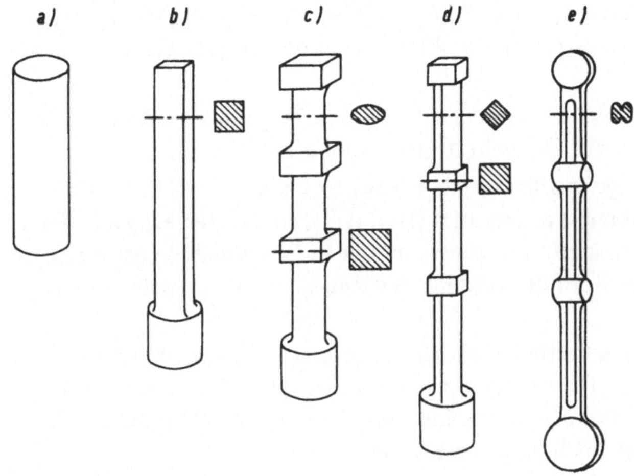

Bild A/5
Reckwalzen zur Massenverteilung
bei Gesenkschmiedestücken [31]
a) Rohling
b) 1. Stich
c) 2. Stich
d) 3. Stich
e) fertiges Gesenkschmiedestück

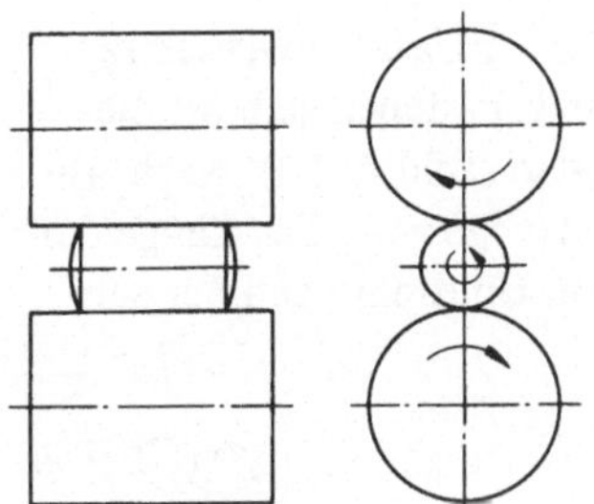

Bild A/6 Rundstückwalzen

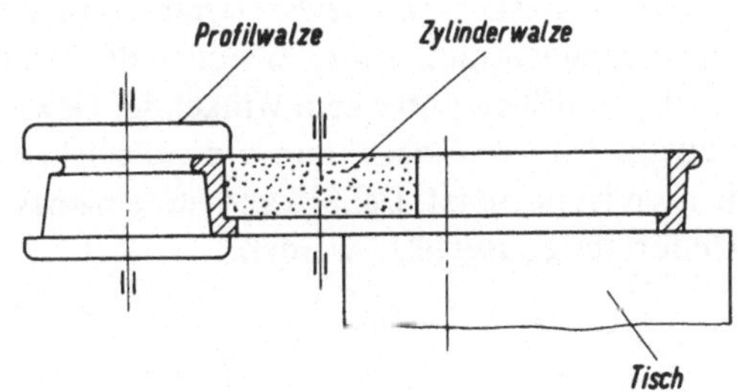

Bild A/7 Ringwalzen

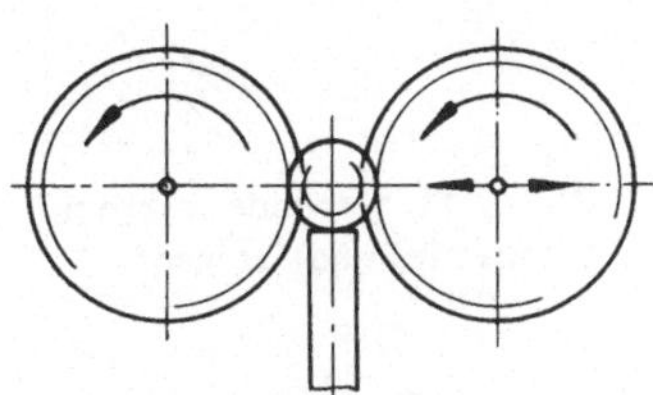

Bild A/8 Gewindewalzen mit zwei
umlaufenden Walzen

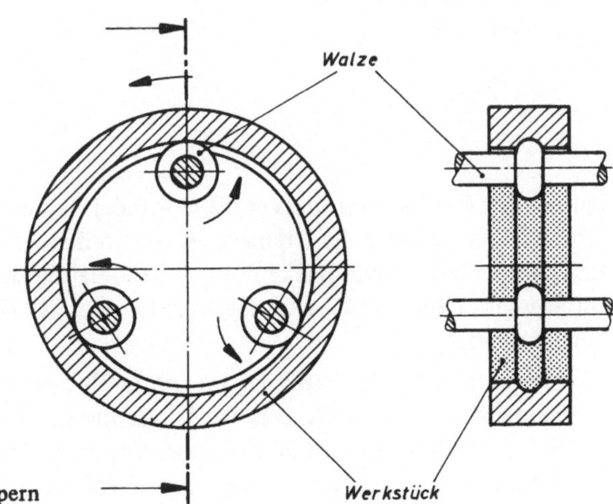

Bild A/9
Profilglattwalzen von Hohlkörpern

So werden Werkstücke mit begrenzter Länge (Bild A/6) zwischen den sich gleichsinnig drehenden Walzen rundgewalzt. Dabei greifen die Walzen über der ganzen Werkstücklänge ein.

Die Walzenachsen liegen meist parallel zueinander. Mit unrund ausgeführten Walzen können Werkstücke mit unsymmetrischem Querschnitt geformt werden.

In sich geschlossene, endlose Stränge werden durch *Ringwalzen* hergestellt. Dabei sind die Walzenachsen gewöhnlich senkrecht angeordnet (Bild A/7), so daß der Ring auf einem Tisch oder auf Rollenböcken ruhen kann. Entsprechend der Längenzunahme beim Längswalzen vergrößert sich beim Ringwalzen der Umfang des Ringes und damit sein Durchmesser.

Das *Gewindewalzen* ist häufig wirtschaftlicher als die zerspanende Gewindeherstellung, sofern nicht zu hohe Genauigkeitsanforderungen gestellt werden. Das Verfahren wird überwiegend kalt ausgeführt an Werkstoffen, die eine Festigkeit von 120 N/mm² nicht überschreiten und eine Mindestbruchdehnung von 8 % besitzen.

Hinsichtlich der Werkzeuganordnung beim Gewindewalzen und ihrer Gestaltung sind unterschiedliche Verfahren üblich:

Das wohl älteste Gewindewalzverfahren verwendet *Flachbacken als Umformwerkzeug*. Der Schraubenrohling wird zwischen den flachen Backen gewalzt, in denen sich die Gewindeprofilrillen unter dem Winkel der Gewindesteigung befinden (Bild A/10). Nach Abnutzung der Gewindekämme in den Backen werden die Rillen nachgesetzt. Die Länge der Backen ist begrenzt. Daher kann nur eine bestimmte Anzahl von Umdrehungen bei der Umformung ausgeführt werden.

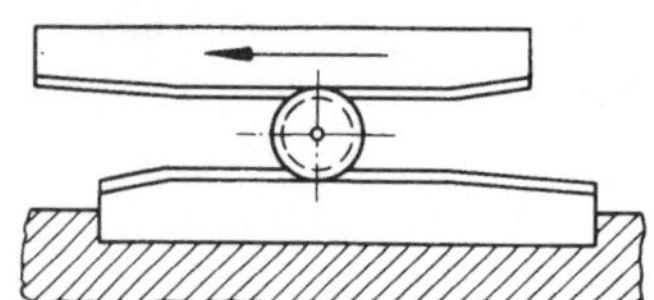

Bild A/10 Gewindewalzen mit Flachbacken

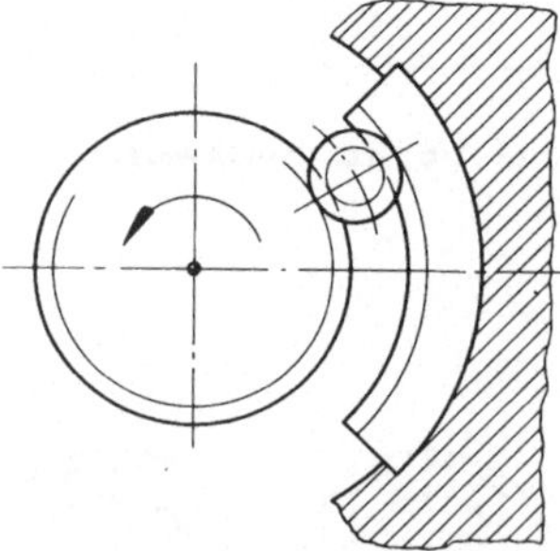

Bild A/11 Gewindewalzen mit Rundwalze und Segment

Bei *runden Werkzeugen* müssen die Gewinderillen ebenfalls unter dem Steigungswinkel angebracht sein, solange die Drehachsen von Werkstück und Werkzeug zueinander parallel sind. Ersetzt man eine flache Backe durch eine umlaufende Gewindewalze und die zweite durch ein Segment (Bild A/11), wird die Rückführung des Werkzeugpaares in seine Ausgangsstellung überflüssig.

Die Gewindewalze kann nach Bild A/12 durch *Segmente* ersetzt werden. Die Länge der Segmente und damit die Anzahl der Umdrehungen, während derer sich die Umformung vollzieht, sind begrenzt. Zuführung und Abgabe der Werkstücke müssen gleichmäßig erfolgen, damit durch die gegenüberliegenden Werkstücke die Kräfte abgeleitet werden.

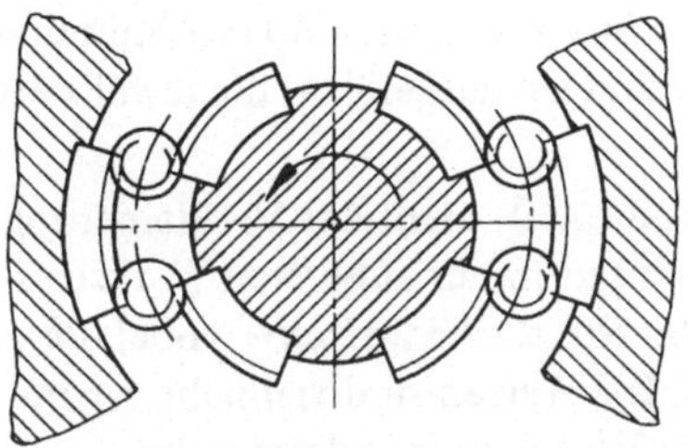

Bild A/12 Gewindewalzen mit Segmenten

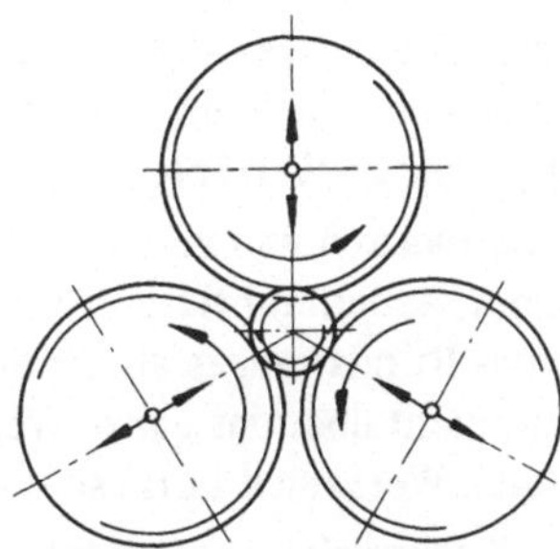

Bild A/13 Gewindewalzen mit drei umlaufenden Walzen

Das Gewindewalzen ist auch mit *zwei umlaufenden Gewindewalzen* möglich (Bild A/8). Die Lage des Werkstückes wird hierbei durch eine Auflageleiste bestimmt; man kann das runde, zentrierte Werkstück auch zwischen Spitzen aufnehmen. Die Gewindetiefe wird bei laufendem Werkzeug durch radiale Zustellung einer Walze eingestellt. Bei bereits eingestelltem Werkzeug mit Einlaufschräge kann das Werkstück in axialer Richtung eingeschoben werden. Bei Verwendung von *drei Walzen* (Bild A/13) entfällt die Auflageleiste. Das Verfahren ist in radialer Richtung, wobei alle drei Walzen radial zugestellt werden, oder in axialer Richtung möglich.

Beim *Radialverfahren* (Bild A/14) liegt das Werkstück (1) zwischen den beiden gleichlaufenden Gewindewalzen (2) und (3) auf einem hartmetallbestückten Auflagelineal (4). Der Werkstückmittelpunkt befindet sich 0,1 ... 0,2 mm unter den Walzenachsen, so daß unter der radial wirkenden Umformkraft eine stabile Lage vorhanden ist. Die bewegliche Gewindewalze (3) wird durch einen hydraulischen Vorschub radial gegen das Werkstück und die ortsfeste Walze (2) gedrückt.

Bei längeren Gewinden begrenzt die Länge der erforderlichen Gewindewalze das Verfahren. Die größte Walzenlänge liegt bei 120 mm, so daß längere Gewinde im *Axialverfahren* gewalzt werden müssen. Während die Gewindewalzen radial eindringen, erfolgt gleichzeitig ein Axialvorschub (Bild A/15); in 2 bis 3 Durchgängen wird das Werkstück auf die volle

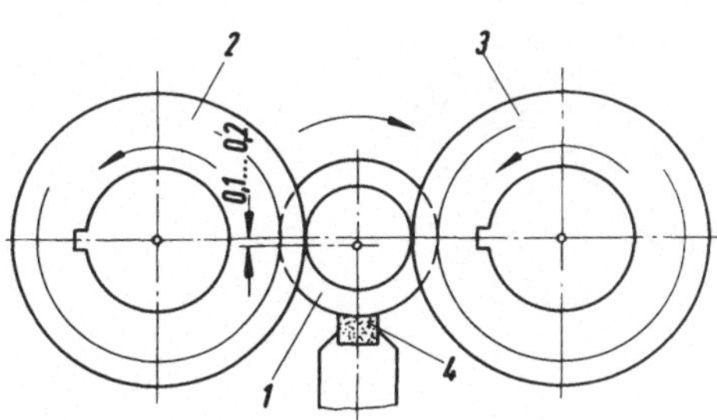

Bild A/14 Gewindewalzen mit dem Radialverfahren

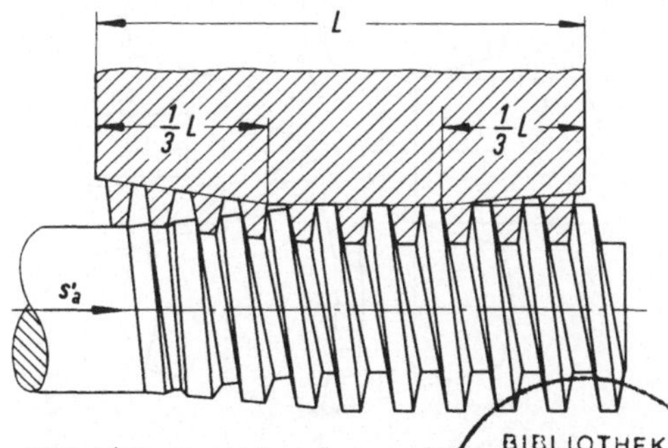

Bild A/15 Gewindewalzen nach dem Axialverfahren

Gewindetiefe ausgewalzt. Die erzielbaren Axialvorschübe liegen zwischen 60 mm/min und 180 mm/min. Die Walzen werden mit Ein- und Auslaufschrägen ausgeführt, die jeweils etwa $\frac{1}{3}$ der gesamten Walzenlänge L beanspruchen.

Das Glattwalzen von vollen und hohlen Rundsträngen (Bild A/9) dient der Verkleinerung der Oberflächenrauhtiefe. Der Umformvorgang spielt sich nur in der äußersten Werkstoffzone des Rundstranges ab. Er beruht auf dem *Prinzip des Rundstückwalzens*, wobei die Walzen nicht über das ganze Werkstück im Eingriff sind. Die Walzen sind vielmehr gegenüber dem Werkstück kurz, so daß in axialer Richtung ein Vorschub eingeleitet wird.

Kurze Werkstücke werden entsprechend dem Rundstückwalzen im *Einstechverfahren* umgeformt. Die Güte der glattgewalzten Oberfläche liegt bei einem Rauhwert von 0,1 ... 2,5 μm bei einem Traganteil von 63 ... 80 % [14]. Die Qualität der Oberfläche des Ausgangswerkstoffes beeinflußt die durch Glattwalzen erzielbare Oberfläche. Die beim Drehen auf der Oberfläche entstehenden Drehrillen werden beim Glattwalzen um so besser eingeebnet, je gleichmäßiger sie die Oberfläche des Werkstückes bedecken.

Die Anwendung des Glattwalzens erstreckt sich vor allem auf Stahl bis etwa 150 N/mm² Festigkeit und auf alle Nichteisenmetalle.

c) Schrägwalzen

Bei diesem Verfahren stehen die Walzen schräg zueinander. Das sich um seine eigene Achse drehende Walzgut erfährt durch Längsvorschub zwischen den Walzen eine Axialbewegung.

Dazu zählen das *Rohr-Schrägwalz-Verfahren* (Bild A/16) sowie das Drücken mit gestreckter Wanddicke (siehe Abschnitt G).

Der durch eine Auflage (4) unterstützte volle Rundstrang (1) wird zwischen die beiden doppelkegeligen Walzen (2) eingeführt. Die Achsen der Walzen kreuzen sich unter einem Winkel von $x = 3 ... 6°$ und sind daher um $x/2 = 1,5 ... 3°$ zur Durchlaufrichtung und damit zur Zeichenebene geneigt. Die zur Strangachse geneigte Drehrichtung der Walzen bewirkt ein Drehmoment am Strang in Umfangsrichtung und eine Bewegung in Axialrichtung, so daß er schraubenförmig zwischen den Walzen hindurchläuft.

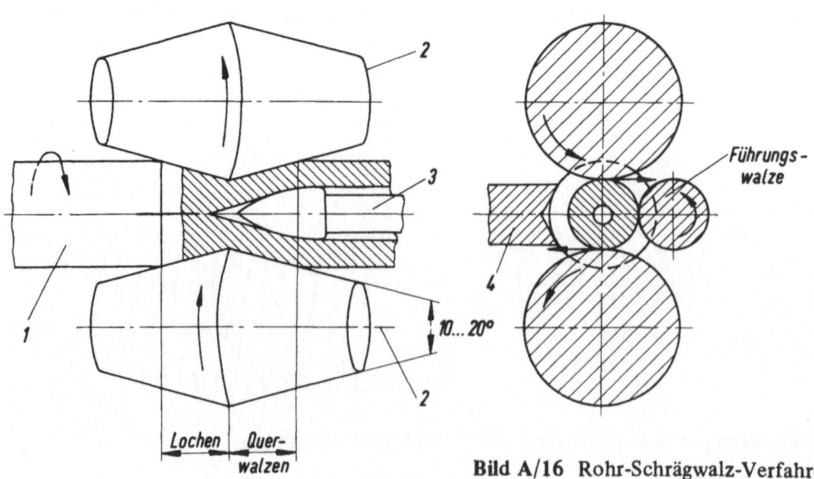

Bild A/16 Rohr-Schrägwalz-Verfahren [2]

Infolge des Kegelwinkels wird der Walzspalt verengt, wodurch der Strang von seiner Eintrittsstelle in den Walzspalt bis zu seiner engsten Stelle gestaucht wird. Dabei wird jeweils die Zone gestaucht, auf die die Umformkraft wirkt. Der Werkstoff weicht nach den Seiten aus und nimmt eine leicht ovale Gestalt an. Während der Drehung des Rundstranges gelangt die längere Achse des ovalen Querschnittes zwischen die Walzen und wird nun ebenfalls gestaucht. Dabei werden die zuvor gestauchten Zonen wieder in radialer Richtung gedehnt. Der ständige Richtungswechsel der größten Beanspruchung im Kern führt zu einem Aufreißen des Stranges. Nach dem Durchlaufen des engsten Walzspaltes läuft der aufgerissene Strang auf einen rotierenden Dorn (3), über den der Strang unter dem Querwalzteil auf die eingestellte Wanddicke ausgewalzt wird.

Ein Gewindeherstell-Verfahren zählt ebenfalls zu den Schrägwalz-Verfahren.

Im *Gewinderollkopf* nach Bild A/17 sind die Werkzeugachsen um die Gewindesteigung gegen die Werkstückachse geneigt, so daß ein Werkzeug mit in sich geschlossenen Umfangsrillen verwendet werden kann.

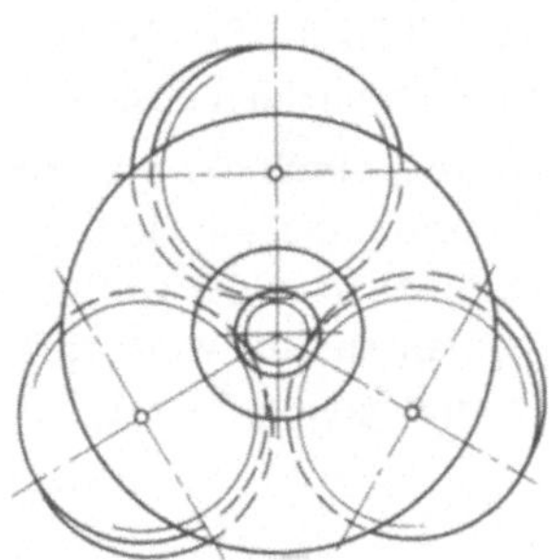

Bild A/17 Gewindewalzen mit drei zueinander geneigten Walzen

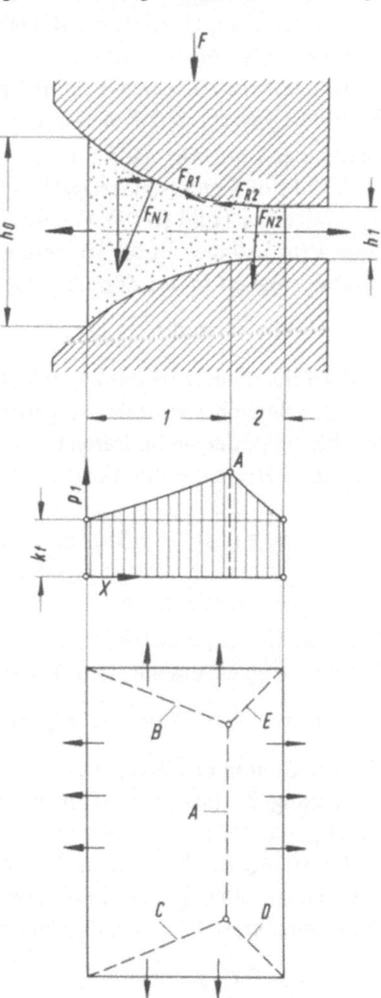

Bild A/18 Umformvorgang im Walzspalt

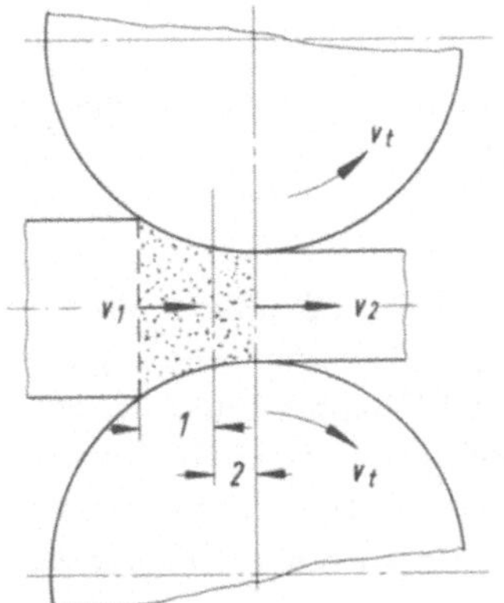

Bild A/19 Geschwindigkeiten beim Walzen

2 Umformvorgang

Man kann sich das Walzenpaar durch zwei gekrümmte Stauchplatten (Bild A/18) ersetzt denken, die mit einer Kraft F aufeinander gepreßt werden [2]. In der Zone 1 fließt dann der gestauchte Werkstoff nach links aus dem Walzspalt heraus und in der Zone 2 nach rechts in Richtung des Stranges. Die dem Fließen entgegengerichteten Reibkräfte F_{R1} und F_{R2} wirken gegeneinander. An den freien Außenflächen des Werkstückes ist die Stauchspannung $p_1 = k_f$. Vom linken Außenrand der Zone 1 steigt die Umformspannung p_1 flach nach innen an, weil die Waagerechtkomponente von F_{N1} die Reibkraft F_{R1} teilweise ausgleicht. Es ist die gleiche kompensierende Wirkung wie bei den angespitzten Stauchplatten in Abschnitt I.3 vorhanden. Hier wird die Reibkraft aber nicht vollständig aufgehoben, so daß p_1 wenigstens flach ansteigt. In der rechten Umformzone 2 wirken die Waagerechtkomponente von F_{N2} und die Reibkraft der Fließrichtung entgegen, so daß der Formänderungswiderstand bis zum Schnittpunkt mit der von links kommenden Kurve steil ansteigt. Im Querschnitt A befindet sich der Werkstoff in Ruhe, da an dieser Stelle die Fließrichtung umgekehrt wird. Diesen Querschnitt nennt man Fließscheide. Da der Walzspalt senkrecht zur Zeichenebene häufig nicht begrenzt ist, kann der Werkstoff in dieser Richtung fließen, so daß sich in den Linien B, C, D und E weitere Fließscheiden ausbilden.

Den in der Umformzone 1 und 2 auftretenden Fließgeschwindigkeiten, durch das Stauchen nach links und rechts, überlagert sich durch die Walzbewegung die Umfangsgeschwindigkeit der Walzen v_t (Bild A/19). Daraus folgt, daß die Werkstoffgeschwindigkeit in der Umformzone 1 (v_1) kleiner als die Walzenumfangsgeschwindigkeit (v_t) ist, während die Werkstoffgeschwindigkeit in der Zone 2 größer als die Walzenumfangsgeschwindigkeit ist:

$$v_1 < v_t \quad \text{und} \quad v_2 > v_t$$

In der Fließscheide ist die Werkstoffgeschwindigkeit gleich der Walzenumfangsgeschwindigkeit. Im Bereich 1 wird das umgeformte Walzgut auf die Walzenumfangsgeschwindigkeit v_t beschleunigt, der sie im Bereich 2 schließlich vorauseilt. Diese Voreilung des austretenden Stranges beträgt durchschnittlich 3 ... 5 %, so daß für die *Werkstoffgeschwindigkeit*

$$\boxed{v_2 = (1{,}03 \dots 1{,}05) \cdot v_t \ \text{in m/s}} \tag{A/1}$$

geschrieben werden kann.

Bei einer Umfangsgeschwindigkeit der Walzen von beispielsweise $v_t = 2$ m/s beträgt die Geschwindigkeit des aus dem Walzspalt austretenden Werkstoffes

$$v_2 = (1{,}03 \dots 1{,}05) \cdot v_t = 2{,}06 \dots 2{,}1 \ \text{m/s}.$$

Für das Greifen des Walzgutes ist das Vorhandensein der Reibung eine wesentliche Voraussetzung. Zu Beginn des Umformvorganges versucht die Waagerechtkomponente F_{Nw} von F_N das Walzgut zurückzuschieben und die entgegengerichtete Komponente F_{Rw} der Reibkraft F_R das Walzgut in den Walzspalt hineinzuziehen (Bild A/20). Wenn die Walzen das Walzgut selbst greifen und in sich hineinziehen sollen, muß die Waagrechtkomponente der Normalkraft F_{Nw} stets kleiner als die Waagerechtkomponente der Reibkraft F_{Rw} sein:

$$F_{Nw} \leqslant F_{Rw}.$$

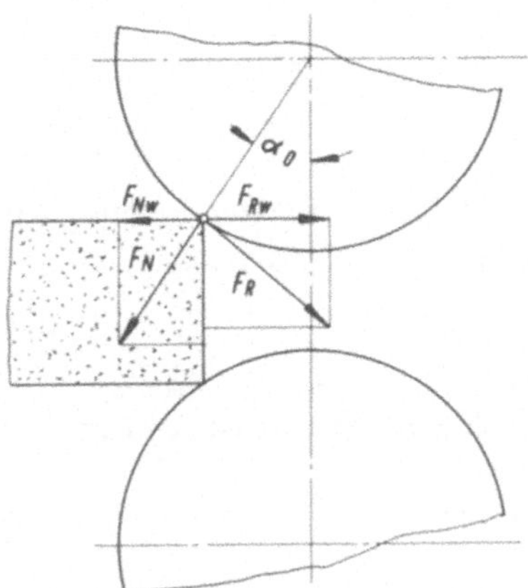
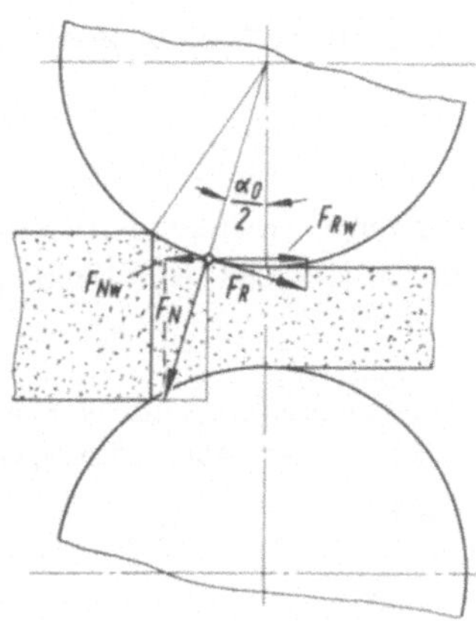

Bild A/20 Kräfte beim Greifen   **Bild A/21** Kräfte beim Walzen

Das ist der Fall, wenn

$$\boxed{\alpha_0 \leqslant \rho}$$ (A/2)

ist, d.h. der Eingriffswinkel α_0, der durch die geometrischen Größen wie Dicke des Walzgutes, Durchmesser und Abstand der Walzen bestimmt wird, muß kleiner als der Reibungswinkel ρ sein.

- *Beispiel A/1:*
  Greifen eines Blechstreifens durch ein Walzenpaar. Wie groß ist der größtzulässige Greifwinkel α_0? Gegeben sind: Werkstofftemperatur $\vartheta = 900\ °C$; Walzenumfangsgeschwindigkeit $v_t = 2\ m/s$.

- *Lösung:*
  $\alpha_0 \leqslant \rho = \arctan \mu$; Reibwert μ aus Diagramm (Bild A/22) $\mu = 0{,}49$; $\tan \rho = 0{,}49$; $\rho = 26°$;

  $\alpha_0 \leqslant 26° = \pi \cdot \dfrac{26}{180} = 0{,}45$ (Bogenmaß).

- *Ergebnis:*
  Größtzulässiger Greifwinkel $\alpha_0 = 26°$.

Die Verhältnisse ändern sich, wenn aus dem Anwalzen ein bleibender Walzvorgang geworden ist (Bild A/21). Die Normaldrücke verteilen sich längs des Eingriffsbogens, und man kann näherungsweise annehmen, daß die resultierende Normalkraft etwa bei $\alpha_0/2$ wirkt.

Die *Waagerechtkomponenten* betragen dann

$$\boxed{F_{Nw} = F_N \cdot \sin \frac{\alpha_0}{2} \leqslant F_{Rw} = F_R \cdot \cos \frac{\alpha_0}{2}\ \text{in N}}$$ (A/3)

Aus dieser Gleichgewichtsbedingung ergibt sich mit $F_R = \mu \cdot F_N$

$$\boxed{\tan \frac{\alpha_0}{2} \leqslant \mu = \tan \rho}$$ (A/4)

Die *Durchwalzbedingung* lautet demnach

$$\alpha_0 \leqslant 2 \cdot \rho \qquad\qquad\qquad\qquad\qquad\qquad \text{(A/5)}$$

d.h. der Eingriffswinkel muß kleiner oder im Grenzfall gleich dem doppelten Reibungswinkel sein. Er ist daher beim bleibenden Walzen doppelt so groß wie beim Greifen.

- *Beispiel A/2:*
  Durchwalzen eines Blechstreifens. Zu berechnen ist der größtzulässige Eingriffswinkel α_0.
  Gegeben sind: Werkstofftemperatur $\vartheta = 900\ ^\circ\text{C}$; Walzenumfangsgeschwindigkeit $v_t = 2$ m/s.

- *Lösung:*
  $\alpha_0 \leqslant 2\rho = 2 \arctan 0{,}49 = 52^\circ = \pi \cdot 52/180 = 0{,}9$ (Bogenmaß).

- *Ergebnis:*
  Größtmöglicher Eingriffswinkel $\alpha_0 = 52^\circ$.

Die Reibungszahl μ hat demnach beim Walzen eine besondere Bedeutung. Für das *Warmwalzen von Stahl* mit rauhen Gußeisenwalzen im Temperaturbereich von 700 ... 1200 °C gilt nach *Ekelund* und *Geleji*

$$\mu = 1{,}05 - 0{,}5 \cdot 10^{-3} \cdot \vartheta - 0{,}056 \cdot v \qquad\qquad\qquad \text{(A/6)}$$

Darin bedeuten ϑ Temperatur des Walzgutes und v seine Geschwindigkeit in m/s. Das Diagramm in Bild A/22 zeigt den Reibbeiwert in Abhängigkeit von der Walzengeschwindigkeit für verschiedene Temperaturen. Bei einer Walzengeschwindigkeit von 2 m/s kann bei einer Temperatur von 700 °C für den Reibwert $\mu = 0{,}59$ und für 1200 °C $\mu = 0{,}34$ eingesetzt werden. Bei Hartgußwalzen liegt μ um etwa 0,1 und bei geschliffenen Hartguß- oder Stahlwalzen um etwa 0,2 tiefer. Für Aluminium und seine Legierungen kann man $\mu = 0{,}25 ... 0{,}35$ ansetzen. Beim Kaltwalzen ist kein derartiger Zusammenhang vorhan-

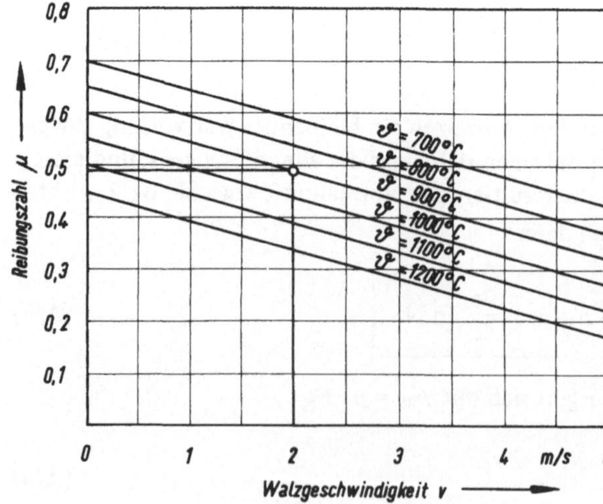

Bild A/22
Richtwert für die Reibungszahl μ beim Walzen von Stahl [nach *Geleji*]

den. Versuche zeigten, daß der Reibbeiwert hier je nach Werkstoff, Werkzeugoberfläche und Schmierung zwischen 0,07 und 0,15 liegt.

Zwischen der Dickenabnahme Δh und dem Eingriffswinkel α_0 ergibt sich folgender Zusammenhang (Bild A/1):

$$\Delta h = h_0 - h_1 = 2 \cdot r \cdot (1 - \cos \alpha_0) = 4 \cdot r \cdot \sin^2 \frac{\alpha_0}{2} \text{ in mm} \qquad (A/7)$$

Über die zuvor geschilderten Bedingungen beim Greifen $\alpha_0 = \rho$ und beim Walzen $\alpha_0 \leqslant 2 \cdot \rho$ ist die maximale Höhenabnahme, außer vom Walzenradius, vor allem vom Reibbeiwert abhängig. Da man für kleine Winkel $\sin \alpha_0/2 \approx \alpha_0/2$ setzen kann, ist überschlägig

$$\Delta h \approx r \cdot \alpha_0^2 \text{ in mm} \qquad (A/8)$$

- *Beispiel A/3:*
  Mögliche Dickenabnahme beim Greifen und beim Walzen. Berechne die größtmögliche Dickenabnahme.
  Gegeben: Walzendurchmesser $D = 200$ mm; Werkstofftemperatur $\vartheta = 900\ °C$; Walzenumfangsgeschwindigkeit $v_t = 2$ m/s; Reibbeiwert nach Bild A/22 $\mu = 0,49$; $\alpha \leqslant 26°$ (vgl. Beispiel A/1).

- *Lösung:*
  a) beim Greifen $\Delta h_{max} = 4 \cdot r \cdot \sin^2 \frac{\alpha_0}{2} = 4 \cdot \frac{200 \text{ mm}}{2} \cdot \sin^2 13$

  $\qquad\qquad = 400 \text{ mm} \cdot 0,225^2 = 20,2 \text{ mm}$

  b) beim Durchwalzen $\Delta h_{max} = 4 \cdot r \cdot \sin^2 \frac{\alpha_0}{2} = 4 \cdot \frac{200 \text{ mm}}{2} \cdot \sin^2 26$

  $\qquad\qquad = 400 \text{ mm} \cdot 0,44^2 = 77 \text{ mm}$

- *Ergebnis:*
  größte Dickenabnahme beim Greifen $\Delta h_{max} = 20,2$ mm
  größte Dickenabnahme beim Durchwalzen $\Delta h_{max} = 77,0$ mm

Beim stationären Walzen ist die mögliche Höhenabnahme wegen $\alpha_0^2 = 4 \cdot \rho^2$ viermal so groß wie beim Greifen. Es liegt daher nahe, durch besondere Maßnahmen das Greifen zu erleichtern.

Durch einen *größeren Walzenabstand* kann man zunächst den Strang anspitzen; das Greifen geht dann an einem dünneren Strang bei geringerem Walzenabstand und kleinerem Eingriffswinkel leichter vor sich.

Sobald der Walzspalt ausgefüllt ist, bewegt sich der Strang in ursprünglicher Dicke in den Walzspalt. Dann darf der Eingriffswinkel aber auch viermal so groß sein wie beim Greifen.

Durch eine *äußere Kraft*, mit der der Strang in den Walzspalt gestoßen wird, kann das Greifen ebenfalls erleichtert werden. Man macht bei kontinuierlichen Walzstraßen davon Gebrauch, indem der Strang vom vorhergehenden Walzgerüst in den Walzspalt hineingedrückt wird.

Eine weitere Möglichkeit besteht darin, daß man beim Greifen durch eine Kühlung den Reibbeiwert und damit auch den möglichen *Eingriffswinkel vergrößert.*

In der Beziehung für μ ist im letzten Glied der Einfluß der Walzgeschwindigkeit festgehalten. Man kann den Reibbeiwert auch erhöhen, wenn man mit geringer Geschwindigkeit greift und die volle Geschwindigkeit erst einstellt, wenn der Walzspalt ausgefüllt ist.

3 Kraft- und Arbeitsbedarf

Sieht man von der Voreilung des Stranges gegenüber der Walzenumfangsgeschwindigkeit ab, wird bei einer Walzenumdrehung ein Strang mit der Länge $l_1 = 2\pi r$ (Bild A/1) gewalzt. Dabei wird von jeder Walze die Umformkraft F_{tid} in tangentialer Richtung ausgeübt. Das Walzenpaar hat somit die verlustfreie Arbeit $2 \cdot F_{\mathrm{tid}} \cdot l_1$ verrichtet. Die *Umformarbeit* beträgt dann:

$$W_{\mathrm{id}} = 2 \cdot F_{\mathrm{tid}} \cdot l_1 = k_{\mathrm{fm}} \cdot V \cdot \varphi \ \text{ in Nm} \tag{A/9}$$

Die größte auftretende Formänderung ist durch

$$\varphi = \ln\frac{h_1}{h_0}$$

gegeben, so daß die *verlustfreie Umfangskraft* je Walze mit $V = A_1 \cdot l_1$

$$F_{\mathrm{tid}} = \frac{1}{2} \cdot k_{\mathrm{fm}} \cdot A_1 \cdot \ln\frac{h_1}{h_0} \ \text{ in N} \tag{A/10}$$

wird. Die auftretenden Reibverluste werden durch den Formänderungswirkungsgrad, der je nach Temperatur und Reibverhältnissen zwischen 0,4 und 0,7 liegt, berücksichtigt. Die *tatsächliche Umfangskraft* je Walze beträgt

$$F_{\mathrm{t}} = \frac{k_{\mathrm{fm}} \cdot A_1 \cdot \ln\dfrac{h_1}{h_0}}{2 \cdot \eta_{\mathrm{F}}} \ \text{ in N} \tag{A/11}$$

Diese Kraft greift an einem Hebelarm r an, so daß jede Walze ein *Drehmoment* von der Größe

$$M = F_{\mathrm{t}} \cdot r = \frac{r}{2 \cdot \eta_{\mathrm{F}}} \cdot k_{\mathrm{fm}} \cdot A_1 \cdot \ln\frac{h_1}{h_0} \ \text{ in Nm} \tag{A/12}$$

überträgt. Dazu ist eine *Leistung* von

$$P = 2 \cdot M \cdot \omega = \frac{1}{\eta_{\mathrm{F}}} \cdot k_{\mathrm{fm}} \cdot A_1 \cdot \ln\frac{h_1}{h_0} \cdot v \ \text{ in kW} \tag{A/13}$$

erforderlich.

- *Beispiel A/4:*
  Stahlblech von 1000 mm Breite und 10 mm Dicke wird durch Kaltwalzen auf 6,3 mm Dicke gebracht. Zu berechnen sind Walzkraft, Walzmoment, Leistung.

  Gegeben sind: Walzendurchmesser 600 mm; Reibbeiwert $\mu = 0,1$; Walzenumfangsgeschwindigkeit $v_t = 0,1$ m/s; Formänderungswirkungsgrad $\eta_F = 0,4$ (angenommen). Es wird angenommen, daß der Werkstoff eine ähnlich verlaufende Fließkurve wie Stahl Ck 10 hat. Für die Bestimmung der Formänderungsfestigkeit wird daher Diagramm (Bild I/9) herangezogen.

- *Lösung:*
  Querschnittsfläche:

$$A_1 = 6,3 \cdot 1000 \text{ mm}^2 = 6300 \text{ mm}^2$$

Formänderungsverhältnis:

$$\varphi = \ln\frac{h_1}{h_0} = \ln 0,63 = 0,462$$

Formänderungsfestigkeit aus Diagramm Bild I/9:

$$k_{fm} = w \cdot \frac{1}{\varphi} = \frac{210}{0,462} \cdot \text{N/mm}^2 = 454,5 \text{ N/mm}^2$$

verlustfreie Umfangskraft je Walze:

$$F_{tid} = \frac{1}{2} \cdot 454,5 \cdot 6300 \cdot 0,462 \text{ N} = 661,5 \text{ kN}$$

tatsächliche Umfangskraft je Walze:

$$F_t = \frac{1}{\eta_F} \cdot F_{tid} = \frac{661,5}{0,4} = 1653,75 \text{ kN}$$

Walzendrehmoment:

$$M = F_t \cdot r = 1653,75 \cdot 0,3 = 496,1 \text{ kNm}$$

aufzuwendende Leistung:

$$P = 2 \cdot F_t \cdot v = 2 \cdot 1653,75 \cdot 0,1 \text{ kNm/s} = 330,75 \text{ kNm/s}$$
$$P = 330,75 \text{ kW}$$

- *Ergebnis:*
  Walzkraft: $F_t = 1653,75$ kN
  Walzendrehmoment: $M = 496,1$ kNm
  Leistung: $P = 330,75$ kW

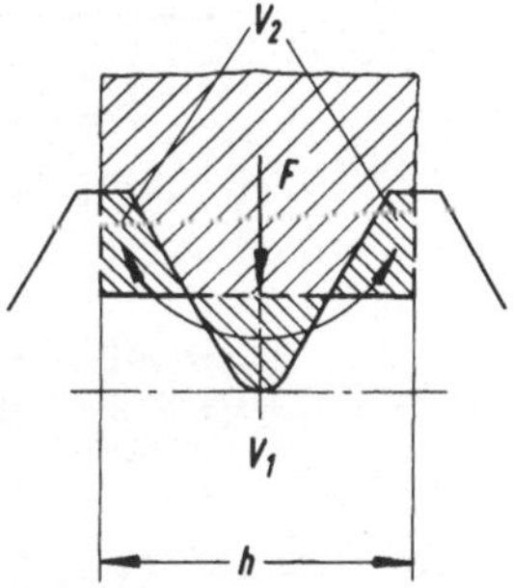

Bild A/23 Umformvorgang beim Gewindewalzen

Beim Gewindewalzen dringen die Walzen mit der Umformkraft F in das Werkstück ein (Bild A/23) und verdrängen das Volumen V_1 nach V_2. Das vollständige Ausfüllen der Werkzeugrillen ist von der richtigen Festlegung des Durchmessers des Ausgangswerkstückes abhängig, der etwa dem Flankendurchmesser des Gewindes entspricht. Je nach Größe der Gewindesteigung und der Festigkeit des Werkstoffes muß das Werkstück eine Anfassung zwischen 10° und 25° besitzen, da sonst die Gefahr von Kammausbrüchen besteht.

Die Kaltumformung umfaßt im wesentlichen nur die äußeren Werkstoffzonen der Gewinde. Es tritt eine Verfestigung ein, die sich günstig auf die Festigkeitseigenschaften der Gewindeflanken auswirkt. Versuche zeigten, daß eine Festigkeitssteigerung um das 1,3- bis 1,7fache an den Flanken und im Gewindegrund erreicht werden kann. Außerdem sind gewalzte Gewinde nicht so kerbempfindlich wie durch Zerspanung hergestellte (Bild A/24), da die Faserstruktur des Werkstückes erhalten bleibt.

Bild A/24
Faserverlauf im Werkstück mit geschnit-
tenem (a) und gewalztem (b) Gewinde

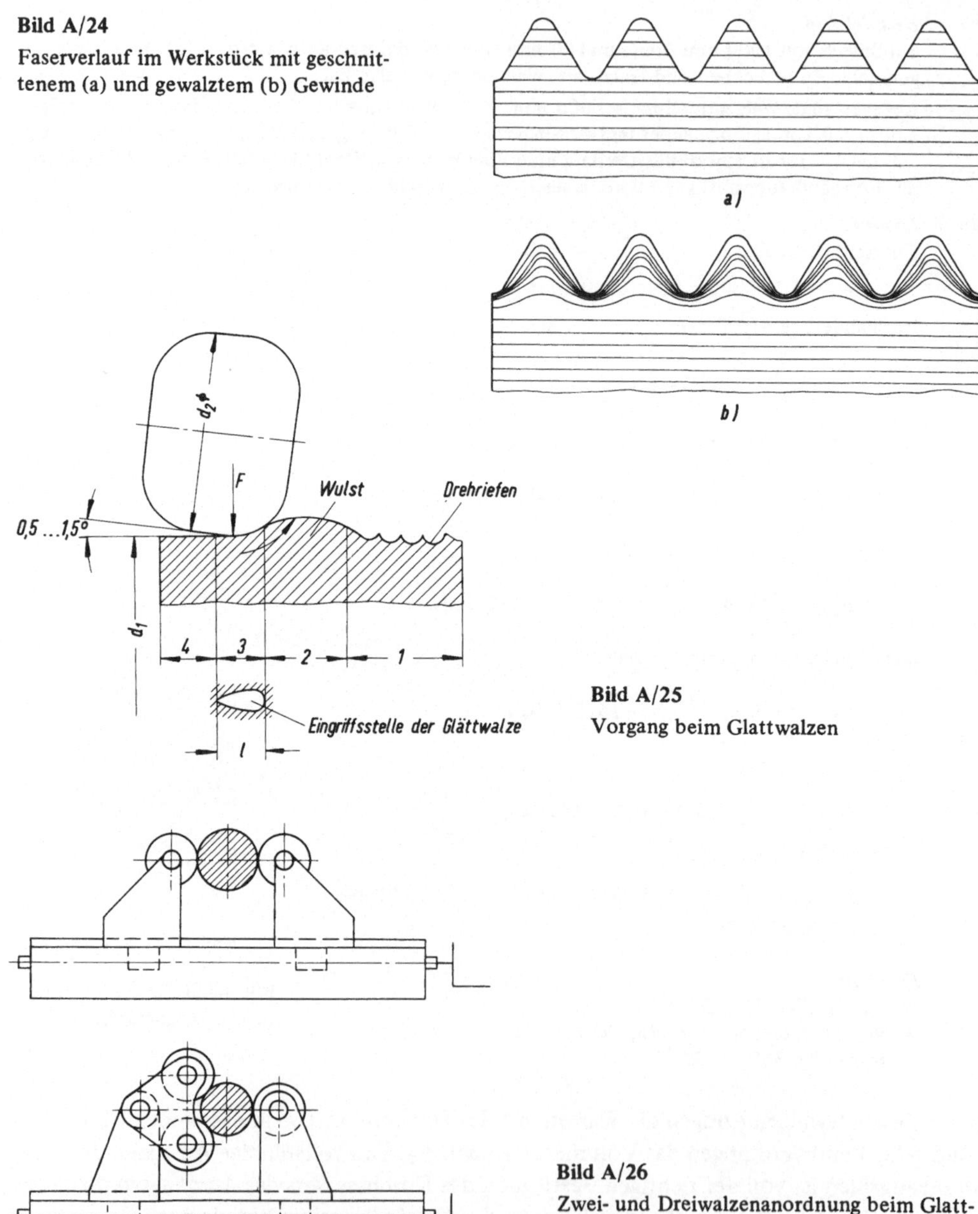

Bild A/25
Vorgang beim Glattwalzen

Bild A/26
Zwei- und Dreiwalzenanordnung beim Glattwalzen

Beim Glattwalzen wird eine Glättwalze (Bild A/25) mit einer Kraft F radial gegen das zu
glättende, zylindrische Werkstück gedrückt. Die Walzkraft wird von einer gegenüberliegenden oder zwei versetzt angeordneten Stützwalzen (Bild A/26) aufgenommen, um ein Ausweichen von schlanken Werkstücken zu verhindern. Die Glättwalzen werden mit einem
Vorschub s_a über das Werkstück geführt. Sie hinterlassen, unter der Walzkraft, auf dem

ruhenden Werkstück einen leicht tropfenförmigen Eindruck (vgl. Bild A/25). Aus dieser tropfenförmigen Mulde wird der Werkstoff unter Einwirkung der Umformkraft F verdrängt, er eilt den Walzen bei sich drehendem Werkstück in Umfangs- und Vorschubrichtung voraus und bildet in Umfangsrichtung eine Wulst. Insgesamt können vier Zonen unterschieden werden:

1. die *ungeglättete Zone*, das ist die mit Drehriefen versehene Oberfläche des Ausgangswerkstücks,
2. die *aufgewölbte Zone* kurz vor dem Walzeneingriff,
3. die *Zone des Walzeneingriffs*,
4. die *geglättete Zone*.

Neben der Güte der Ausgangsoberfläche beeinflußt die Werkzeugoberfläche das Glättergebnis; ihre Rauhtiefe sollte in axialer Richtung unter $1\,\mu$m liegen. Einen entscheidenden Einfluß auf das Glättergebnis hat die aufgebrachte Walzkraft F. Als Vergleichsgröße dient hier die sogenannte *bezogene Walzkraft p*

$$p = \frac{F}{l \cdot d} \ \text{in N/mm}^2 \tag{A/14}$$

Darin ist l die Länge der tropfenförmigen Mulde in Bild A/25 und d ein *Vergleichsdurchmesser*, der nach

$$\frac{1}{d} = \frac{1}{d_1} + \frac{1}{d_2} \tag{A/15}$$

aus den Durchmessern d_1 des Werkstückes und d_2 des Werkzeuges errechnet wird.

● *Beispiel A/5:*
Anpreßkraft $F = 40$ kN
Eingriffslänge $l = 16$ mm
Vergleichsdurchmesser $d = 125$ mm
Berechne die bezogene Walzkraft p

● *Lösung:*
bezogene Walzkraft $p = \dfrac{40\,000}{16 \cdot 125}\ \text{N/mm}^2 = 20\ \text{N/mm}^2$

● *Ergebnis:*
$p = 20\ \text{N/mm}^2$

Die Abhängigkeit der in Vorschubrichtung erzielbaren maximalen Rauhtiefen zeigt Bild A/27 für ein zylindrisches Werkstück aus St 50 nach [24][1]. Mit zunehmender bezogener Walzenkraft und Anzahl der Überwalzungen sinkt die Rauhtiefe. So kann z.B. bei einer bezogenen Walzenkraft von $5\ \text{N/mm}^2$ und einmaliger Überwalzung eine Rauhtiefe von $R_{a\,max} = 3,1\ \mu$m erreicht werden. Bei viermaliger Überwalzung liegt die Rauhtiefe bei $1,5\ \mu$m. Wird dagegen mit einer bezogenen Walzenkraft von $15\ \text{N/mm}^2$ geglättet, erreicht man schon im ersten Durchgang eine Rauhtiefe von $0,7\ \mu$m. Durch ein Überwalzen, bis

---

[1] umgerechnet für einen Vergleichsdurchmesser von 135 mm.

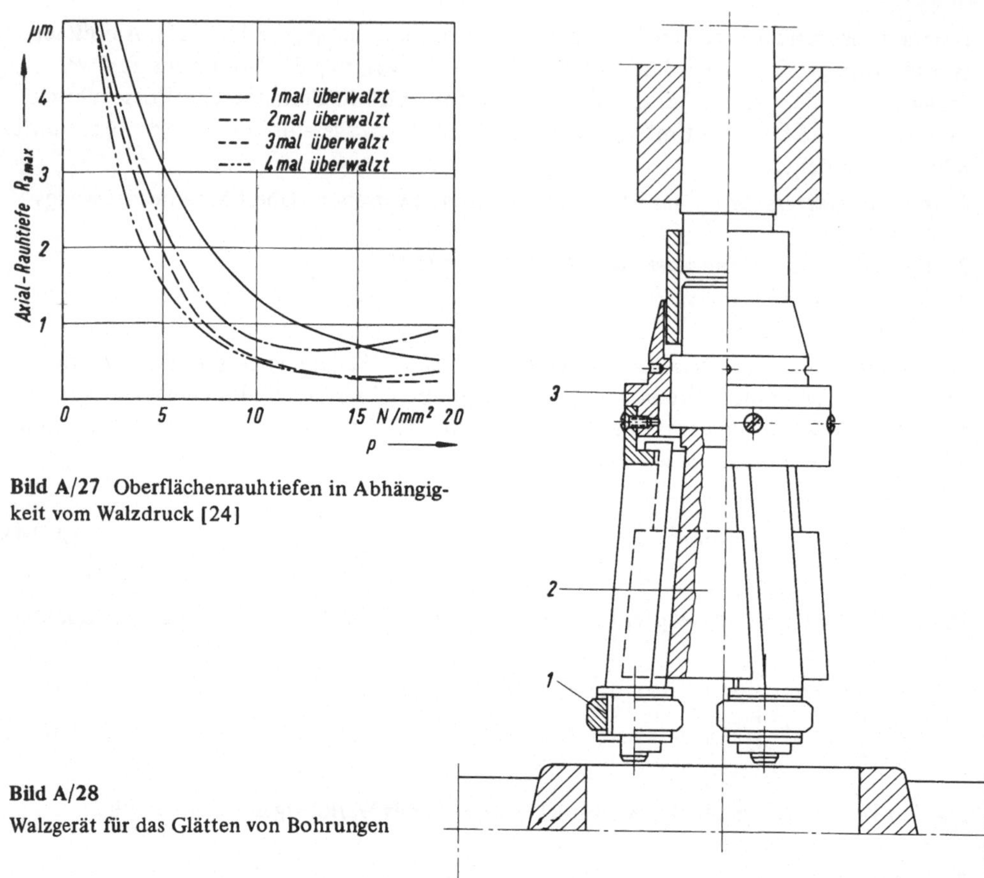

Bild A/27 Oberflächenrauhtiefen in Abhängigkeit vom Walzdruck [24]

Bild A/28
Walzgerät für das Glätten von Bohrungen

zu viermal, verbessert man den Rauhwert dann nur noch auf etwa 0,3 μm. Die Darstellung
in Bild A/27 zeigt, daß mit möglichst großer bezogener Walzkraft geglättet werden muß.
Man kommt dann mit weniger Überwalzungen (Einsparung an Walzzeit) aus, wenn eine
geringe Rauhtiefe erzeugt werden soll. Bei gleichzeitiger Anwendung von hohen Walzge-
schwindigkeiten ist es zweckmäßig, die Werkzeuge durch Petroleum zu kühlen und zu
schmieren.

Glattwalzgeräte werden mit ein bis drei Glättwalzen ausgerüstet und als Anbaueinheiten
für Dreh- und Schleifmaschinen zum Außenglattwalzen, für Bohrmaschinen zum Innen-
glattwalzen eingesetzt. Die Glattwalzeinheiten mit zwei oder drei Glättwalzen, wie in Bild
A/26, werden auf dem Werkzeugschlitten einer Spitzendrehmaschine befestigt. Die vordere
Walze ist jeweils mechanisch oder hydraulisch in radialer Richtung zustellbar, damit die
Walzkraft F aufgebracht werden kann. Bei Verwendung von nur zwei Walzen ist kein
Traglineal erforderlich, da das Werkstück in Futter und Reitstockspitze gehalten wird. Bei
der Glätteinrichtung nach Bild A/28 zum Walzen von Bohrungen werden die drei um 120°
versetzt angeordneten Glättrollen (1) durch einen Spreizkegel (2) angepreßt, der durch
Verdrehen des Gewinderinges (3) in seiner Höhe verstellbar ist.

B Schmieden

1 Freiformen

Das Freiformschmieden hat zuerst im handwerklichen Betrieb Bedeutung gewonnen, da es mit verhältnismäßig einfachen und billigen Werkzeugen ausführbar ist. Daher ist die Umformung von einzelnen oder gleichartigen Werkstücken schon in geringer Anzahl wirtschaftlich.

Im Handwerks- und im Industriebetrieb werden die erforderlichen Umformdrücke in unterschiedlicher Art auf das Werkstück gebracht [11]. Das Handwerk benutzt zum Schmieden vor allem den *Handhammer*, während der industrielle Betrieb anstelle des Ambosses die *Schabotte mit dem Untersattel* und statt des Handhammers den maschinell bewegten *Bären mit dem Obersattel* verwendet. Mit solchen Einrichtungen werden hohe Drücke im Werkstück erzeugt, so daß Teile mit größeren Abmessungen genauer und schneller umgeformt werden können. Beim Freiformschmieden wird der Werkstoff zwischen geometrisch einfachen Werkzeugen umgeformt, wobei er in Richtung der freien Begrenzungsflächen fließen kann.

Als Schmiedewerkstoff wird meist Stahl mit einem Kohlenstoffgehalt bis zu 1,7 % verwendet. Stähle mit höherem Kohlenstoffgehalt sind nur bedingt schmiedbar. Durch das Schmieden tritt eine Verbesserung des Ausgangswerkstoffes ein, das Kristallgefüge wird verfeinert, und die Festigkeitseigenschaften werden günstig beeinflußt.

a) Stauchen

Der einfachste Schmiedevorgang ist das Stauchen. Bei der Umformung zwischen zwei ebenen Werkzeugflächen wird die freie Entfaltung der Formänderung nur durch die Reibung in den Berührungsflächen behindert. Das führt zu einem Ausbauchen des Werkstückes (Bild B/1a). Wenn der Stauchkörper sehr schlank ist, bilden sich die Ausbauchungen zunächst nahe den Enden (Bild B/1b). Sie wachsen erst mit fortschreitendem Umformvorgang zusammen, wenn der Körper eine gedrungene Gestalt annimmt. Bei einem zylindri-

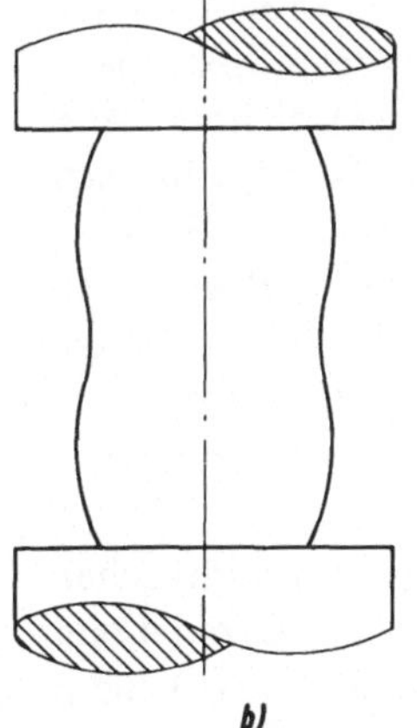

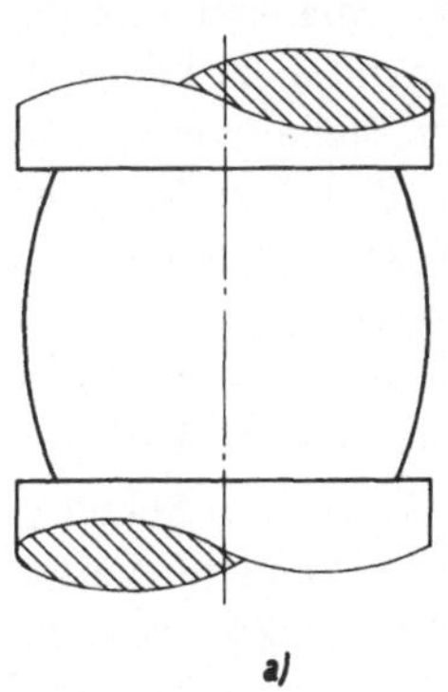

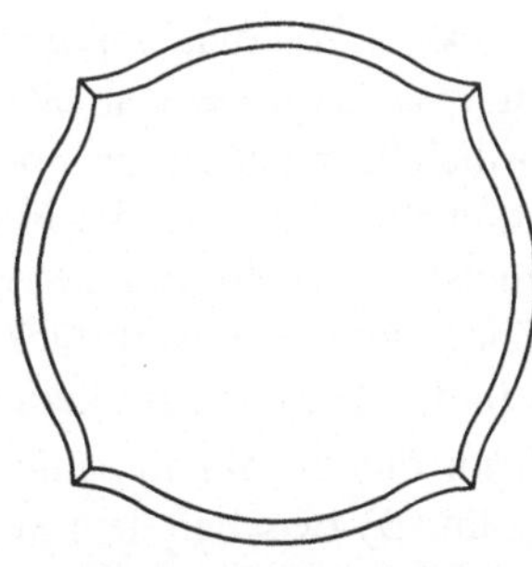

Bild B/2 Umformung eines quadratischen Körpers durch Stauchen [20]

Bild B/1 Stauchkörper zwischen ebenen Werkzeugen

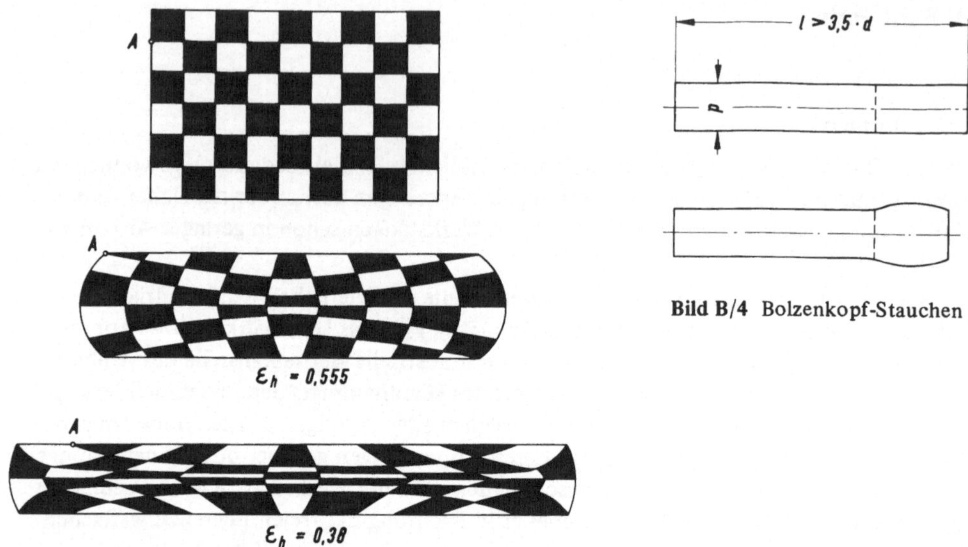

Bild B/4 Bolzenkopf-Stauchen

Bild B/3 Werkstoff-Fluß beim Stauchen

schen Stauchkörper bleibt der Querschnitt auch nach der Formänderung kreisrund, während sich bei einem eckigen Stauchkörper die vorher ebenen Seitenflächen etwa wie im Bild B/2 ausbauchen. Erst mit zunehmender Stauchung nähert sich die ursprünglich quadratische Form der Kreisform. Das Fließen des Werkstoffes veranschaulicht Bild B/3, in dem die Umformung eines mit einem rechtwinkligen Liniennetz bezogenen Versuchskörpers dargestellt ist. Während des Stauchens verzerren sich die Linien entsprechend dem Fließen des Werkstoffes. In der mittleren Umformzone, zwischen den beiden Stauchplatten, wird das Werkstück am stärksten gestaucht; die senkrechten Linien weichen daher nach außen aus. Bei großen Formänderungen wandern sogar Teile, die vorher auf der freien Mantelfläche lagen (Punkt A in Bild B/3), in die Stirnebene.

Erfahrungsgemäß ist das *freie Stauchen* nur bei Werkstücken möglich, deren Höhe die 3,5fache Dicke nicht überschreitet. Bei schlankeren Körpern besteht die Gefahr des Ausknickens. Will man dagegen an Stangen mit einer Länge, die größer als die 3,5fache Dicke ist, eine Verdickung an einer beliebigen Stelle erzeugen, wird der Stab an dieser Stelle örtlich begrenzt erhitzt und gestaucht (Bild B/4). In der erhitzten Zone, oberhalb der gestrichelten Linie, ist der Formänderungswiderstand am geringsten, so daß sich diese Stelle zuerst ausbaucht und die gewünschte Verdickung ergibt. Je nach Länge der erwärmten Zone nimmt das Werkstück eine mehr oder minder kugelige Form an, aus der eine bestimmte Endform auf dem Amboß oder im Gesenk hergestellt wird.

Beim *Elektrostauchverfahren* (Bild B/5) wird ein Stauchkörper (1) mit den Stirnflächen (2 und 3) zwischen dem Stauchstempel (7) und der Verschleißplatte (8) angeordnet und zwischen zwei Klemmbacken (4) geführt [1]. Zwischen der Führungselektrode (5) und der Amboßelektrode (6) liegt ein elektrischer Stromkreis, der das Werkstück auf Umformtemperatur erhitzt. Der Stauchdruck wird auf die Stirnfläche (2) ausgeübt, wobei die

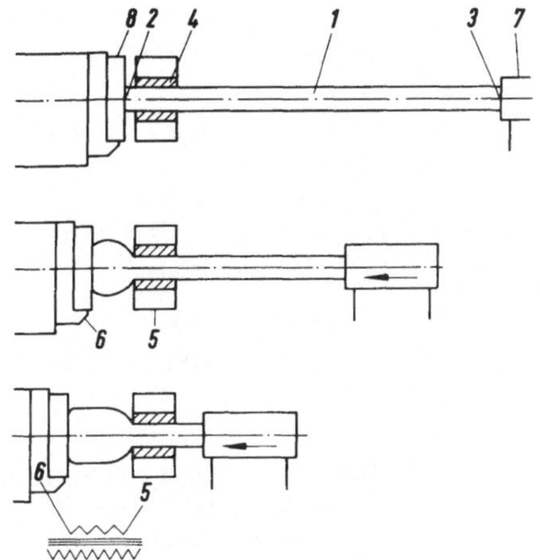

Bild B/5 Prinzip des Elektro-Stauchens [1]

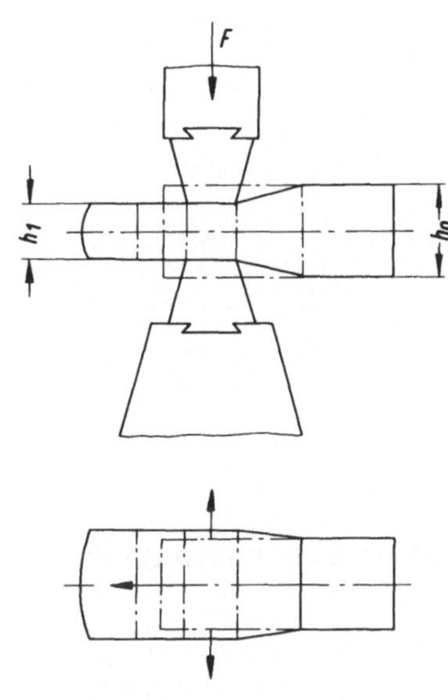

Bild B/6 Recken

Amboßelektrode (6) etwas nach links ausweicht und eine Verlängerung der erhitzten Zone bewirkt.

b) Recken

Das *Recken* ist die häufigste Art des Freiformschmiedens, bei der im Gegensatz zum Stauchen jeweils nur ein Teil der Werkstückfläche erfaßt wird. Das Strecken besteht daher aus einer Reihe von Stauchungen nebeneinanderliegender Stabteile senkrecht zur Streckrichtung.

Um ein Werkstück zu recken, läßt man je nach der Länge des Stückes entsprechend viele Schläge hintereinander auf das Werkstück einwirken. Der bei jedem Hammerschlag erzielte Umformgrad hängt von der Geschwindigkeit des Hammers, von seinem Gewicht und von der Größe der Auftrefffläche ab. Zwischen den Werkzeugflächen wird der Werkstoff auf eine geringere Werkstückdicke h_1 gestaucht. Dabei weichen die zwischen Ober- und Untersattel befindlichen Werkstoffteile in Richtung der Werkstückachse aus, der Stab wird länger (Bild B/6). Gleichzeitig tritt aber auch eine Aufbauchung senkrecht zur Stabachse ein, so daß der Stab breiter wird. Die gewünschte Längung des Stabes ist daher immer mit einer meist unerwünschten Breitung verbunden. Der Schmied wendet deshalb das Werkstück nach jedem Schlag oder erst nach einer vollständigen Überschmiedung und schmiedet den in die Breite gedrängten Werkstoff wieder zurück. Je nach Größe des Werkstückgewichts werden Höhe und Breite abwechselnd gestaucht. Es kann auch erst die Höhe über die ganze Länge des Werkstückes gestaucht und dann die Breite zurückgeschmiedet werden. Leicht zu handhabende Stücke werden oft *schraubenförmig* zwischen Ober- und Untersattel hindurchgeführt, wobei nach jeweils $\frac{1}{4}$ Umdrehung ein Schlag ausgeführt wird. Das Werkstück kann aber auch nach jedem Schlag abwechselnd um $\frac{1}{4}$ Umdrehung links- und rechtsherum

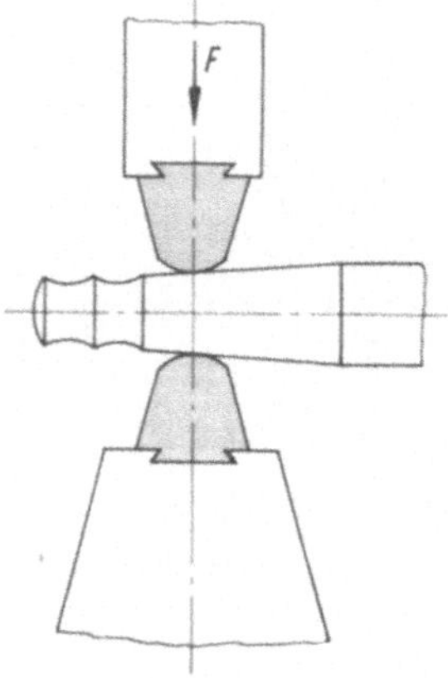

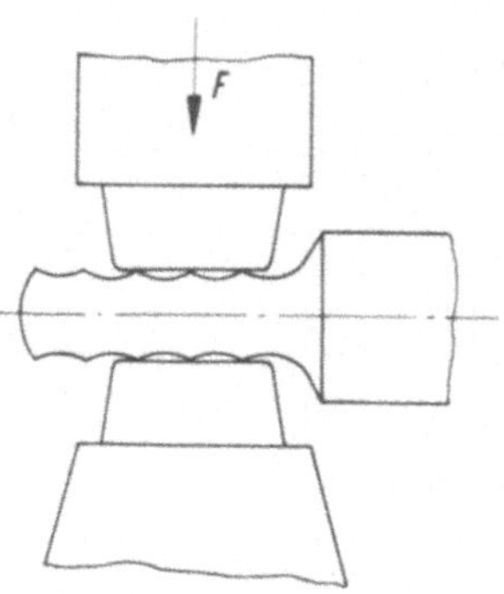

Bild B/8 Glätten der Oberfläche
nach dem Recken

Bild B/7 Ballige Druckflächen
beim Recken

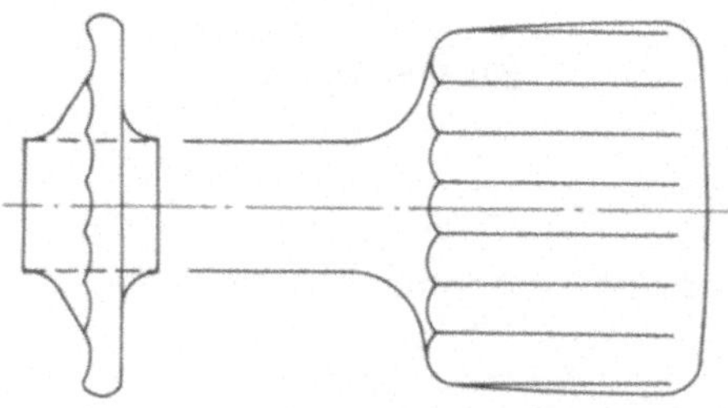

Bild B/9 Breitschmieden

gedreht werden. Schwere Werkstücke, die gewöhnlich unter hydraulischen Pressen gereckt
werden, kann man wegen des Gewichtes nicht nach jedem Schlag wenden. Man würde auch
zuviel Zeit verlieren, während der die kostspiegelige Wärme des Werkstückes verlorengeht.
Diese Werkstücke werden daher erst jeweils nach dem Schmieden auf der ganzen Länge
gewendet.

Ober- und Untersattel sind beim Recken fast immer mit etwas balligen Druckflächen versehen (Bild B/7), deren Projektion rechteckig ist. Wird das Werkstück unter dem Hammer
senkrecht zur längsten Seite der Hammerbahn vorgeschoben, bewirkt die kleinere Auftrefffläche eine größere Werkstoffverdrängung in Stabrichtung. Gleichzeitig behindert die
Reibung der Hammerbahn den Werkstofffluß in die Breite. Die balligen Arbeitsflächen
hinterlassen eine rillenartige Form der gestauchten Oberfläche, die in einem folgenden
Arbeitsgang geglättet wird. Dabei wechselt die Vorschubrichtung des Werkstückes unter
dem Hammer; die längere Seite der Hammerbahn bedeckt nun mehrere Rillenkämme zu-
gleich und glättet die wellige Fläche (Bild B/8).

Ist eine Reckung senkrecht zur Werkstückachse vorgesehen, wird der Stab zunächst in
üblicher Weise vorgereckt, wobei die Hammerbahn quer zur Stabachse liegt. Dann wird
der Stab gewendet und der seitlich verdrängte Werkstoff wieder zurückgeschmiedet. Anschließend werden die Schläge parallel zur Stabachse in der in Bild B/9 angegebenen Reihenfolge gesetzt und der Werkstoff breit geschmiedet. Mit einem flachen Hammer werden
die Rillen der umgeformten Oberfläche geglättet.

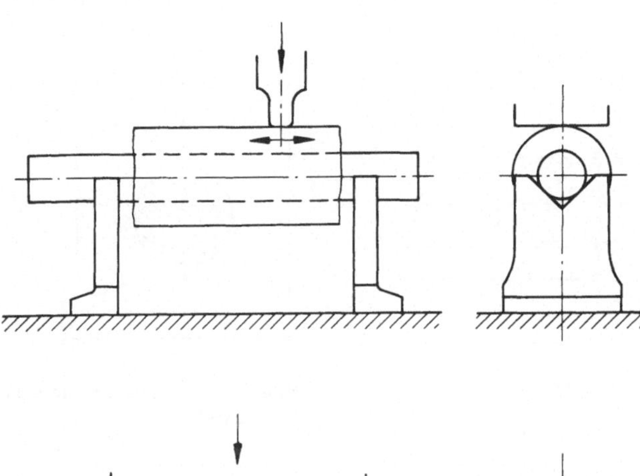

Bild B/10
Breiten über einen Dorn in
Achsrichtung

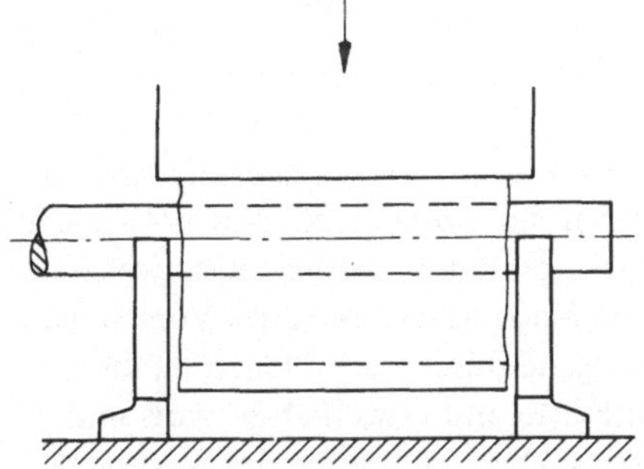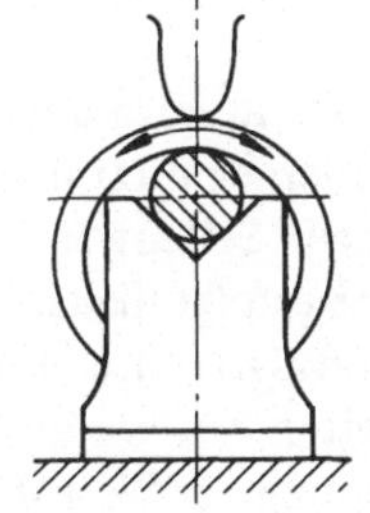

Bild B/11
Weiten über einen Dorn in
Umfangsrichtung

Recken und Breiten werden beim *Schmieden von Rohren* über einen Dorn gemeinsam angewandt. Dickwandige Rohre, beispielsweise für Blockaufnehmer von Strangpressen, werden nicht mehr ausgebohrt, sondern durch Weiten über einen Dorn hergestellt. Dabei geht man von einem zylindrisch vorgeschmiedeten Rohling aus, der auf einen geringen Durchmesser hohlgebohrt oder warm gelocht wurde. Nach dem Erwärmen auf Schmiedetemperatur wird das gelochte Werkstück auf einen Dorn genommen (Bild B/10), der den Amboß ersetzt. Die Wandung des Schmiedestückes wird dann zwischen Hammer und Dorn gestreckt. Benutzt man die Hammerbahn senkrecht zum Dorn, wird der Werkstoff in Dornrichtung gezwungen. Mit diesem Verfahren bewirkt man im wesentlichen eine Verlängerung des Werkstückes. Eine Aufweitung wird erst in einem weiteren Arbeitsgang erzielt (Bild B/11). Dabei wird die Hammerbahn parallel zum Dorn benutzt, um den Werkstoff zu breiten bzw. in Umfangsrichtung zu strecken. Nach jedem Schlag wird der Dorn etwas gedreht.

Mit diesem Verfahren werden überwiegend kurze Werkstücke hergestellt. Längere Werkstücke kommen nach der Erwärmung auf einen leicht kegeligen Dorn unter eine Presse (Bild B/12). Der größere Dorndurchmesser ist dabei gleich dem fertigen Innendurchmesser des Werkstückes; letzterer soll zunächst je nach Größe 25 ... 40 mm mehr betragen. Der Hammer wirkt senkrecht zur Werkstückachse, so daß der Werkstoff wie in Bild B/10 in Dornrichtung gestreckt wird. Mit gleichmäßigen Schlägen wird unter fortwährendem Drehen des Werkstückes die Wanddicke vermindert. Dünnere Dorne werden als Volldorne ausgeführt. Dickere Dorne sind hohl, so daß sie während des Schmiedens durch Wasser gekühlt werden können.

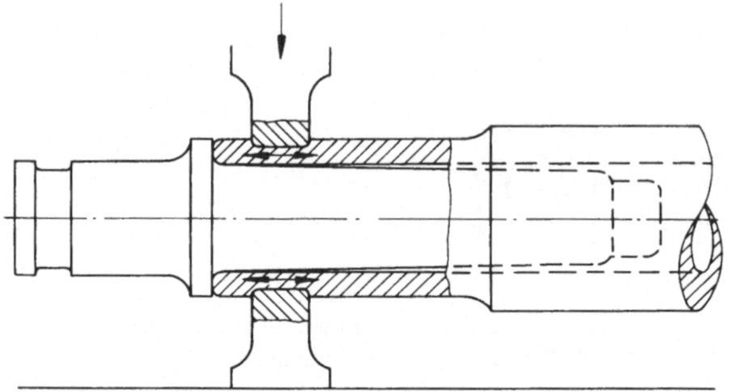

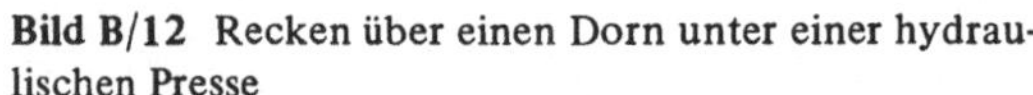

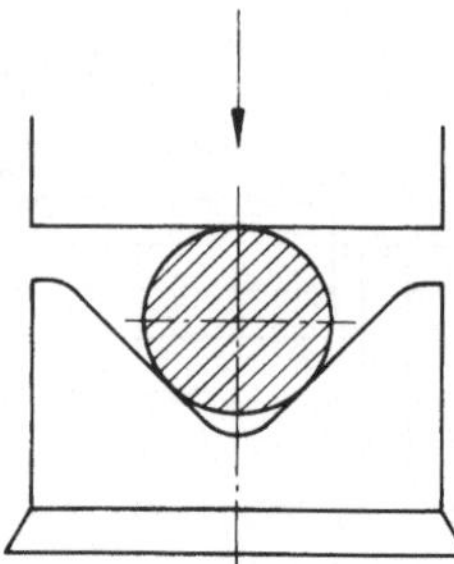

Bild B/12 Recken über einen Dorn unter einer hydraulischen Presse

Bild B/13 Rundschmieden im
Spitzsattel

Das Zurückschmieden des in die Breite verdrängten Werkstoffes kostet Zeit und Energie.
Beim Schmieden von runden Wellen benutzt man daher den *Spitzsattel* (Bild B/13). Der
Stoff wird dabei durch die schrägen Seitenwände daran gehindert, seitlich auszuweichen.
Die Verdrängung des Werkstoffes erfolgt in stärkerem Maße in Richtung des Vorschubes.
Große Werkstücke werden im Spitzsattel u.U. ungenügend durchgeschmiedet, da die
Flächendrücke wegen der doppelten Auflage im Spitzsattel nur etwa halb so groß sind.
Eine gleichmäßige Durchschmiedung der Werkstücke ist aber wichtig. Ist das Werkstück
nicht gleichmäßig warm, werden die warmen Zonen wegen ihres geringeren Formänderungswiderstandes mehr gestreckt; sie eilen den kälteren voraus, so daß das Werkstück
nicht gleichmäßig gelängt wird. Außerdem können sich durch die ungleichmäßige Durchschmiedung Festigkeitsunterschiede von $100 \ldots 200 \text{ N/mm}^2$ ergeben.

c) Sonstige Freiformverfahren

Die Bearbeitung eines Werkstückes durch Freiformschmieden stellt meistens eine Kombination der drei Schmiedearten Stauchen, Recken und Breiten dar. Hinzu kommen, besonders in der handwerklichen Fertigung, weitere Fertigungsverfahren wie *Lochen, Schlitzen,
Erweitern, Schroten, Absetzen* u.a. Sie fallen üblicherweise wegen der zum Teil gleichen
Werkzeuge und Vorrichtungen und vor allem, weil sie im Anschluß an die obengenannten
Schmiedevorgänge in der gleichen Wärme an demselben Werkstück durchgeführt werden,
auch unter den Begriff *Freiformschmieden*; hier sollen nur einige Möglichkeiten kurz er-
wähnt werden:

1. *Lochen*

   Beim Lochen wird in das erwärmte Schmiedestück ein Lochdorn getrieben. Dabei weichen die Werkstoffteilchen zunächst seitlich aus und fließen bei weiterem Vordringen
   des Dornes, entgegen der Dornbewegung, an diesem entlang nach oben.

2. *Schlitzen*

   Der erwärmte Werkstoff wird mit einem scharfen Lochdorn getrennt (Bild B/14a). Ist
   der Meißel bis zur Hälfte vorgedrungen, kehrt man das Werkstück um und legt es mit
   der geschlitzten Seite über einen ähnlichen, im Amboß befestigten Meißel, um es nun
   von der anderen Seite her zu schlitzen (Bild B/14b).

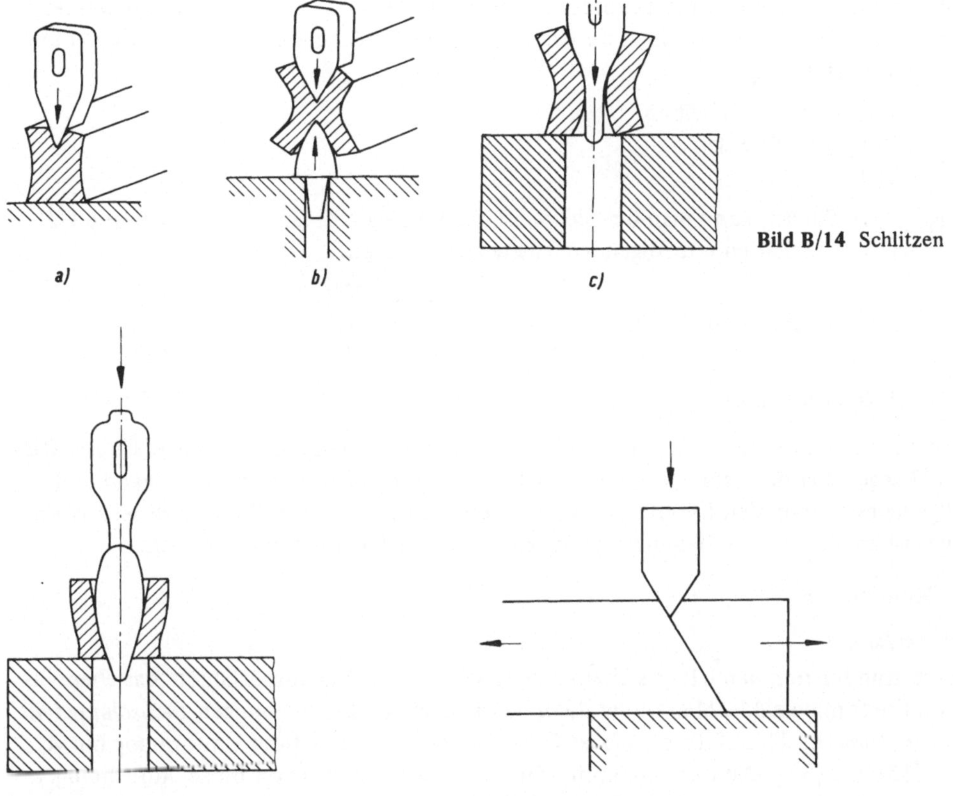

Bild B/14 Schlitzen

a)   b)   c)

Bild B/15 Erweitern   **Bild B/16** Schroten

3. *Erweitern*

Durch die beim Schlitzen entstandene Öffnung (Bild B/14c) wird über dem Amboß ein Treiber mit einem aufgesetzten Dorn getrieben (Bild B/15). Diese Auftreiber haben eine leicht ballige Gestalt und sind in der Mitte dicker als an den Stirnflächen. Verwendet man also eine Reihe von Auftreibern mit immer größerem Durchmesser, kann das durch Schlitzen oder Lochen erzeugte Loch beliebig erweitert werden.

4. *Schroten*

Das Schroten ist ein reines Trennen, das der Schmied anwendet, um überschüssigen Werkstoff vom Schmiedestück zu trennen. Dabei wird der Werkstoff mit der Zange auf den Amboß gehalten und der Schrotmeißel quer über die Trennstelle gesetzt. Der Zuschläger schlägt auf den Meißel und trennt den Werkstoff (Bild B/16).

5. *Absetzen*

Um scharfe Absätze durch Schmieden zu erzeugen, wird der Werkstoff am Absatz zunächst eingeschrotet und anschließend auf die gewünschte Dicke heruntergeschmiedet.

Zu den Verfahren des Freiformschmiedens gehören weiter das *Biegen* und *Verdrehen*. Beim industriellen Schmieden werden Verfahren wie Lochen, Biegen usw. meist durch das *Gesenkschmieden* ersetzt.

Über die Genauigkeit beim Freiformschmieden gibt DIN 7527 Auskunft. Dort werden neben den Bearbeitungszugaben für Freiformschmiedestücke die zulässigen Abweichungen (Toleranzen) für

    Voll- und Lochscheiben
    Ringe und Buchsen
    Stäbe

angegeben. Danach kann man beispielsweise für Scheiben, deren Durchmesser und Höhe sich wie 1 : 1 verhalten mit folgenden Toleranzen rechnen:

Durchmesser in mm	63 bis 100	100 bis 160	160 bis 200	200 bis 250	250 bis 315	315 bis 400
Toleranzen in mm	± 2	± 3	± 4	± 5	± 6	± 8

Diese Angaben gelten für die mit üblicher Genauigkeit erzielte Schmiedegüte F nach DIN 7527 gegenüber der Schmiedegüte E, die bereits zusätzlichen Fertigungsaufwand und im allgemeinen schon den Einsatz von Sonderwerkzeugen erfordert. Sie sind als Richtwerte anzusehen, die in Einzelfällen von den genannten Werten abweichen können.

2 Rundkneten

a) Verfahren

Beim Rundkneten handelt es sich um ein maschinelles Schmiedeverfahren, das ebenfalls zum Freiformen zählt. Man findet dafür häufig auch die Bezeichnungen *Feinschmieden* und *Hämmern*, die auf die erzielbare Qualität bzw. auf die Art der Umformung hinweisen [15] und [37]. Die Formänderung wird durch eine Anzahl von Einzelumformungen bewirkt, die durch mehrere gleichzeitig auf das Werkstück einwirkende Stößel hervorgebracht werden.

Man unterscheidet das Rundkneten im Vorschubverfahren (Bild B/17) und im Einstechverfahren (Bild B/18). Als Ausgangswerkstoff dient eine Stange, die an einem Ende in den Spannbacken eines Vorschubgerätes (Bild B/19) aufgenommen wird. Vor der Umformung hat die Stange überall die gleiche Dicke. Drei um 120° versetzt angeordnete Stößel wirken in radialer Richtung auf die Stange ein und üben dabei eine Umformkraft F aus. Dabei

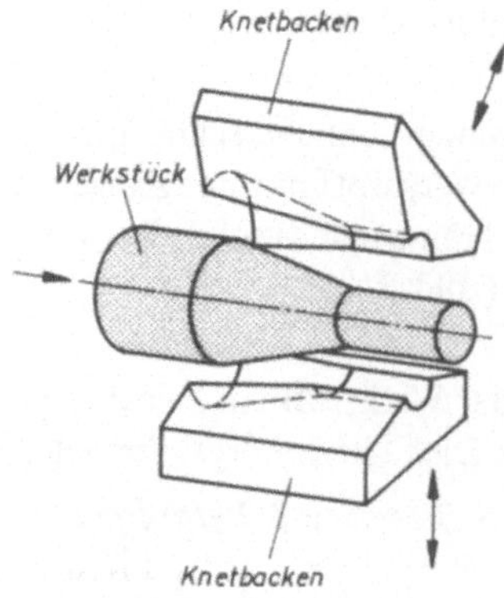

Bild B/17 Rundkneten im Vorschubverfahren

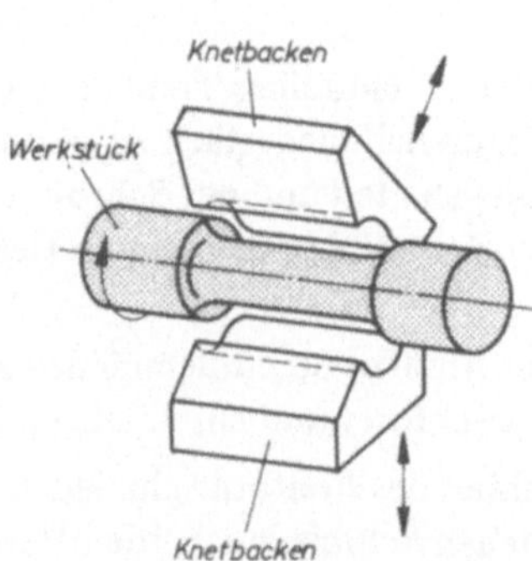

Bild B/18 Rundkneten im Einstechverfahren

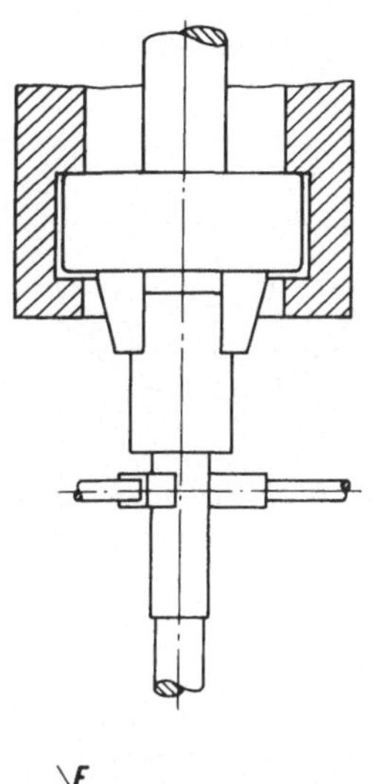

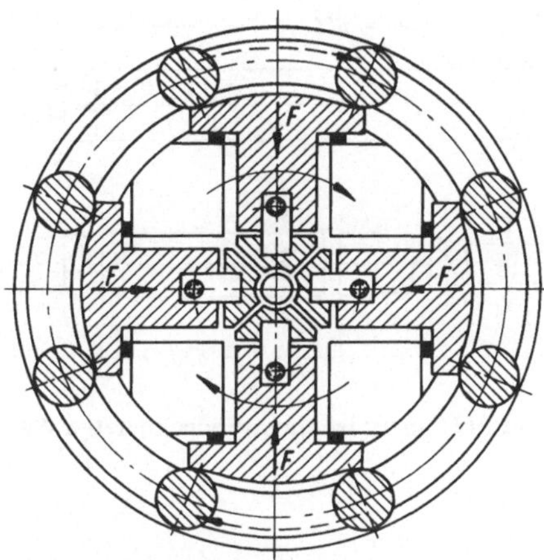

Bild B/20 Rundkneteinrichtung mit vier
umlaufenden Stößeln [15]

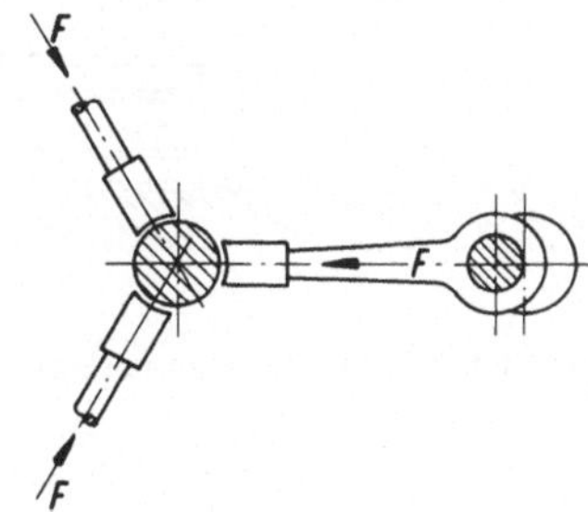

Bild B/19
Einrichtung zum Rundkneten [2]

wird der Werkstoff gestaucht und in Richtung des freien Stangenendes gestreckt. Unter
den in schneller Folge auf den Werkstoff auftreffenden Stößeln wird die Stange gedreht,
um eine gleichmäßige Umformung des Werkstoffes zu erreichen. Dabei können die Stößel
wie in Bild B/19 feststehen und nur durch gemeinsam angetriebene Exzenterwellen radial
bewegt werden, oder sie laufen ebenfalls mit um.

Bild B/20 zeigt das Prinzip einer Anordnung von vier Stößeln, die während der Umformung
mit umlaufen.

Die Umformung kann je nach Werkstoffart und gewünschter Formänderungsgröße kalt
oder warm erfolgen. Dabei erreicht man für das Kaltkneten von Stahl bei Umformung
von Hohlprofilen eine Formänderung bis zu $\epsilon_F = 30\,\%$.

Das Rundkneten wird zur Umformung von drehsymmetrischen Werkstücken angewandt,
wenn z. B. stufenartige Absätze bei rundem oder vierkantigem Ausgangsmaterial gefertigt
werden sollen. Das Verfahren wurde ursprünglich für das Anspitzen und Reduzieren von
Stangen und Rohren entwickelt. Darüber hinaus lassen sich aber auch Wellen und Achsen
mit unterschiedlichen Abstufungen umformen. Bild B/21 zeigt als Beispiel eine Stahlwelle
die aus einer Stange von 604 mm Länge und einem Durchmesser von 95 mm in 2 min
durch Rundkneten geschmiedet wurde. Durch Kneten über einen gehärteten Dorn können
zahlreiche achsenparallele und kegelige Innenprofile hergestellt werden, bei denen sich die
Form des Dornes in der Hohlstange abbildet. So können Innensechskante, Keilnuten und

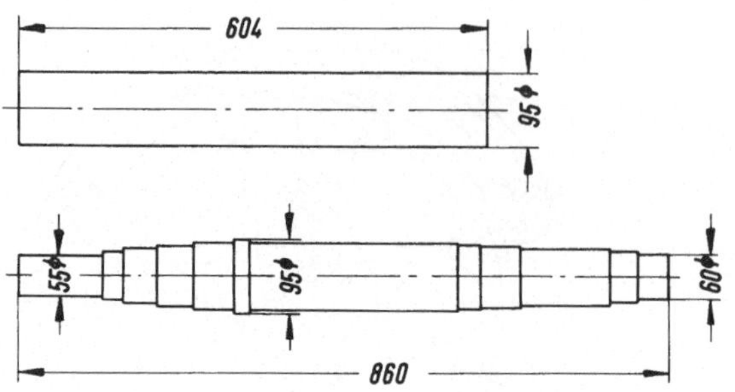

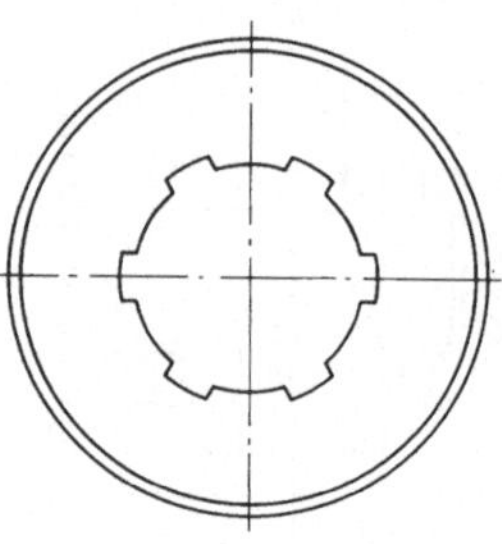

Bild B/21 Beispiel einer rundgekneteten Welle [15]

Bild B/22 Keilnuten durch
Rundkneten hergestellt

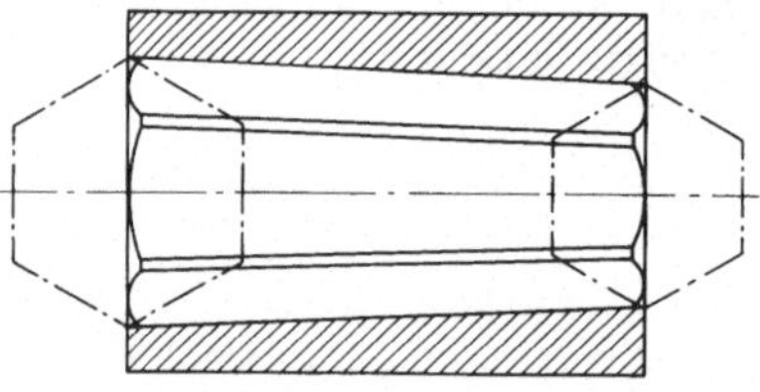

Bild B/23 Kegeliger Innensechskant
durch Rundkneten hergestellt

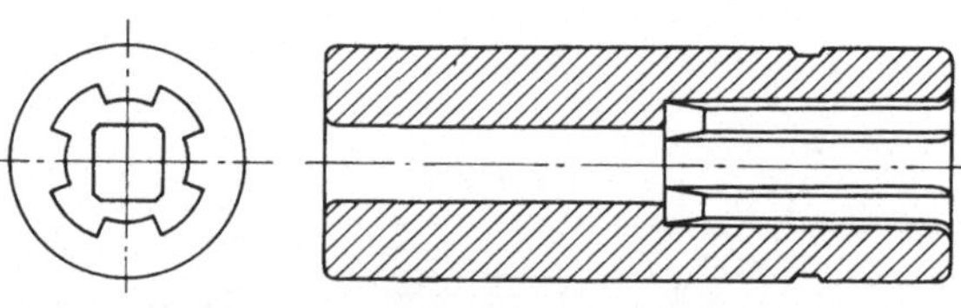

Bild B/24 Doppelprofil durch Rundkneten hergestellt

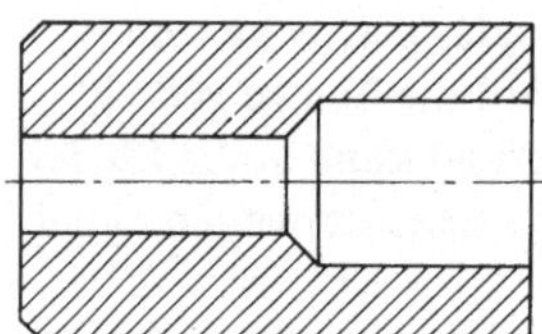

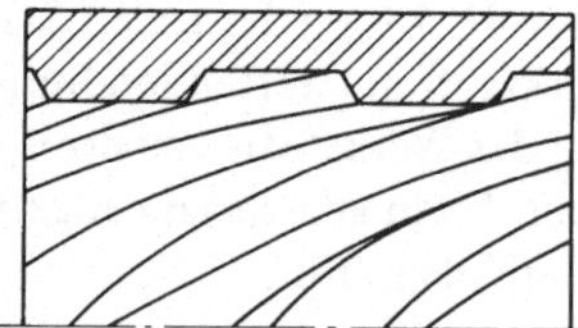

Bild B/25

Schraubig verlaufende Nutzen
durch Rundkneten hergestellt

ähnliche Profile (Bilder B/22 und B/23) gefertigt werden. Diese Formen sind auch durch
Zerspanung, etwa durch Innenräumen, herstellbar. Besondere Bedeutung hat das Rundkneten bei Innenprofilen erlangt, die nicht mehr durch Räumen hergestellt werden können. Das ist bei Doppelprofilen (Bild B/24) der Fall oder wenn Sackbohrungen innenprofi-
liert werden sollen. Auch schraubenförmig verlaufende Nuten lassen sich durch Rundkneten herstellen (Bild B/25). Bei Verwendung entsprechender Werkzeuge und Maschinen
können gleichzeitig Innen- und Außenprofile erzeugt werden. Die durch das Rundknetver-
fahren erzielbaren Oberflächen sind u. U. besser als die Oberflächengüte des Ausgangswerkstoffes. Die erzielbare Maßgenauigkeit liegt bei der Außenbearbeitung bei den ISA-Qualitäten IT 13 bis 11 und bei der Innenprofilierung bei IT 9 bis 7; sie hängt wesentlich von
der verwendeten Werkzeugmaschine und den Werkzeugen ab.

Tabelle B/1 Werkstoffauswahl für das Rundkneten

Art	Bezeichnung							
unlegierte Stähle	Ck 15	Ck 22	Ck 35	Ck 45	Ck 60	C 15	C 22	C 35 C 45
legierte Stähle	15 CrB 32 Mn 5 32 CrMo 4 13 NiCr 18	41 Cr 4 37 MnSi 5 34 CrMo 4 28 NiCr 6	16 MnCr 5 42 MnV 7 42 CrMo 4 28 NiCr 10	20 MnCr 5 15 CrMo 5 13 Ni 6 22 NiCr 14	22 MnCr 6 20 CrMo 5 13 NiCr 10	40 Mn 3 25 CrMo 4 13 NiCr 14		
Werkzeug-stähle	45 WCrV 7 100 MnCr 42	35 WCrV 7 61 CrSiV 5	100 V 1	28 CrSiV 66	45 CrSiV 66			
Automaten-stähle	9 S 20	10 S 20	15 S 20	22 S 20				

Geeignete Werkstoffe zum Kaltrundkneten sind z. B. die in Tabelle B/1 zusammengestellten Stähle. Darüberhinaus können auch Kupferlegierungen, Aluminium und andere Nichteisenmetalle durch Rundkneten bearbeitet werden. Beim Kaltkneten wird im Stahl eine Verfestigung von z. B. 2500 N/mm² Härte nach *Vickers* auf 3000 N/mm² erzielt. Dadurch kann gegebenenfalls eine der Umformung sonst folgende Vergütung des Werkstoffes entfallen.

Rundknetpressen arbeiten mit Schlagzahlen von 200 1/min, bei kleineren Maschinen auch mehr. Dabei können Vorschübe des Werkstückspannkopfes zwischen 250 mm/min und 2000 mm/min verwirklicht werden.

b) Kraft- und Arbeitsbedarf

Die Formänderungen beim Rundkneten gehen bei einer Stange und bei einem Rohr nicht in der gleichen Weise vor sich. Aufgrund des Gesetzes von der Volumengleichheit (vgl. I.2) wird beim Rundkneten einer Stange das freie Ende gestreckt, d.h. die größte Formänderung φ_{max} liegt in Richtung der Stangenachse (Bild B/26). Sie beträgt nach [30]:

$$\varphi_{max} = \ln \frac{A_0}{A_1} \, .$$

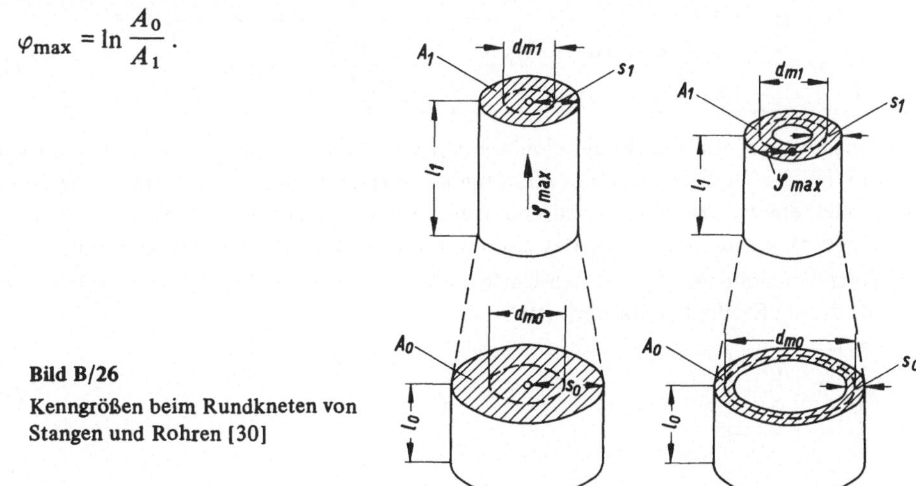

Bild B/26

Kenngrößen beim Rundkneten von Stangen und Rohren [30]

Wird dagegen ein Rohr ohne Benutzung eines Dornes rundgeknetet, nimmt die Wanddicke des Rohres zu. Der ringförmige Querschnitt wird in Umfangsrichtung gestaucht, so daß die Hauptformänderung im Rohrmantel liegt. Sie beträgt dort

$$\varphi_{max} = \ln \frac{d_{m_0}}{d_{m_1}} \, .$$

Diese Formänderung wird durch eine Vielzahl von einzelnen Stößelhüben hervorgerufen, die jeweils nur mit einer kleinen Formänderung zur Gesamtumformung beitragen. Die mittlere Stößelkraft kann näherungsweise nach *Mäkelt* auf dem Umweg über die Formänderungsarbeit bestimmt werden.

Die *Formänderungsarbeit* beträgt gemäß Gleichung (I/4) mit $V = A_0 \cdot l_0$

für Stangen

$$W_{id} = A_0 \cdot l_0 \cdot k_{fm} \cdot \ln \frac{A_0}{A_1} \text{ in Nmm} \tag{B/1}$$

für Rohre

$$W_{id} = A_0 \cdot l_0 \cdot k_{fm} \cdot \ln \frac{d_{m_0}}{d_{m_1}} \text{ in Nmm} \tag{B/2}$$

bei verlustfreier Umformung. Wegen der unvermeidlichen Reibung zwischen den Stößelflächen und dem Werkstück wird die tatsächlich aufzuwendende Arbeit:

$$W = A_0 \cdot l_0 \cdot \frac{k_{fm}}{\eta_F} \cdot \varphi_{max} \text{ in Nmm}$$

Der Formänderungswirkungsgrad η_F liegt gewöhnlich zwischen 20 % und 60 %. Die *Formänderungsarbeit*, die ein Stößel bewirkt, beträgt

$$W = \frac{A_0 \cdot l_0 \cdot k_{fm} \cdot \varphi_{max}}{\eta_F \cdot R \cdot S} = \frac{A_0 \cdot l_0 \cdot w}{\eta_F \cdot R \cdot S} = \frac{A_0 \cdot w \cdot s'}{\eta_F \cdot n} \text{ in Nmm} \tag{B/3}$$

Darin bedeuten R die Anzahl der Umdrehungen des Werkstückes gegenüber den Werkzeugstößeln, bei der Umformung eines Stangenabschnittes von der Länge l_0 und S die Anzahl der Stößel, die während einer Umdrehung auftreffen. Die Größe n bedeutet die Schlagzahl der Stößel je Minute und s' den Vorschub in mm/min der Stange in der Zeiteinheit.

Bei gleichbleibender Kraft über den Umformweg wird die *mittlere Umformkraft* aus der Arbeit, die ein Stößel bewirkt, ermittelt

$$F = \frac{W}{h} \tag{B/4}$$

Darin ist h der eingestellte Arbeitshub des Stößels. Die Umformkraft F ist als stark vereinfachter Mittelwert nützlich, solange der genaue Kraftverlauf während eines Stößelhubes nicht bekannt ist. Mit diesen Gleichungen können die wesentlichen Größen berechnet werden, die das Werkzeug und die Maschine in radialer Richtung beanspruchen.

●   *Beispiel B/1:*
    Ein Rohr gemäß Bild B/26 aus Stahl Ck 10 wird durch Rundkneten verjüngt. Zu berechnen sind die Formänderungsarbeit je Stößelhub und die auf jeden Stößel entfallende mittlere Umformkraft.

    Gegeben sind: Abmessungen vor der Umformung s_0 = 2,5 mm, d_{m_0} = 30,5 mm; Abmessungen nach der Umformung s_1 = 3,0 mm, d_{m_1} = 23,5 mm.

●   *Lösung:*
    Formänderungswirkungsgrad η_F = 0,45 (angenommen);
    Rohrquerschnitt $A_0 = \pi \cdot d_{m_0} \cdot s_0 = \pi \cdot 30,5$ mm $\cdot 2,5$ mm; $A_0 \approx 239$ mm^2.

$$\text{Formänderungsverhältnis:} \quad \varphi_{max} = \ln \frac{d_{m_0}}{d_{m_1}} = 0,262$$

spezifische Formänderungsarbeit: $w = 100$ Nmm/mm^3
Vorschub der Stange: s' = 400 mm/min
Schlagzahl der Maschine: n = 2000 1/min
eingestellter Hub: h = 3 mm

Formänderungsarbeit je Hub:

$$W = \frac{A_0 \cdot w \cdot s'}{\eta_F \cdot n} = \frac{239 \cdot 100 \cdot 400}{0,45 \cdot 2000} \text{ Nmm}$$

W = 10 620 Nmm

mittlere Umformkraft je Stößel:

$$F = \frac{W}{h} = \frac{10\,620 \text{ Nmm}}{3 \text{ mm}} = 3540 \text{ N}$$

●   *Ergebnis:*
    Formänderungsarbeit je Hub W = 10 620 Nmm, Umformkraft je Stöße F = 3540 N.

3 Kaltstauchen

Bei der Herstellung von Bolzen, Schrauben, Nieten und sonstigen Teilen aus Draht oder Stangen wird das Kaltstauchen oft in Verbindung mit dem Fließpressen angewandt. Durch die Umformung, die nacheinander oder gleichzeitig an einem Stangenabschnitt durchgeführt wird, werden Querschnittsflächen vergrößert (Stauchen) oder vermindert (Fließpressen). Die Formänderungskraft F wirkt in Richtung der Werkstückachse. Die Größe der Umformung ist durch die Knickfestigkeit und das Formänderungsvermögen des zu stauchenden Werkstoffes begrenzt. Wenn das *Stauchverhältnis l/d* den Wert von 2,3 nicht überschreitet [1], können die Werkstücke in einem Arbeitsgang gestaucht werden.

Bild B/27 zeigt ein Beispiel für eine in einem Umformvorgang gestauchte Kopfform. Bei längeren Werkstücken besteht die Gefahr des Ausknickens des Draht- oder Stangenabschnittes. Wenn daher Werkstücke aus einem längeren Drahtabschnitt mit einem Stauchverhältnis über 2,4 gefertigt werden sollen, müssen sie in einem zwischengeschalteten Arbeitsgang vorgeformt werden. Erst dann erfolgt die endgültige Formgebung. Auf diese Weise lassen sich Stauchteile mit einem Stauchverhältnis bis zu 4,5 herstellen. Auch hier stellt das Verhältnis 4,5 einen Grenzwert dar, der vom Kegelwinkel der Vorstauchform abhängt. Die Vor-

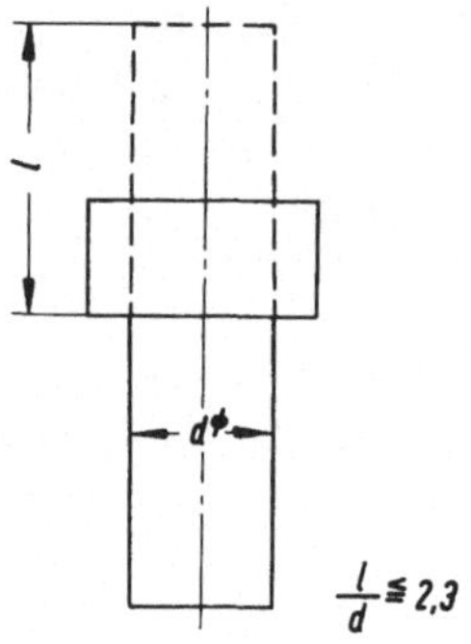

$$\frac{l}{d} \leqq 2,3$$

Bild B/27 Anstauchen eines
Kopfes in einem Arbeitsgang

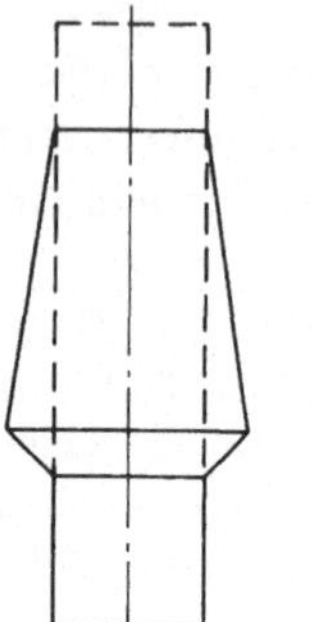

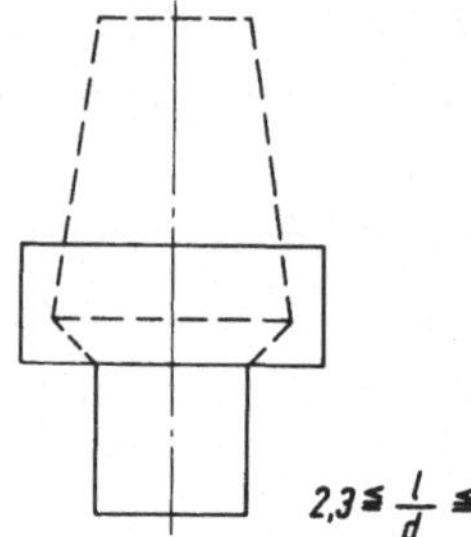

$$2,3 \leqq \frac{l}{d} \leqq 4,5$$

Bild B/28 Anstauchen eines Kopfes in zwei Arbeitsgängen

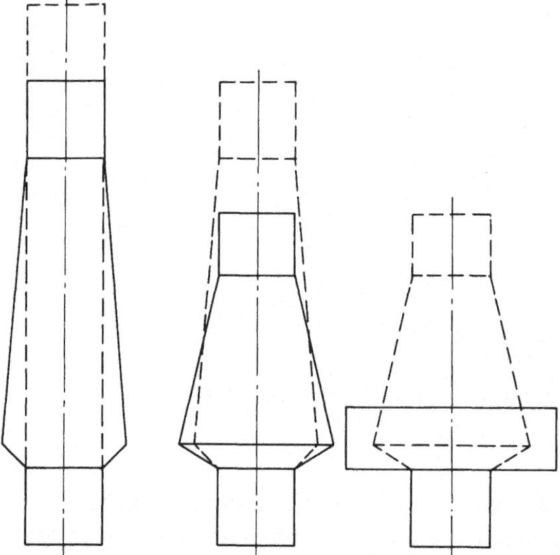

$$4,5 \leqq \frac{l}{d} \leqq 8$$

Bild B/29

Anstauchen eines Kopfes in drei
Arbeitsgängen

stauchform wird dabei schon der fertigen Stauchform weitestgehend angepaßt. Bild B/28
zeigt eine Vorstauch- und eine Fertigstauchform. Bei Teilen mit noch größerem Kopfvo-
lumen sind weitere Stauchvorgänge erforderlich. Werkstücke, deren Länge bis zum 8fachen
ihres Durchmessers beträgt, müssen insgesamt dreimal gestaucht werden (Bild B/29). Die
Anzahl der Vorstauchungen läßt sich beliebig vergrößern. Dabei werden die Formänderungen dann aber so groß, daß man die hohe Kaltverfestigung durch Zwischenglühungen rückgängig machen muß. Dem Verfahren ist eine wirtschaftliche Grenze gesetzt, wenn zu viele
Zwischenumformungen, u.U. sogar mit Glühen, erforderlich werden.

Bild B/30 zeigt den Werdegang eines Schraubenkörpers in zwei Stufen [41]. Als Ausgangswerkstoff dient ein zylindrischer Drahtabschnitt (a). In der ersten Stufe wird der Schrau-
benkopf vorgestaucht und gleichzeitig ein Teil des Schaftes durch Reduzieren verjüngt (b).

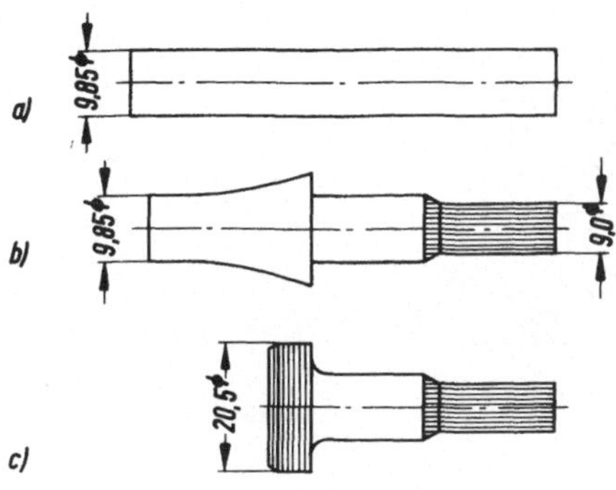

Bild B/30 Werdegang eines Schraubenbolzens aus Stahl Muk 7 [41]

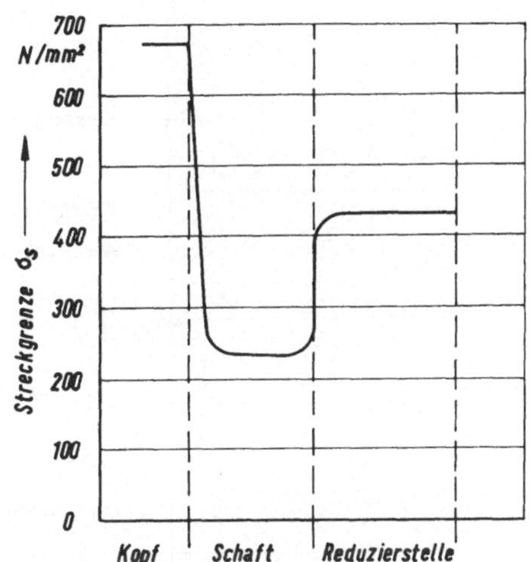

Bild B/31 Festigkeitseigenschaften des Schraubenbolzens nach der Umformung [41]

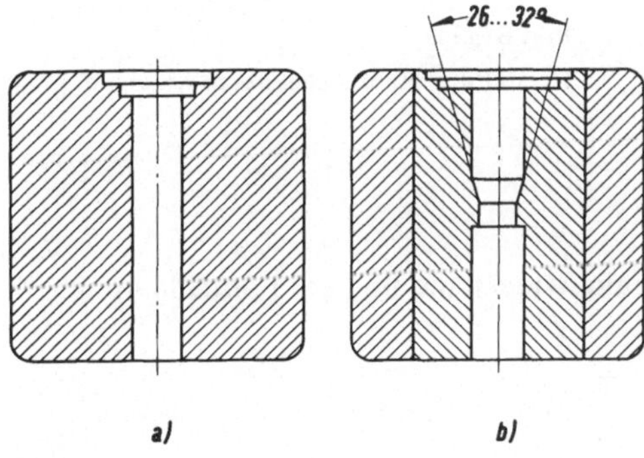

Bild B/32

Werkzeug zum Kaltstauchen [41]

In der zweiten Stufe wird der Kopf schließlich fertiggestaucht (c). In Richtung der Bolzenachse erhält man infolge der unterschiedlichen Formänderungen im Kopf und am Schaftende durch die Verfestigung unterschiedliche Streckgrenzen (Bild B/31). Im Schaft bleibt die ursprüngliche Festigkeit erhalten.

Als Werkzeuge finden *geschlossene Matrizen* (Bild B/32a) oder *geteilte Stauchbacken* Verwendung. Wegen des Verschleißes werden häufig Hartmetallmatrizen (Bild B/32b) benutzt, die dann jedoch ähnlich wie Fließpreßmatrizen mit aufgeschrumpften Futterringen ausgerüstet werden müssen.

Bild B/33 zeigt die Anordnung bei der Herstellung von Kugeln durch Kaltumformung. In den kugelförmigen Schalen der Matrize und des Stempels wird ein Drahtabschnitt zu einer Kugel umgeformt.

Gemäß Gleichung (I/2) hängt die Umformkraft F vom Formänderungswiderstand k_w und vom Endquerschnitt A_1 des gestauchten Kopfes ab:

$$F = A_1 \cdot k_w.$$

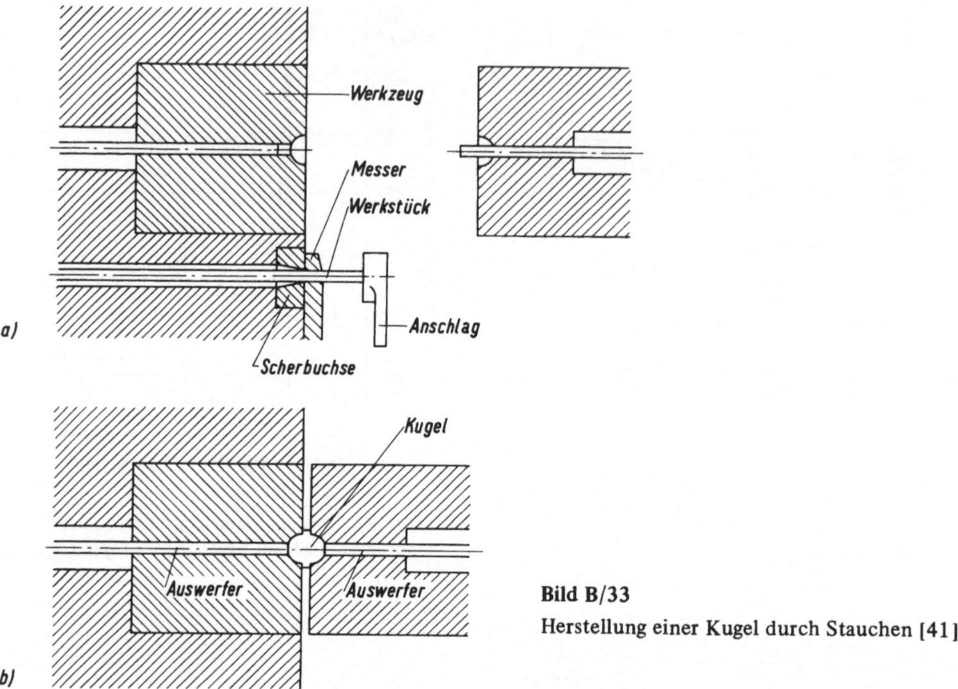

Bild B/33

Herstellung einer Kugel durch Stauchen [41]

Nach *Siebel* besteht zwischen dem Formänderungswiderstand und der Formänderungs-festigkeit folgender Zusammenhang:

$$k_\mathrm{w} = k_\mathrm{f} \cdot \left(1 + \frac{1}{3} \cdot \mu \cdot \frac{D_1}{h_1}\right) \ \text{in N/mm}^2 \qquad (B/5)$$

Darin bedeuten D_1 den Durchmesser des rund gestauchten Kopfes und h_1 seine Höhe, μ ist der Reibbeiwert für die Reibung zwischen Werkstück und Werkzeug. Für nichtzylin-drische Kopfformen wird k_w nach *Billigmann* mit der Kennzahl K_1 (Tabelle B/2) multi-pliziert. Die größte am Ende der Umformung auftretende *Umformkraft* F_max beträgt demnach

$$F_\mathrm{max} = K_1 \cdot A_1 \cdot k_\mathrm{f} \cdot \left(1 + \frac{1}{3} \cdot \mu \cdot \frac{D_1}{h_1}\right) \ \text{in N} \qquad (B/6)$$

Die *Formänderungsarbeit*

$$W = V \cdot k_\mathrm{wm} \cdot \varphi_\mathrm{h}$$

ergibt sich aus

$$W = K_2 \cdot w \cdot V \cdot \left[1 + \frac{1}{6} \cdot \mu \left(\frac{d}{l} + \frac{D_1}{h_1}\right)\right] \ \text{in Nmm} \qquad (B/7)$$

Tabelle B/2 Kennzahlen zur Ermittlung des Kraft- und Arbeitsbedarfes von nicht zylindrischen Kopf- und Stauchformen

Formänderung $\epsilon = \dfrac{l-h_1}{l} \cdot 100\,\%$	Stauchform							
	Flachrundsenkkopf		Flachrundkopf		Kegelsenkkopf		Kegelstumpfkopf	
	Kennzahlen		Kennzahlen		Kennzahlen		Kennzahlen	
	K_1	K_2	K_1	K_2	K_1	K_2	K_1	K_2
40	1,0	1,0	1,0	1,0	1,0 … 1,05	1,0	1,2 … 1,3	1,0
45	1,0	1,0	1,0	1,0	1,05	1,0	1,25 … 1,35	1,0 … 1,05
50	1,0	1,0	1,0 … 1,05	1,0	1,05 … 1,1	1,0	1,3 … 1,45	1,05
55	1,0 … 1,05	1,0	1,05	1,0	1,1 … 1,15	1,0 … 1,05	1,35 … 1,5	1,05 … 1,1
60	1,05	1,0	1,05 … 1,1	1,0 … 1,05	1,15 … 1,25	1,05	1,4 … 1,55	1,05 … 1,15
65	1,05 … 1,1	1,0 … 1,05	1,1 … 1,15	1,05	1,25 … 1,35	1,05 … 1,1	1,5 … 1,65	1,1 … 1,15
70	1,1 … 1,15	1,05	1,15 … 1,25	1,05 … 1,1	1,3 … 1,45	1,05 … 1,15	1,6 … 1,75	1,1 … 1,2
75	1,15 … 1,25	1,05 … 1,1	1,25 … 1,35	1,05 … 1,15	1,45 … 1,6	1,1 … 1,2	1,7 … 1,9	1,15 … 1,25
80	1,25 … 1,4	1,05 … 1,15	1,35 … 1,5	1,1 … 1,15	1,6 … 1,75	1,15 … 1,2	1,9 … 2,1	1,2 … 1,25
85	1,4 … 1,55	1,1 … 1,15	1,5 … 1,65	1,1 … 1,2	1,8 … 2,0	1,15 … 1,25	2,2 … 2,5	1,25 … 1,35

Darin bedeuten w die spezifische Formänderungsarbeit, V das gestauchte Volumen, μ den Reibungsbeiwert und d bzw. l die Ausgangsabmessungen von Durchmesser bzw. Länge des Drahtabschnittes. Für nichtzylindrische Kopfformen gibt *Billigmann* den Faktor K_2 an (Tabelle B/2).

- *Beispiel B/2:*
  Bolzen aus Stahl Ck10 gemäß Bild B/27 mit zylindrischem Kopf wird durch Kaltstauchen gefertigt. Zu berechnen sind die erforderliche Umformkraft und Umformarbeit.

  Gegeben sind: Bolzendurchmesser d = 10 mm; Kopfdurchmesser D_1 = 18 mm; Kopfhöhe h_1 = 6 mm; Reibbeiwert μ = 0,2 (angenommen); Faktor K_1 = 1; K_2 = 1.

- *Lösung:*
  Ausgangshöhe:

$$l = h_1 \cdot \frac{D_1^2}{d^2} = 6 \cdot \frac{18^2}{10^2} \text{ mm} \approx 19,45 \text{ mm}$$

Stauchverhältnis:

$$s = \frac{l}{d} = \frac{19,45}{10} = 1,95.$$

Das Stauchen ist in einem Arbeitsgang möglich, da $s < 2,4$.

Gestauchtes Volumen:

$$V = A_0 \cdot l = \frac{\pi d_0^2}{4} \cdot l$$

$$V = \frac{\pi \cdot 10^2}{4} \cdot 19,45 \text{ mm}^3 = 1525 \text{ mm}^3$$

Formänderungsverhältnis:

$$\varphi_h = \ln \frac{l}{h_1} = \ln \frac{19,45}{6} = \ln 3,24 = 1,176$$

Formänderungsfestigkeit:
nach Bild I/9 für φ = 1,17 k_f = 675 N/mm².

Formänderungswiderstand:

$$k_w = 675 \left(1 + \frac{1}{3} \cdot 0,2 \cdot \frac{18}{6} \right) \text{N/mm}^2 = 810 \text{ N/mm}^2$$

Formänderungskraft:

$$F_{max} = A_1 \cdot k_w = \frac{\pi}{4} \cdot D_1^2 \cdot k_w = \frac{\pi}{4} \cdot 18^2 \cdot 810 \text{ N}$$

$$F_{max} = 205,5 \text{ kN}$$

bezogene Formänderungsarbeit:
nach Bild I/9: w = 640 Nmm/mm³

Formänderungsarbeit:

$$W_{ges} = 640 \cdot 1525 \cdot \left[1 + \frac{1}{6} \cdot 0,2 \left(\frac{10}{19,45} + \frac{18}{6} \right) \right]$$

$$W_{ges} = 1091 \text{ kNmm}$$

- *Ergebnis:*
  Umformkraft F_{max} = 205,5 kN
  Umformarbeit W_{ges} = 1091 kNmm

4 Gesenkschmieden

Wenn der Werkstoff durch die Form eines Werkzeuges, des Gesenkes, in bestimmte Richtungen verdrängt wird, spricht man vom *Gesenkschmieden*; beim Freiformschmieden kann der Werkstoff noch in Richtung der freien Werkstoffflächen ungehindert fließen. Als Ausgangswerkstück dient beim Gesenkschmieden häufig ein bereits durch Freiformschmieden umgeformtes Werkstück oder aber ein vom Halbzeug getrennter Werkstück-Abschnitt. In Sonderfällen werden Ausgangsformen auch durch Gießen, Sintern, Drehen oder gar durch Schweißen hergestellt.

Für kleinere Werkstücke mit einer Stückmasse $m \leqslant 0{,}1$ kg wird das Kaltgesenkschmieden [27] angewendet. Es bietet eine höhere Maßgenauigkeit und bessere Oberflächenqualität als das Warmgesenkschmieden. Dieses Verfahren hat bisher nur geringe Verbreitung gefunden. Die Anwendung des Verfahrens beim Warmgesenkschmieden ist allgemein bekannt.

a) Verfahren

Nach der Form des Rohlings kann eine Einteilung in mehrere Verfahren vorgenommen werden [26]:

Gesenkschmieden von der Stange

Bei diesem Verfahren wird eine Walzstange von etwa 2 m Länge an einem Ende auf Schmiedetemperatur erhitzt und im Gesenk geschmiedet (Bild B/34). Das kalte Ende der Stange wird vom Schmied gehalten. Nach dem Schmieden eines Teiles wird dasselbe in der gleichen Wärme durch den letzten Hammerschlag von der Stange abgetrennt. Das Stangenende wird erneut erwärmt und wiederum im Gesenk geschmiedet.

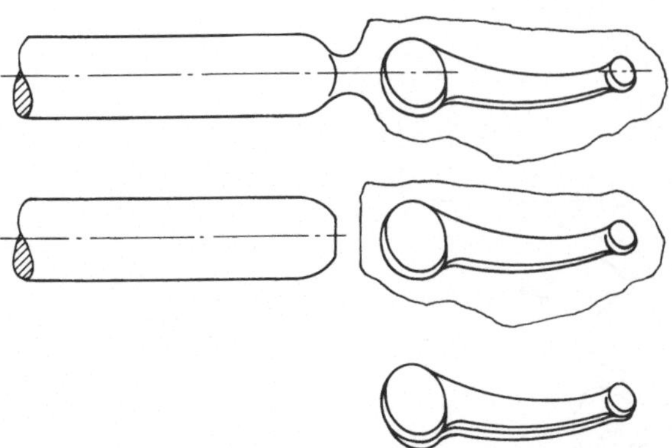

Bild B/34
Gesenkschmieden von der Stange [26]

Das Gesenkschmieden von der Stange wird hauptsächlich für längliche Werkstücke mit einem Gewicht von 20 ... 30 N, aus Stangen bis zu einem Durchmesser von 50 mm, angewandt. Durch die bequeme Handhabung entfällt das umständliche Spannen des Werkstückes mit einer Schmiedezange; außerdem können unter Umständen auch mehrere Werkstücke in einer Hitze schnell hintereinander geschmiedet werden. Dadurch ergibt sich ein Zeitgewinn; man braucht nicht mehr vorher abgetrennte Butzen einzeln zu erwärmen und in das Gesenk einzulegen. Massigere Teile schmiedet man selten und nur bis zu einem Teile-Gewicht von etwa 3 N von der Stange.

Wird das Werkstück zu groß und zu schwer, zieht man das Schmieden des Einzelstückes dem Schmieden von der Stange vor. Als Ausgangsform dient ein abgescherter oder abgesägter Stangenabschnitt. Dabei ergibt nur das Absägen eine rechtwinklig zur Werkstückachse liegende Trennfläche. Bei länglichen Werkstücken erfolgt die Umformung überwiegend quer zur Walzfaser (*Querschmieden*), während gedrungene oder scheibenförmige Werkstücke meist in Richtung der Walzfaser geschmiedet werden (*Längsschmieden*). Da beim Schmieden unter einem Gegenschlaghammer[1]) das Werkstück nicht mit der Zange gehalten werden kann, liegt es im allgemeinen ohne Zangenende im Gesenk. Beim Schmieden von länglichen Teilen kann bei Verwendung von Schabottehämmern ein Zangenende vorhanden sein, das angeschweißt, angeschmiedet oder angeschnitten ist.

Gesenkschmieden vom Spaltstück

Bei dieser Art des Gesenkschmiedens liegt die Längsachse des Werkstückes stets senkrecht zur Schlagrichtung. Sie ist überwiegend für die Herstellung kleiner, flacher Werkstücke geeignet. Aus einem Blechstreifen wird die Ausgangsform durch Flächenschluß nahezu verlustlos ausgeschnitten (Bild B/35); dabei wird der Faserverlauf durchschnitten, so daß das Spaltstück nicht zu hochbeanspruchten Konstruktionsteilen verschmiedet werden kann. Die Zwischenform für das Gesenkschmieden entsteht durch Biegen oder Stauchen, wie es in Bild B/35 für die Herstellung eines Schraubenschlüssels dargestellt ist.

Je unterschiedlicher die Verteilung des Werkstoffs beim Gesenkschmieden vorgenommen werden muß, um so schwieriger ist die Umformung in einem Arbeitsgang. Die gesamte

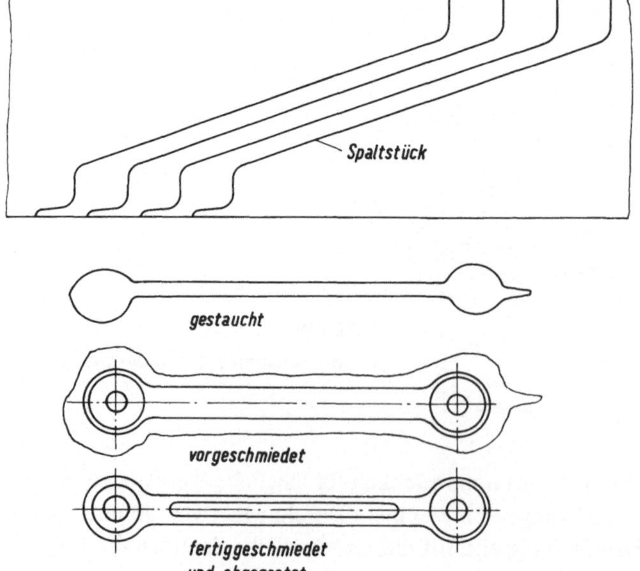

Bild B/35
Schmieden vom Spaltstück [26]

---

[1]) *Mayer, Demleitner,* Werkzeugmaschinen, Viewegs Fachbücher der Technik, Verlag Vieweg, Braunschweig

Umformung kann auf mehrere Arbeitsgänge und Werkzeuge verteilt werden. Dadurch wird Energie und Werkstoff gespart; die Werkzeuge halten mehr Schmiedungen aus, und die Form- und Maßgenauigkeit der Gesenkschmiedestücke wird erhöht. Man erhält so eine Reihe von verschiedenen Zwischenformen.

Wesentlich bei der Herstellung der Zwischenform ist die *Verteilung der Massen*, dabei wird der Werkstoff wahlweise durch Breiten verdrängt oder etwa durch Stauchen angehäuft. Durch *Biegen* wird die Längsachse des Ausgangswerkstückes der Krümmung der Hauptachse der Endform angepaßt. Die letzte Stufe der Zwischenformung ist die *Querschnittsvorbildung*. Bei ihr werden die Querschnitte des Werkstückes den Endformquerschnitten soweit angenähert, daß sie im Endwerkzeug nur noch die letzte Form- und Maßgenauigkeit erhalten.

Bei nicht zu schwierigen Teilen sind folgende Arbeitsgänge für die Herstellung eines Schmiedestückes erforderlich:

1. *Abtrennen* des Stangenabschnitts oder der Spaltstücke (entfällt beim Schmieden von der Stange),
2. *Zwischenformung* durch Massenverteilung, Biegen oder Querschnittsvorbildung,
3. *Fertigformen* durch Gesenkschmieden,
4. *Abtrennen* des Werkstückes von der Stange (entfällt beim Schmieden vom Stück),
5. *Abgraten* des Schmiedestückes.

Bild B/36 zeigt diese Arbeitsfolgen für das Schmieden einer Rachenlehre aus einem rechteckigen Stangenabschnitt (Bild B/36a). Er wird durch Biegen in die Zwischenform (Bild B/36b) überführt. In Bild B/36c ist die fertig geschmiedete Form der Rachenlehre, die nur noch abgegratet zu werden braucht (Bild B/36d), wiedergegeben.

Massenverteilung

Zweck der Massenverteilung ist die Herstellung einer Zwischenform, deren Volumenabschnitte der jeweiligen Endform nahekommen. Mit diesem Verfahren wird das Spaltstück

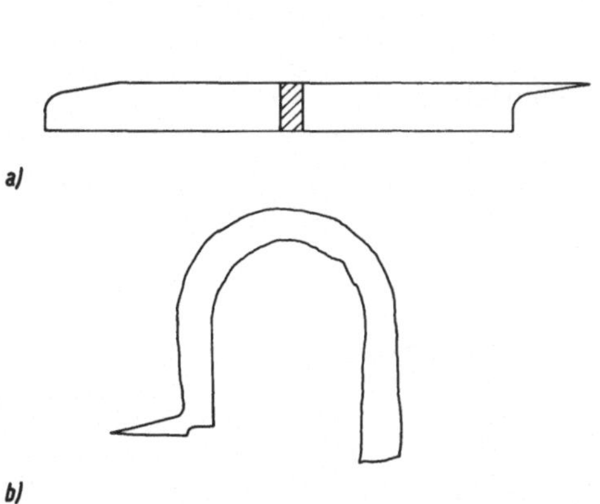
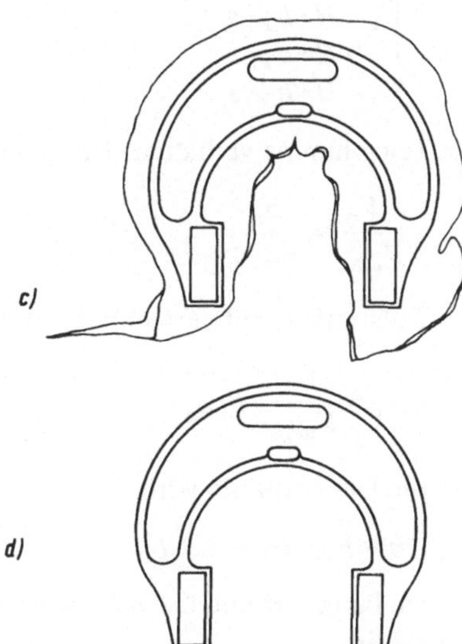

Bild B/36 Rachenlehre aus einem Spaltstück hergestellt [26]

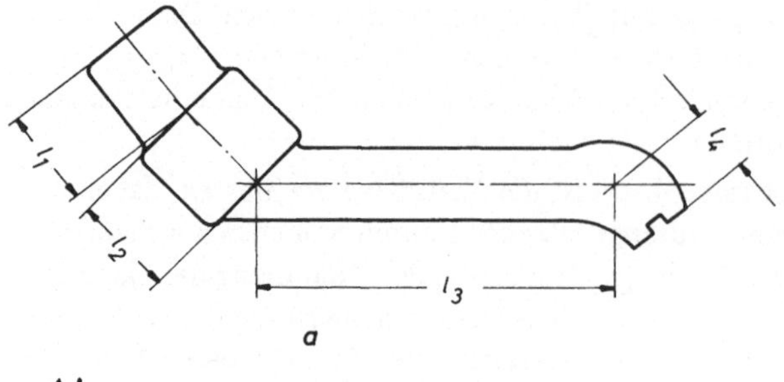

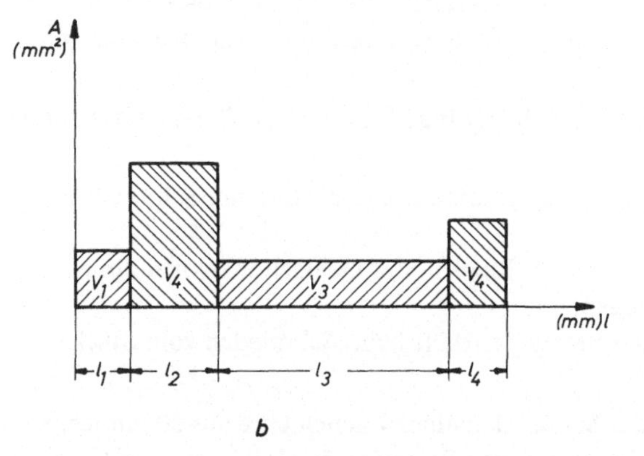

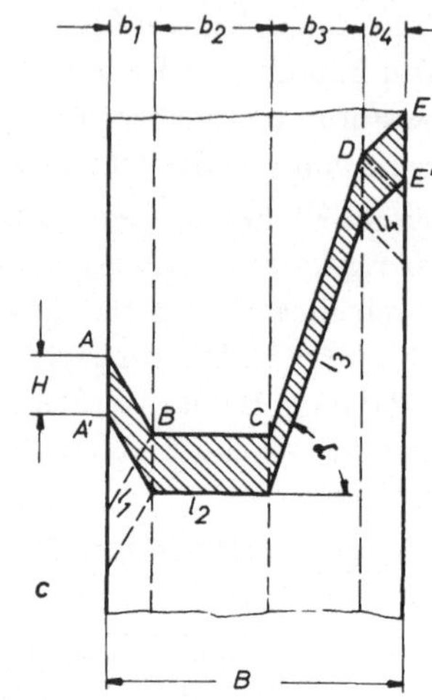

Bild B/37

a) Schmiedestück
b) Massenverteilungsschaubild
c) Konstruktion der Schnittlinie

aus dem Massenverteilungsschaubild (Bild B/37b) bestimmt. Ausgehend von einem herzustellenden Schmiedestück (Bild B/37a) greift man das Teilstück mit dem größten Querschnitt A_{max} heraus und macht seine Länge l_{max} zur Teilstreifenbreite b (b_2 in Bild B/37c). Der Streifenvorschub H ist für die Breiten aller Teilstreifen gleich. Für die Volumina der Teilstreifen gilt dann mit s als Streifendicke:

$$V_1 = H \cdot b_1 \cdot s$$
$$V_2 = H \cdot b_2 \cdot s$$
$$V_3 = H \cdot b_3 \cdot s$$

Die Teilvolumina verhalten sich demnach allgemein wie:

$$\frac{V_n}{V_{max}} = \frac{b_n}{b_{max}}$$

Die Teilstreifenbreite errechnet sich daraus zu

$$b_n = \frac{V_n}{V_{max}} \cdot b_{max}$$

und die Gesamtbreite wird

$$B = b_1 + b_2 + \dots + b_n$$

Um die Punkte B und C wird jeweils ein Kreis mit der Teillänge l_1 und l_3 als Halbmesser geschlagen.

Sie schneiden die Streifenbreite b_1 in A und b_3 in D. Ein Kreis mit dem Halbmesser l_4 ergibt den Schnittpunkt E. Damit ist die Form des Spaltstückes bestimmt. Gegebenenfalls ist eine Korrektur erforderlich, wenn die Breite B durch eine gegebene Halbzeugabmessung nicht mehr verändert werden kann.

Der Streifenvorschub H wird nach der Beziehung

$$H = \frac{V_n}{s \cdot b_n}$$

berechnet. Die Schnittbreite $h = H \cdot \cos\alpha$ soll in der Regel möglichst größer als die Streifendicke s sein.

b) Vorgänge im Gesenk

Die Werkstückform ist in die aus den *Ober-* und den *Untergesenken* bestehenden Werkzeuge eingraviert. Darin ist die Umformung des Werkstoffes durch drei Grundarten gekennzeichnet:

Stauchen – Breiten – Steigen.

Der Werkstoff füllt die Gravur in den Gesenkhälften unter der Wirkung der Umformkraft aus (Bild B/38). Er fließt durch Stauchen zunächst senkrecht zur Werkzeugbewegung in den Gratspalt zwischen Ober- und Untergesenk. Dadurch steigen die Umformdrücke im Inneren an und bewirken das Ausfüllen aller Vertiefungen der Gravur. Im Gratspalt bleibt Werkstoff und bildet hier den Grat. Je dünner und breiter er wird, um so größer ist der Formänderungswiderstand, den der Werkstoff der Umformung entgegensetzt. Durch Änderung der Bahnbreite b und Gratdicke s (vgl. Bild B/55) kann der Innendruck im

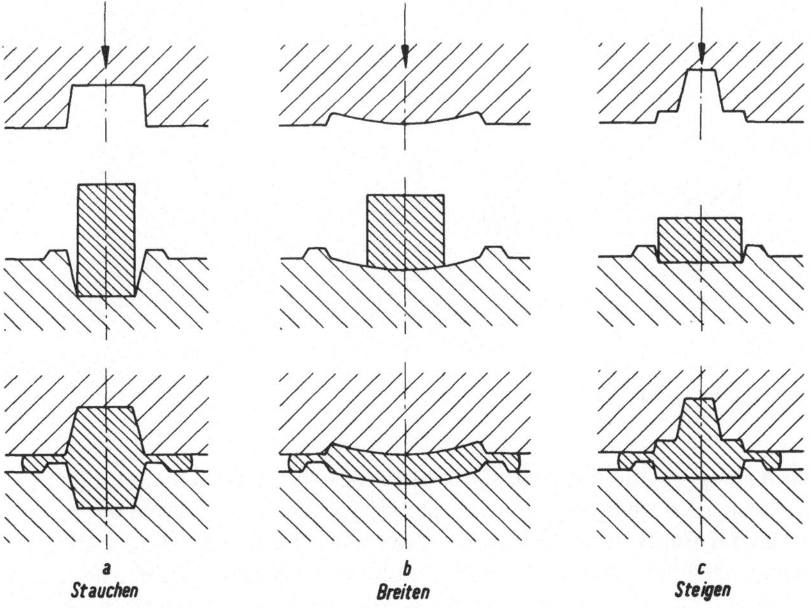

Bild B/38 Grundarten des Gesenkschmiedens [26]

Gesenk in gewissem Umfang verändert werden. Beim Schmieden mit großem Gratbahnverhältnis b/s, d.h. mit breiter Bahn bei kleiner Gratdicke, sind große Umformkräfte notwendig; je nach der Größe des Schmiedestückes wird man das Gratverhältnis so wählen, daß das Gesenk einwandfrei gefüllt wird, ohne daß unnötig hohe Kräfte zu einer Überbeanspruchung der Werkzeuge führen.

Beim *Stauchen* wird die ursprüngliche Höhe des Werkstückes bei geringer Breitung ohne nennenswerte Gleitwege an den Gesenkwänden verringert (Bild B/38a). Wenn der Werkstoff überwiegend quer zur Bewegung der Werkzeuge fließt, spricht man vom *Breiten* (Bild B/38b). Die Gleitwege, auf denen der Werkstoff die Gesenkwände berührt, sind verhältnismäßig lang. Beim *Steigen* wird der Werkstoff entgegen der Richtung der Arbeitsbewegung und senkrecht hierzu zum Grat hin (Bild B/38c) gezwungen. Hierbei treten besonders hohe Umformdrücke auf. Die ursprüngliche Höhe des Werkstückes wird örtlich vergrößert. Häufig erfordert die Form der Werkstücke ein *kombiniertes Breiten und Steigen*. Verwendet man beispielsweise bei einem Gesenk nach Bild B/39 einen rechteckigen Ausgangsquerschnitt, trifft das ebene Mittelstück des Ober- und des Untergesenkes auf eine ebene Werkstückfläche und bewirkt im wesentlichen ein Breiten des Werkstoffes. Er fließt daher in den Gratspalt, bevor das Steigen im Gesenk einsetzen kann. Dadurch kühlt das Werkstück vorzeitig ab und kann keine scharfen Ecken mehr ausbilden.

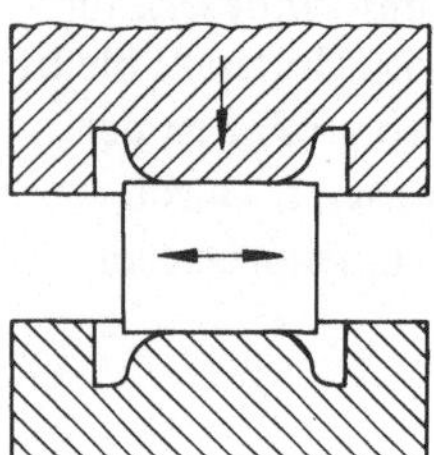

Bild B/39
Stauchen im Gesenk

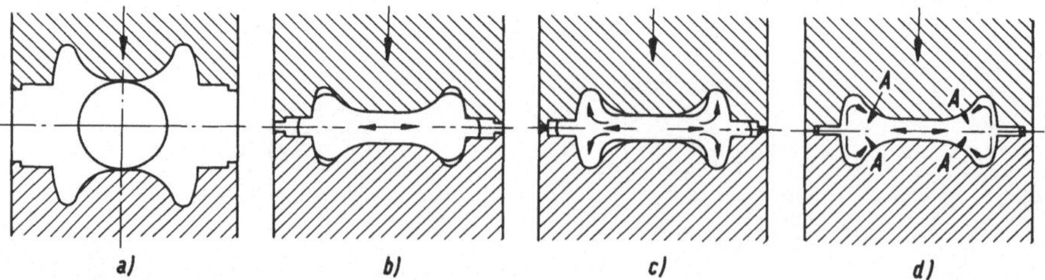

Bild B/40 Werkstoff-Fluß im Gesenk [2]

Bei einem runden Anfangsquerschnitt (Bild B/40a) wird der Werkstoff gebreitet, bis er an den senkrechten Wänden am Übergang zum Gratspalt Widerstand findet. Dann beginnt das Steigen, und ein Teil des Werkstoffes fließt in den Gratspalt (Bild B/40b). Wird das Werkstück weiter zusammengedrückt, nimmt der seitlich abfließende Werkstoff die angestauchte Verdickung mit und schiebt sie an der senkrechten Gravurwand hoch. Es entsteht der in Bild B/40c gezeigte Hohlraum. Im weiteren Verlauf der Umformung begrenzt der Gratspalt

das Abfließen des Werkstoffes nach außen, so daß der Werkstoff aus der mittleren Stauch-
zone in die bereits gebildeten Rippen fließt. Teilweise werden die Hohlräume mit Werkstoff aus den Rippen ausgefüllt, so daß sich Schmiedefehler, sogenannte *Stiche*, ergeben
(Bild B/40d, Punkt *A*). Diese Fehler werden vermieden, wenn man zwei verschiedene Gesenke verwendet (Bild B/41). Im *Vorgesenk* geht man von einem flachen Werkstück mit
rechteckigem Querschnitt aus und schmiedet eine Zwischenform, die bereits Werkstoff-
anhäufungen für die Rippen und eine gewisse Gratdicke hat. Die Gratdicke und die Stauch-
zonendicke sind so aufeinander abgestimmt, daß diese Zonen im *Fertiggesenk* gleichzeitig
gestaucht werden. Dadurch wird der Werkstoff zum Steigen in die Hohlräume gezwungen.
Er steigt einwandfrei, wenn die Höhlungen von Stauchzonen umgeben sind, in denen gleiche
und genügend große Umformdrücke herrschen. Der Grat ist zur Aufnahme des überschüssigen Werkstoffes notwendig; er dient gleichzeitig zum Aufbau des Umformdruckes im
Gesenk und zur Lenkung des Werkstoffflusses. Man kann den Werkstofffluß örtlich durch
Vertiefen der Gravurfläche an bestimmten Stellen erleichtern oder durch Aufrauhen der
Gravurfläche erschweren.

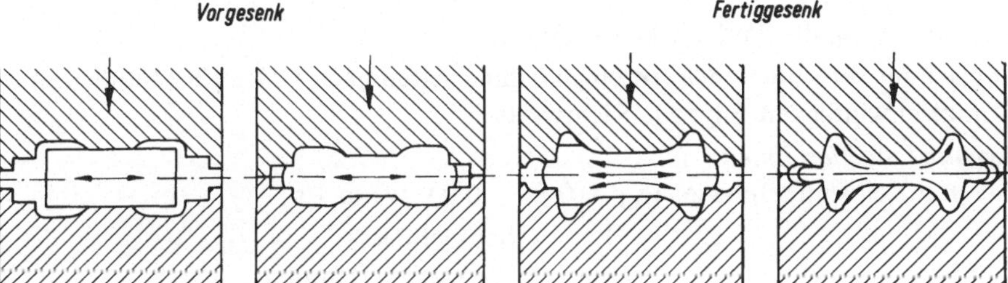

Bild B/41 Werkstoff-Fluß im Vor- und im Fertiggesenk [2]

c) Kraft- und Arbeitsbedarf

Die Kenntnis der größten Umformkraft ist zur Auswahl einer geeigneten Werkzeugmaschine, aber auch zur Sicherung aller mechanisch angetriebenen Pressen gegen Über-
lastung wichtig. Für hydraulische Pressen muß man wissen, ob die von der Maschine aufzubringende Kraft (*Nennkraft*) ausreicht, um das Schmiedestück einwandfrei auszuschmie-
den.

Die beim Schmieden im Gesenk *erforderliche Umformkraft* wird gemäß Gleichung (I/2)
aus dem Produkt

$$F = A_d \cdot k_{we} \quad \text{in N}$$

berechnet. Die gedrückte Fläche A_d stellt die Projektion der Schmiedestück- und Gratfläche senkrecht zur Kraftrichtung dar. Am Ende der Umformung ist die Umformkraft
am größten; für k_w muß daher der Formänderungswiderstand k_{we} eingesetzt werden,
der sich zuletzt einstellt. Es reicht also nicht aus, mit dem mittleren Formänderungswiderstand k_{wm} zu rechnen. Der Formänderungswiderstand am Ende der Umformung
beträgt je nach der Form der Schmiedestücke bis zu 10 ... 12fachen des Widerstandes zu
Beginn der Umformung. Außerdem hängt der Formänderungswiderstand stark von der
Temperatur des Werkstückes und der Geschwindigkeit ab.

Die Berechnung der Umformkraft wird durch diese verschiedenen Einflüsse sehr umständlich. Es lassen sich auch keine Verfahren zur Berechnung der Umformkräfte aufstellen, die alle Einflüsse berücksichtigen und auch für verwickelte Teile gelten. Man ist stets auf Messungen des Formänderungswiderstandes angewiesen, um alle an der Umformung beteiligten Einflüsse sicher festzuhalten. Für verhältnismäßig einfache Teile wurde das Arbeitsschaubild in Bild B/43 entwickelt. Es gilt aber nur für Kohlenstoffstähle bis etwa 0,45 % Kohlenstoffgehalt und für niedrig legierte Stähle.

Das Schaubild wurde in drei Felder aufgeteilt. In Feld 1 wird der Umformwiderstand k_{wa} zu Beginn des betreffenden Arbeitshubes in Abhängigkeit von der mittleren Umformgeschwindigkeit w_m und von der Temperatur ϑ ermittelt.

Die mittlere Umformgeschwindigkeit hat die Dimension 1/s und wird aus der *anfänglichen Umformgeschwindigkeit*

$$\boxed{w_0 = \frac{v}{h_0} \ \text{in 1/s}} \tag{B/8}$$

berechnet. Darin ist h_0 die Werkstückanfangshöhe.

Je nach der Art der verwendeten Werkzeugmaschine gelten nach *Lange* [26] für die mittlere Umformgeschwindigkeit folgende Richtwerte:

1. *arbeitsgebundene Maschinen*
   Hammer und Reibspindelpresse: $w_m = (0,85 \ldots 0,9) \cdot w_0$ in 1/s

   Hammer: Spindelpresse:
   $v = 5 \ldots 7$ m/s, $v = 0,3 \ldots 0,4$ m/s,
   $w_0 = 40 \ldots 160$ 1/s; $w_0 = 4 \ldots 25$ 1/s;

2. *kraftgebundene Maschinen*
   hydraulische Pressen: $w_m = (1,3 \ldots 1,6) \cdot w_0$ in 1/s
   $v = 0,2 \ldots 0,5$ m/s,
   $w_0 = 0,01 \ldots 10$ 1/s;

3. *weggebundene Maschinen*
   Kurbel- bzw. Exzenterpresse: $w_m = (0,3 \ldots 0,4) \cdot w_0$ in 1/s
   $v = 0,4 \ldots 0,6$ m/s,
   $w_0 = 4 \ldots 25$ 1/s.

Dabei gelten die höheren Werte für größere Umformungen.

In Feld 2 des Schaubildes B/43 erfolgt die Umrechnung auf den Umformwiderstand am Ende des Arbeitshubes k_{we}. Er ist von den in Bild B/42 dargestellten acht verschiedenen Umformvorgängen abhängig. In Feld 3 (Bild B/43) wird schließlich aus k_{we} und der projizierten Fläche von Schmiedestück und Grat (A_d) die Umformkraft F bestimmt.

●   *Beispiel B/3:*
    Ein Schmiedeteil in der Form 7 gemäß Bild B/42 wird unter einer hydraulischen Presse hergestellt. Zu berechnen ist die Umformkraft.

    Gegeben sind: Schmiedetemperatur $\vartheta = 1200$ °C; Geschwindigkeit der Presse $v = 500$ mm/s; Werkstückanfangshöhe $h_0 = 125$ mm; Werkstückprojektion $A_d = 16\,000$ mm^2.

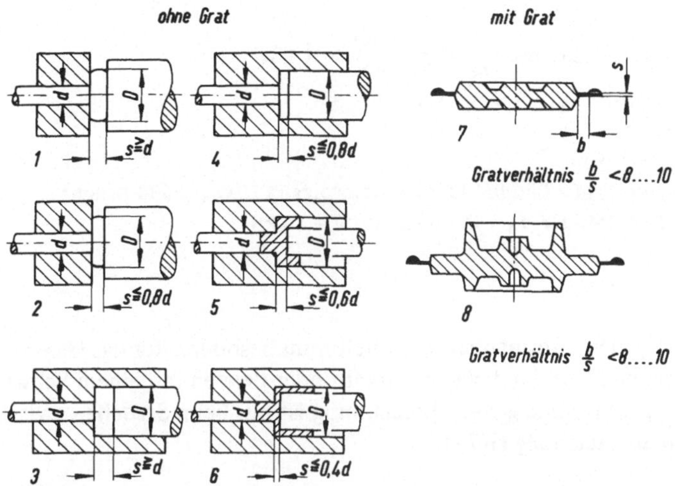

Bild B/42 Umformvorgänge zur Ermittlung der Umformkräfte nach
Bild B/43

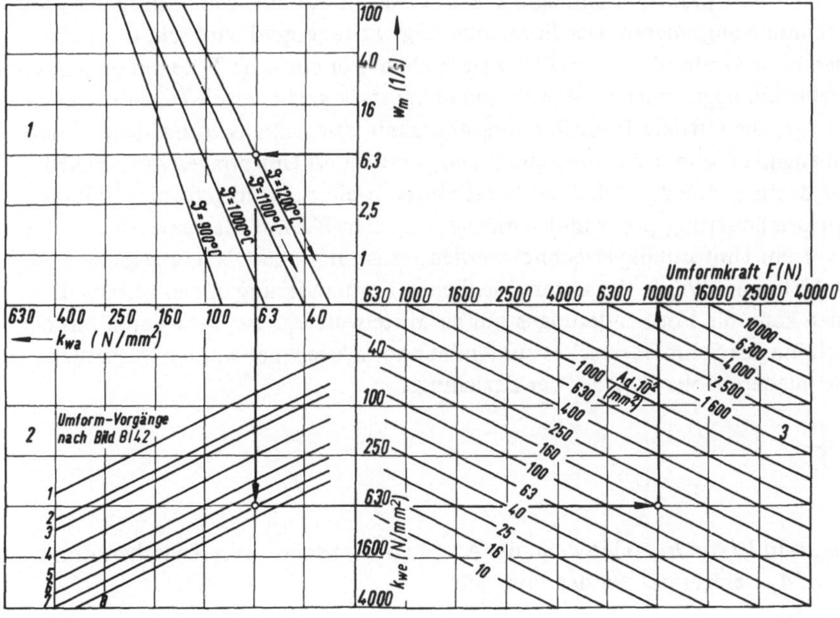

Bild B/43 Schaubild zur Ermittlung der Umformkräfte [1]

● *Lösung:*

Anfängliche Umformgeschwindigkeit: $w_0 = \dfrac{v}{h_0} = \dfrac{500 \text{ mm/s}}{125 \text{ mm}} = 4 \text{ 1/s}$

mittlere Umformgeschwindigkeit: $w_m = 1,6 \cdot w_0 \approx 6,3 \text{ 1/s}$

Formänderungswiderstand:

aus Feld 1 Bild B/43 $k_{wa} = 63 \text{ N/mm}^2$

Formänderungswiderstand aus Feld 2 Bild B/43 für Umformvorgang 7: $k_{we} = 630 \text{ N/mm}^2$

Umformkraft: aus Feld 3 Bild B/43 für $A_d = 16\,000 \text{ mm}^2$, $F = 10 \text{ kN}$

● *Ergebnis:*

Umformkraft $F = 10 \text{ kN}$

Die bei der Umformung erforderliche Formänderungsarbeit muß besonders für das Gesenk-schmieden auf arbeitsgebundenen Maschinen, wie Hämmern oder Pressen mit einem Schwung-rad als Energiespeicher bekannt sein. Eine genaue Berechnung ist nur beim Stauchen zwischen ebenen Bahnen möglich. Gemäß Gleichung (I/7) ist

$$W = V \cdot \varphi_h \cdot \frac{k_{fm}}{\eta_F} \text{ in Nmm.}$$

Der Formänderungswirkungsgrad η_F liegt je nach Größe der Umformung, dem Zustand der Stauchbahnen, der Verzunderung usw. zwischen 0,60 und 0,95.

Beim Umformen im Gesenk machen Form- und Grateinflüsse besonders bei verwickelten Teilen eine Berechnung praktisch unmöglich. Man ist daher auf eine verhältnismäßig grobe Überschlagsrechnung angewiesen. Der Formänderungswirkungsgrad wird schon bei ein-fachen Formen ohne Gratbildung verhältnismäßig klein. Für einfache Teile mit geringen Dickenunterschieden liegt er nahe 0,4, während er bei stark gegliederten Teilen nur noch rund 0,25 beträgt. Die mittlere Formänderungsfestigkeit läßt sich aus vorhandenen Fließ-kurven in Abhängigkeit von der Umformung, Temperatur und Umformgeschwindigkeit ermitteln. Zur Bestimmung des Arbeitsbedarfes müssen weiter das umgeformte Volumen und die Hauptformänderung φ bekannt sein. Das Volumen V kann aus dem Gewicht des Werkstückes vor der Umformung errechnet werden; es ist in grober Näherung gleich dem umgeformten Volumen. Wegen der unterschiedlichen Formänderung in den verschiedenen Werkstoffzonen kann die Formänderung φ nur als Mittelwert φ_m aus dem Verhältnis der mittleren Endhöhe des Schmiedestückes zur Anfangshöhe errechnet werden. Näherungs-weise wird die mittlere Höhe h_{1m} aus der Beziehung

$$h_{1m} = \frac{V}{A_d}$$

errechnet.

Damit wird $\varphi_m = \ln V/A_d \cdot h_0$, oder wenn die Ausgangsform schon eine Zwischenform war, für die $h_{0m} = A/A_{d0}$ eingesetzt werden muß, gilt

$$\varphi_m = \ln \frac{A_{d0}}{A_{d1}}.$$

Die Bestimmung der erforderlichen Umformarbeit erfolgt bequemer an Hand der Schau-bilder B/44 und B/45. Sie gelten ebenfalls nur für Kohlenstoffstähle bis etwa 0,45 % Koh-

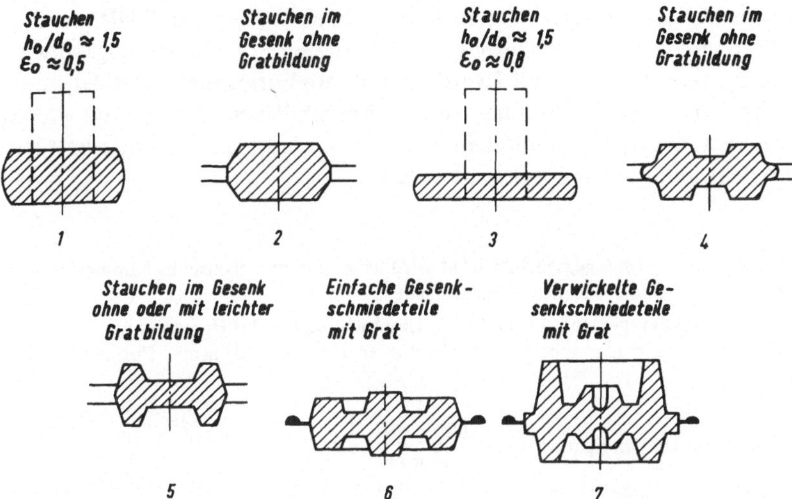

Bild B/44 Umformvorgänge zur Ermittlung der Umformarbeit nach Bild B/45

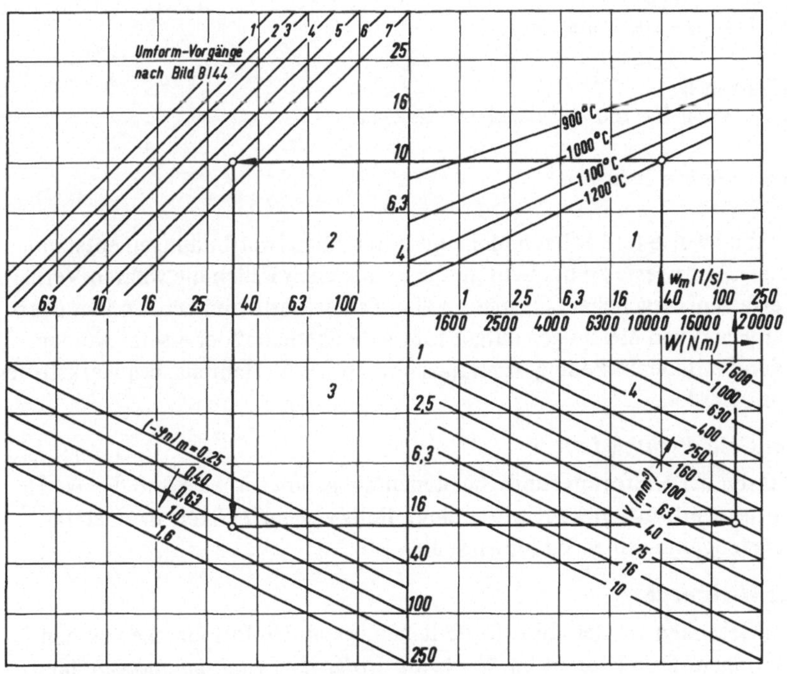

Bild B/45 Schaubild zur Ermittlung der Umformarbeit [26]

lenstoffgehalt und leicht legierte Stähle. Man rechnet darin überschlägig an Stelle von k_{fm} mit k_{wa}. Dieser Wert wird in Feld 1 abhängig von der mittleren Formänderungsgeschwindigkeit und Temperatur ermittelt. In Feld 2 wird der mittlere Formänderungswiderstand k_{wm} bestimmt, wobei die sieben Umformbeispiele als Anhalt dienen. Das Produkt $\varphi_{\text{m}} \cdot k_{\text{wm}}$ wird in Feld 3 errechnet, das in Feld 4 mit dem Volumen V multipliziert wird; damit kann die erforderliche Arbeit unmittelbar abgelesen werden.

- *Beispiel B/4:*
  Ein Schmiedeteil in der Form 6 gemäß Bild B/44 wird unter einem Gegenschlaghammer hergestellt. Zu berechnen ist die erforderliche Umformarbeit.

  Gegeben sind: Schmiedetemperatur ϑ = 1200 °C; Geschwindigkeit des Hammers v = 5600 mm/s; Werkstückanfangshöhe h_0 = 125 mm; Werkstückvolumen V = 100 · 10^3 mm^3; Formänderungsverhältnis φ = 0,63.

- *Lösung:*
  Anfängliche Umformgeschwindigkeit: $w_0 = \dfrac{5600 \text{ mm/s}}{125 \text{ mm}} \approx 45 \text{ 1/s}$

  mittlere Umformgeschwindigkeit: $w_{\text{m}} = 0,9 \cdot 45 \approx 40 \text{ 1/s}$

  Formänderungswiderstand k_{wa}:
  aus Feld 1 Bild B/45 k_{wa} = 100 N/mm^2

  Formänderungswiderstand k_{wm}:
  aus Feld 2 Bild B/45 k_{wm} = 315 N/mm^2

  spezifische Formänderungsarbeit w:
  aus Feld 3 Bild B/45 w = 200 Nmm/mm^3

  für φ = 0,63

  Formänderungsarbeit W:
  aus Feld 4 Bild B/45 für V = 100 · 10^3 mm^3, W = 20 kNm

- *Ergebnis:*
  Formänderungsarbeit W = 20 kNm

Die angegebenen Zahlenwerte und Schaubilder sind durch Mittelwertbildungen entstanden. Sie sind daher nur als Richtwerte zu betrachten, die in manchen Fällen die wahren Verhältnisse nicht genau erfassen. Gegebenenfalls müssen also Zahlenwerte und Schaubilder überprüft bzw. durch an Hand von Messungen aufgebaute Arbeitsschaubilder ersetzt werden. Sie können dann den besonderen Bedingungen hinsichtlich des Verfahrens, des Werkstoffes usw. besser angepaßt werden.

d) Werkzeuge beim Gesenkschmieden

Wie bei allen Verfahren der Umformtechnik, bei denen die geometrische Form des Werkstückes durch ein Formwerkzeug erzeugt wird, hängt die *Wirtschaftlichkeit* in verstärktem Maße vom Werkzeug und seiner Standmenge ab.

Beanspruchung der Werkzeuge

Beim Umformen in Gesenken werden die erforderlichen hohen Umformdrücke von den Gesenkhälften übertragen. Dabei treten im Werkzeug *stoßartig Druckspannungen* über 1000 N/mm^2 bis zu 2000 N/mm^2 auf. Die höchste örtliche Druckspannung kann zu bleibenden Formänderungen führen und die gewünschte Herstellgenauigkeit ungünstig beeinflussen. Tiefe Gesenke werden außer der Druckspannung noch einem *radialen Innendruck* ausgesetzt; man hilft sich hier vorteilhaft durch Vorspannung des Werkzeuges durch Futterringe wie bei Fließpreßwerkzeugen. Das Schmiedegut gleitet außerdem entlang der Gesenkwandung und verursacht dadurch einen *Verschleiß*, durch den die Maßhaltigkeit auf Dauer in Frage gestellt werden kann.

Die thermische Beanspruchung entsteht durch die Berührung der Gravuroberfläche mit dem hoch erhitzten Schmiedegut. Dabei sind unter der Einwirkung der Flächenpressung zwischen Werkstoff und Werkzeug unmittelbar an der Werkzeugoberfläche Erwärmungsgeschwindigkeiten von 1000 ... 3000 grd/s möglich. Die Erwärmung der Gesenke hängt von der Schmiedetemperatur und der Berührungsdauer ab. Hohe Temperaturen beeinflussen die Güte des Gesenkwerkstoffes und verursachen durch den ständigen Temperaturwechsel zwischen den Schmiedevorgängen hohe Wechselbeanspruchungen, die mit der Zeit zu feinen Haarrissen an der Gesenkoberfläche führen.

Werkstoffe für Gesenke

Aus der Art der Beanspruchung ergeben sich folgende Anforderungen an den Gesenkwerkstoff:

1. hohe Härte, Zähigkeit und Dauerstandfestigkeit, hohe Streckgrenze und Dehnung,
2. hohe Warmfestigkeit,
3. Unempfindlichkeit gegen kurzzeitige Temperaturschwankungen,
4. hohe Verschleißfestigkeit.

Als Gesenkwerkstoffe kommen Stähle mit einem Kohlenstoffgehalt von 0,3 ... 0,6 % und den Legierungsbestandteilen Chrom, Nickel, Vanadium, Molybdän und Wolfram in Betracht. Tabelle B/3 enthält eine Auswahl von Stählen, wie sie für Werkzeuge bei der Warmumformung benutzt werden. Chrom-Nickel- und Chrom-Nickel-Molybdän-Stähle haben eine hohe Zähigkeit und werden bei der Umformung von Leichtmetall bevorzugt. Mit Wolfram legierte Stähle werden dagegen wegen ihrer großen Warmfestigkeit überwiegend beim Gesenkschmieden von Stahl verwendet (Tabelle B/4). Eine größere Härte und Druckfestigkeit kann man bei Gesenken mit Hartmetalleinsätzen erreichen. Die Festigkeitseigenschaften hängen wesentlich vom Kobaltgehalt ab. Die Druckfestigkeit erreicht einen Größtwert von 6000 N/mm² bei einem Kobaltgehalt von 5 % (Bild B/46). Bei zunehmendem Anteil von Kobalt nehmen Druckfestigkeit und Härte ab, während der Verschleiß ansteigt. Mit Rücksicht auf die geringe Zähigkeit und die Empfindlichkeit gegen Zugbeanspruchungen werden Hartmetallgesenke durch Einschrumpfen in einem Gesenkblock aus zähem Stahl vorgespannt.

Tabelle B/3 Auswahl gebräuchlicher Warmarbeitsstähle [26]

Stahlsorte		Chemische Zusammensetzung (Anhaltsangaben)							
Kurzname	Werk-stoff-Nr.-	% C	% Si	% Mn	% Cr	% Mo	% Ni	% V	% W
55 NiCrMoV 6	1.2713	0,55	0,3	0,6	0,7	0,3	1,7	0,1	–
56 NiCrMoV 7	1.2714	0,55	0,3	0,7	1,0	0,5	1,7	0,1	–
X 38 CrMoV 5 1	1.2343	0,38	1,0	0,4	5,3	1,1	–	0,4	–
X 40 CrMoV 5 1	1.2344	0,40	1,0	0,4	5,3	1,4	–	1,0	–
X 32 CrMoV 3 3	1.2365	0,32	0,3	0,3	3,0	2,8	–	0,5	–
X 30 WCrV 5 3	1.2567	0,30	0,2	0,3	2,4	–	–	0,6	4,3

Tabelle B/4 Anwendung gebräuchlicher Warmarbeitsstähle [26]

Stahlsorte		Verwendungszweck für		Allgemeine Kenn-zeichnung der Stähle
Kurzname	Werk-stoff-Nr.	Werkzeuge der Stahlumformung	Werkzeuge der Nicht-eisenmetallverarbeitung	
55 NiCrMoV 6	1.2713	Hammergesenke für mitt-lere und kleinere Ab-messungen		Mittlerer Widerstand gegen Warmverschleiß; beste Zähigkeit
56 NiCrMoV 7	1.2714	Hammergesenke bis zu größten Abmessungen, besonders auch bei schwierigen Gravuren; Gesenkeinsätze	Gesenke bis zu größten Abmessungen	Mittlerer Widerstand gegen Warmverschleiß; beste Zähigkeit
X 38 CrMoV 5 1	1.2343	Gesenke und Gesenkein-sätze für Hämmer und Pressen bei hoher Wärme-beanspruchung; Werk-zeuge für Waag.-Stauch.-Maschinen	Gesenke und Gesenkeinsätze	Guter Widerstand gegen Warmverschleiß, sehr gute Zähigkeit auch bei größeren Querschnitten
X 40 CrMoV 5 1	1.2344	Wie Stahl 1.2343	Wie 1.2343	Wie Stahl 1.2343, jedoch mit erhöhtem Warmver-schleißwiderstand
X 32 CrMoV 3 3	1.2365	Gesenkeinsätze, Werkzeuge für die Schrauben- und Nietenfertigung, Werk-zeuge für Waag.-Stauch.-Maschinen, wegen der besseren Zähigkeit wesent-lich häufiger eingesetzt als Stahl 1.2567	Gesenke, Gesenkeinsätze, Dorne, Stempel	Sehr guter Widerstand gegen Warmverschleiß; gute Zähigkeit bei nicht zu großen Querschnitten
X 30 WCrV 5 3	1.2567	Wie Stahl 1.2365; hochwärmebeanspruchte Werkzeuge	Wie Stahl 1.2365	Sehr guter Widerstand gegen Warmverschleiß; jedoch geringere Zähigkeit, besonders bei großen Querschnitten

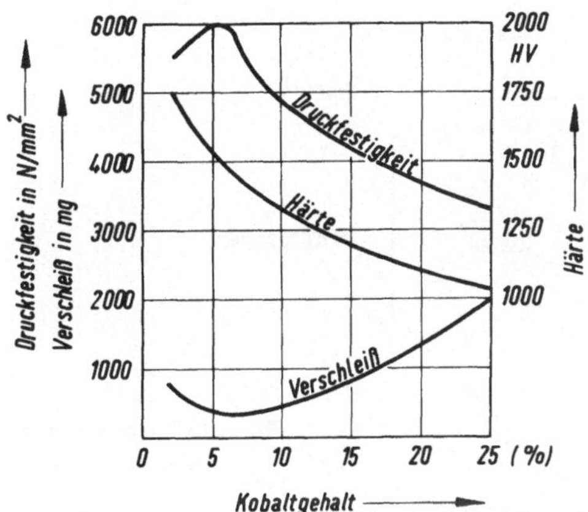

Bild B/46

Werkstoffeigenschaften von Hartmetall

Tabelle B/5 Mindestabmessungen an Schmiedegesenken [26]

| Gravurtiefe h (mm) | Mindestwanddicke a (mm) zwischen | | Mindestgesenkblockhöhe H (mm) |
	Außenkante und Gravur	Gravur und Gravur	
6	12	10	100
10	20	16	100
16	32	25	125
25	40	32	160
40	56	40	200
63	80	56	250
100	110	80	315
125	130	100	355
160	160	110	400

Gestaltung der Gesenke und Werkstücke

Die *Gesenkblockabmessungen* richten sich nach dem Umriß des Schmiedestückes und
nach der Tiefe der einzuarbeitenden Gravuren. Je nach dieser Tiefe sind bestimmte Mindestwanddicken (Tabelle B/5) in Abhängigkeit von der Einarbeitungstiefe einzuhalten.
Wenn mehrere Gravuren in einem Stufengesenk (Bild B/47) vorhanden sind, gelten die in
Spalte 2 aufgeführten Zahlen, die etwa um 20 % unter denen der Spalte 1 liegen. Für sie
ist jeweils die Einarbeitungstiefe der flacheren Gravur zugrunde zu legen. Außer der Ge-
senkblockbreite b und -länge l (Bild B/48), die im wesentlichen durch die Mindestwanddicken a bestimmt sind, hängt auch die Blockhöhe von der Mindestwanddicke ab (Spalte
3 in Tabelle B/5). Da die Gravur durch Nachsetzen bis zu viermal erneuert wird, müssen

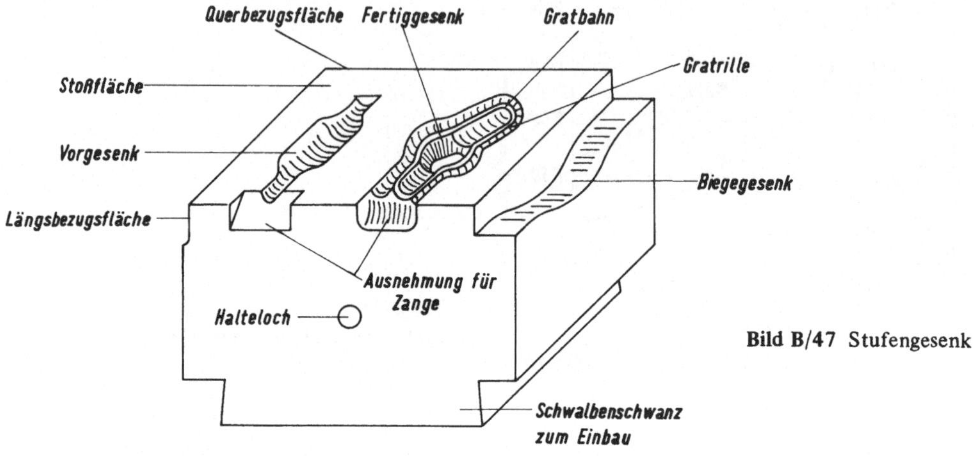

Bild B/47 Stufengesenk

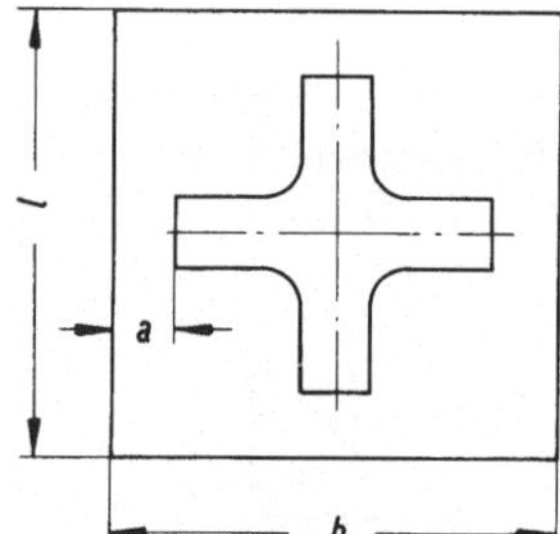

Bild B/48 Gesenkblockansicht

hierfür rund 40 ... 100 mm Blockhöhe zusätzlich berücksichtigt werden. Die in Tabelle B/3 angegebenen Zahlenwerte sind Mindestangaben. Man muß daher bei Anpassung der Blockabmessungen an bestehende Normen (DIN 7529) die jeweils nächst größere genormte Abmessung wählen.

Zur Einhaltung der genauen Lage der Gravur erhalten die Gesenkblöcke mindestens zwei rechtwinklig zueinander liegende Bezugsflächen (Längs- und Querbezugsfläche in Bild B/47). Die Spannflächen laufen parallel zur Längsbezugsfläche. Da die Werkstückform auf das Ober- und Untergesenk verteilt wird, müssen sich beide Gravuren bei der Umformung in richtiger Lage zueinander befinden.

Die Befestigung des Blockes in Bär und Schabotte erfolgt durch Keilleisten; bei Pressen werden die Gesenke im allgemeinen angeschraubt. Ober- und Untergesenk müssen gut geführt werden. Dazu reichen die Gleitführungen für den Hammerbären oder den Pressenstößel meist nicht aus. Das gilt besonders beim Schmieden von unsymmetrischen Werkstücken, bei denen sich die seitlich auftretenden Kräfte auf das Führungsspiel und damit auf den Versatz von Ober- und Untergesenk auswirken. Es werden dann an den Gesenken gesonderte Führungen in Form von Rundführungen (Bild B/49a), Bolzenführungen (Bild B/49b) und Flachführungen (Bild B/49c) verwandt.

In der Teilungslinie zwischen Ober- und Untergesenk entsteht der *Grat*. Zur günstigen Abgratung sollte der Grat immer an der Linie des größten Werkstückumfanges liegen. Dabei vermeidet man mit Rücksicht auf die Unfallgefahr an rissigen Kanten, daß eine Tei-

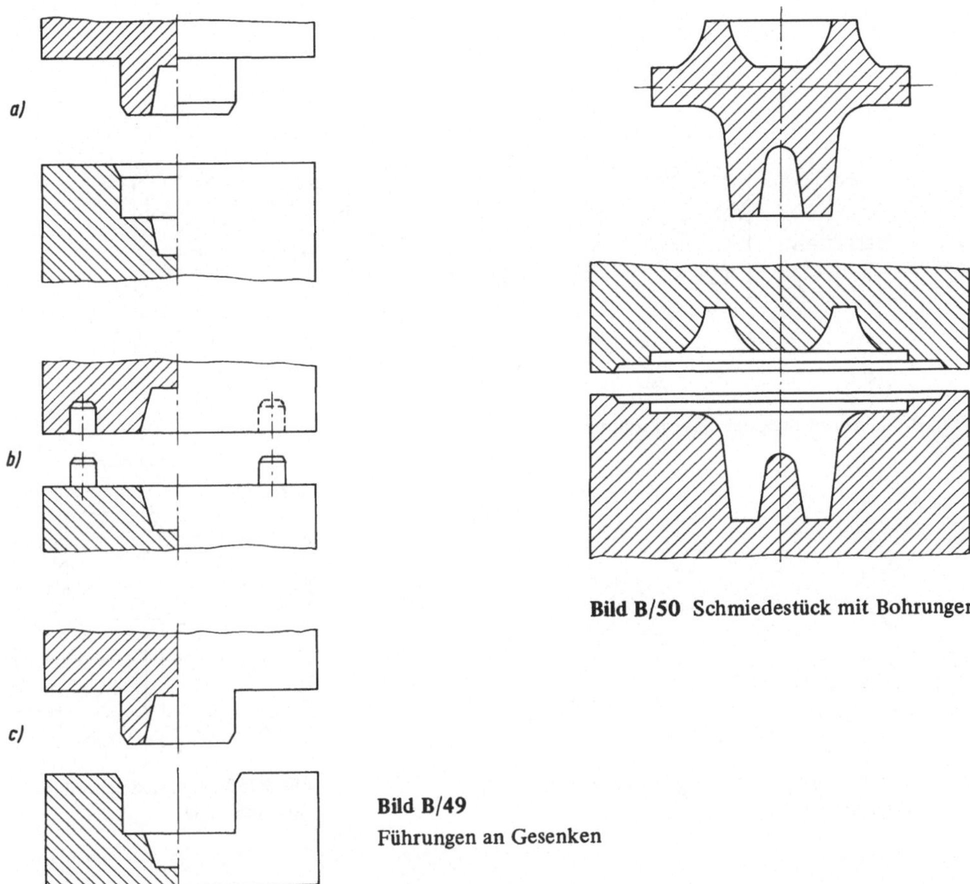

Bild B/50 Schmiedestück mit Bohrungen

Bild B/49
Führungen an Gesenken

lungslinie mit Werkstückkanten zusammenfällt. Entsprechend wird z. B. bei einem Gesenkschmiedestück mit Bohrungen (Bild B/50) die Teilungslinie senkrecht zur Symmetrieachse mit der größten Umfangslinie zusammengelegt.

Unsymmetrische Werkstücke können in unterschiedlich geteilten Gesenken hergestellt werden. Die günstigste Teilung ist auch hier wieder vorhanden, wenn die Teilungslinie mit der Linie des größten Umfanges zusammenfällt (Bild B/51a). Nach Bild B/51c enthält das Obergesenk nur eine ebene Stauchbahn, die fertigungstechnisch einfach herzustellen ist. Die gesamte Gravur befindet sich im Untergesenk; damit entsteht der Grat jedoch an einer Werkstückkante. Eine günstige Form der Herstellung bietet auch die Möglichkeit nach Bild B/51b; die Gravur des Obergesenkes kann leicht durch Fräsen oder Bohren gefertigt werden. Die Teilungslinie fällt aber wieder mit einer Werkstückkante zusammen. In Bild B/51d muß schließlich die Kontur durch Nachformfräsen hergestellt werden.

Bei Werkstücken mit gebogener Körperhauptachse ist eine Anordnung gemäß Bild B/52 möglich, bei der sich die natürlichen Schrägen günstig auf den Werkstofffluß und die Beanspruchung des Werkzeuges auswirken. Gesenkeinsätze mit vollständiger Gravur sparen teuren Gesenkstahl und sind wegen des geringeren Gewichtes leichter in der Handhabung.

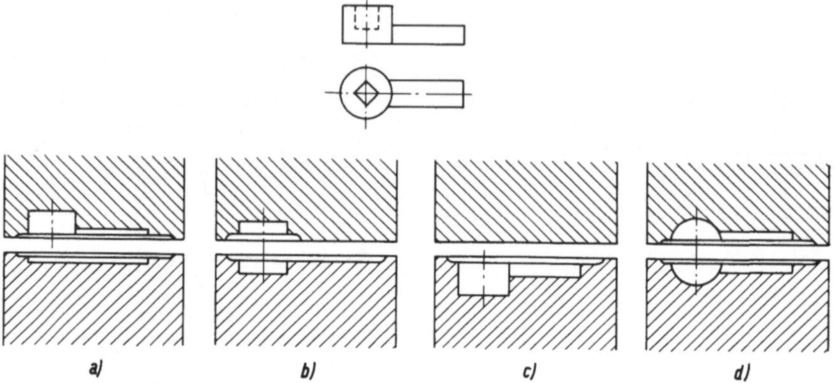

Bild B/51 Anordnung der Gesenkteilung

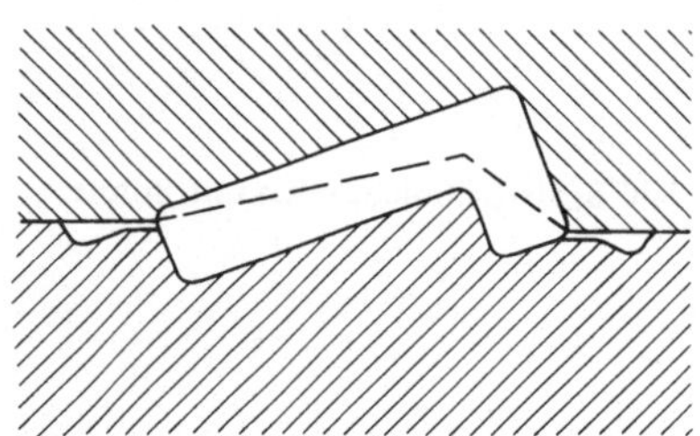

Bild B/52 Schmiedestück mit gebogener
Körperhauptachse

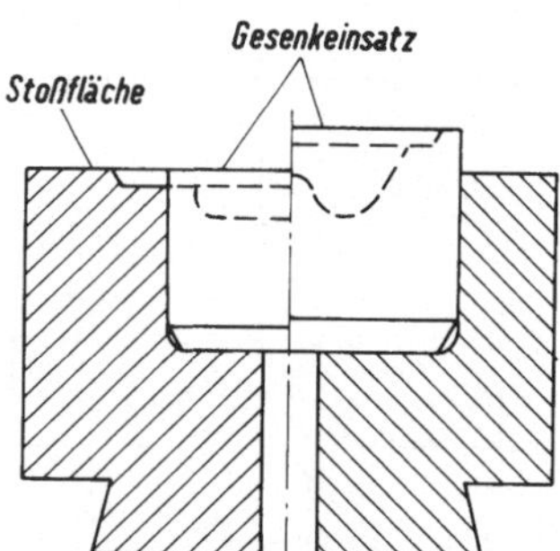

Bild B/53 Schmiedegesenk mit
Gesenkeinsatz

Bei Einsätzen, die mit der Oberkante des Gesenkhalters abschließen (Bild B/53, linke
Hälfte), nimmt der Halter einen Teil der Gratbahn und die Stoßfläche auf. Da sich die
Gesenkeinsätze jedoch unter der Einwirkung der Schmiedekräfte setzen, kann die Dickentoleranz der Schmiedestücke überschritten werden. Bei überstehenden Einsätzen (Bild
B/53, rechte Hälfte) wirkt sich das Setzen nicht aus, da ihre Höhe vom Halter unabhängig
ist. Diese Einsätze müssen allerdings größer ausgeführt werden, damit ausreichende Stoßflächen und auch die gesamte Gratbahn untergebracht werden können.

Beim Umformen eines Schmiedestückes im Gesenk wirkt der von der Werkzeugmaschine
aufgebrachten Kraft F_1 eine Reaktionskraft F_2 entgegen. Wenn beide Kräfte nicht in der
gleichen Achse wirken, sondern einen Abstand e voneinander haben (Bild B/54), entsteht ein Kippmoment. Es wirkt auf den Stößel der Presse oder den Bären und kann beträchtliche Größen annehmen, die sich auf Führungen und Gestell und damit auf den
Versatz (Bild B/58) auswirken können. Durch die richtige Lage der Gravur im Block,
muß für einen möglichst kleinen Abstand e der Kraftwirklinien voneinander gesorgt werden, damit das Kippmoment in erträglichen Grenzen gehalten wird. Die Umformung ist
örtlich verschieden; daher ändert sich die Lage der Wirklinien während der Umformung.
Zu Beginn kann deshalb ein größerer Abstand e zugelassen werden, da die Umformkraft
erst später ihren höchsten Wert erreicht. Man bemüht sich, die Gravur so in den Block zu

Tabelle B/6 Schwindmaße verschiedener Stahlwerkstoffe [26]

Werkstoff	Schwindmaß $\Delta l_\vartheta = \alpha \cdot \vartheta \cdot 100\,[\%]$ (ϑ = Ablegetemperatur)		
	800 °C	950 °C	110 °C
C 35	0,84 %	1,16 %	1,48 %
C 45	0,88 %	1,22 %	1,60 %
C 90	1,24 %	1,62 %	2,03 %
X 12 CrNi 18 8	1,50 %	1,85 %	2,20 %

legen, daß am Ende der Umformung der Wirklinienabstand möglichst klein wird. Dann ist auch der Grat voll ausgebildet, der den Abstand *e* maßgeblich beeinflußt.

Die Gravurabmessungen müssen um die Schwindung [1]) des Schmiedestückes von der Ablegetemperatur bis auf Raumtemperatur größer sein als die Abmessungen der Endform bei Raumtemperatur. Infolge Erwärmung des Schmiedegesenkes ändern sich die Abmessungen ebenfalls. Bei Genauschmiedestücken muß diese Änderung auch berücksichtigt werden [26]:

$$l_\mathrm{w} = l_\mathrm{so}\,(1 + \Delta l_{\vartheta\mathrm{s}} - \Delta l_{\vartheta\mathrm{w}})$$

Für einige Stahlsorten kann $\Delta l_{\vartheta\mathrm{s}}$ aus Tabelle B/6 entnommen werden. Die Längenänderung des Werkzeuges muß aus

$$\Delta l_{\vartheta\mathrm{w}} = \alpha_\mathrm{w} \cdot \vartheta_\mathrm{w}$$

errechnet werden. Der Gesenkwerkstoff X 40 CrMoV 5 1 (W-Nr. 1.2344) nach Tabelle B/4 hat zwischen 20 und ϑ_w °C folgenden Ausdehnungskoeffizienten [26]

ϑ_w [°C]	α_w [mm/mm °C]
20	–
100	$12.16 \cdot 10^{-6}$
200	$12.83 \cdot 10^{-6}$
300	$13.32 \cdot 10^{-6}$
400	$13.72 \cdot 10^{-6}$
500	$14.08 \cdot 10^{-6}$
600	$14.46 \cdot 10^{-6}$
700	$14.81 \cdot 10^{-6}$
800	$12.13 \cdot 10^{-6}$
900	$12.64 \cdot 10^{-6}$
1000	$13.66 \cdot 10^{-6}$

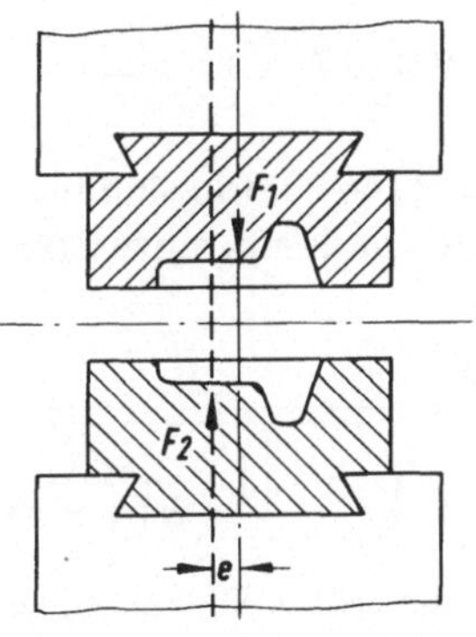

Bild B/54 Entstehung des Kippmomentes beim Gesenkschmieden

Der durch den Gratspalt verdrängte überschüssige Werkstoff findet in der *Gratrille* Platz (Bild B/55). Sie darf nicht auf Kosten der Stoßflächen zu groß ausgeführt werden, da sich zu kleine Stoßflächen auf die Genauigkeit des Werkstückes auswirken.

---

[1]) siehe auch Fußnote auf Seite 80

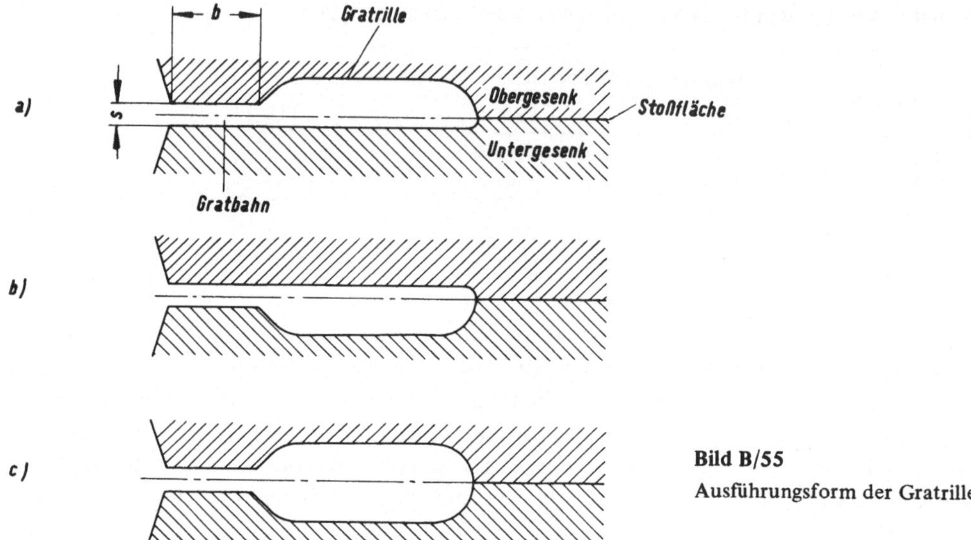

Bild B/55
Ausführungsform der Gratrille

Die Gratrille wird meist nach Bild B/55a verwandt. Die ebene Gratfläche im Untergesenk
erzeugt eine entsprechende Auflage für das Werkstück beim Abgraten. Umgekehrt wird
man die ebene Gratbahn in das Obergesenk verlegen (Bild B/55b), wenn das Werkstück
um 180° gedreht abgegratet werden muß. Ist das Gratvolumen groß, wird eine Gratrille
nach Bild B/55c bevorzugt.

Die Gratdicke s wird aus

$$s = 0{,}017 \cdot x + \frac{1}{\sqrt{x+5}}$$

berechnet [46]. Darin sind für x der jeweils größte Durchmesser d oder die größte Breite
b der Gravur in mm einzusetzen. Das Gratbahnverhältnis wird aus folgender Formel bestimmt:

$$\frac{b}{s} = \frac{30}{\sqrt[3]{\,x \cdot \left[1 + \dfrac{2x^2}{h\,(r_h + x)}\right]}}$$

h stellt die größte Dickenabmessung an einem Schmiedestück und r_h den Abstand eines
Formelelementes des Schmiedestückes senkrecht zur Schlagrichtung von der Querschnitts-
mitte dar.

Die *geometrische Form der Gesenkschmiedestücke* wird durch die Seitenschräge, Rundungen von Kanten und Hohlkehlen, Mindestwanddicken von Stegen und Rippen sowie
durch die Gesenkteilung bestimmt.

Seitenschrägen dienen vor allem dem leichten Lösen des Werkstückes aus dem Gesenk.
Allgemein werden Innenschrägen größer als Außenschrägen (Tabelle B/7) ausgeführt, um
die Gefahr des Aufschrumpfens auf Dorne zu vermindern. *Kanten* und *Hohlkehlen* sollen

Tabelle B/7 Seitenschrägen an Gesenkschmiedestücken (DIN 7523)

nach	bei Innenflächen			bei Außenflächen		
	Neigung	Innenwinkel	Anwendung	Neigung	Innenwinkel	Anwendung
A Hammer	1 : 6 1 : 10	9° 6°	normal bei niedrigem Dorn	1 : 6 1 : 10 1 : 20	9° 6° 3°	bei hohen Rippen normal bei flachen Rund- stück
B Presse	1 : 6 1 : 10 1 : 20	9° 6° 3°	bei größerer Vertiefung normal mit Auswerfer	1 : 10 1 : 20 1 : 50	6° 3° 1°	bei flachem Rund- stück normal mit Auswerfer
C Schmiedemaschine	1 : 20 bis 1 : 50	3° 0 ... 1°	je nach Tiefe Loch oder Vertiefung	1 : 20 1 : 50	3° 1° 0°	im Stößel oder für Flächen senkrecht zur Stoßrichtung normal an Backenflächen

Tabelle B/8 Kleinstwerte für Kanten- und Hohlkehlenrundungen (DIN 7523)

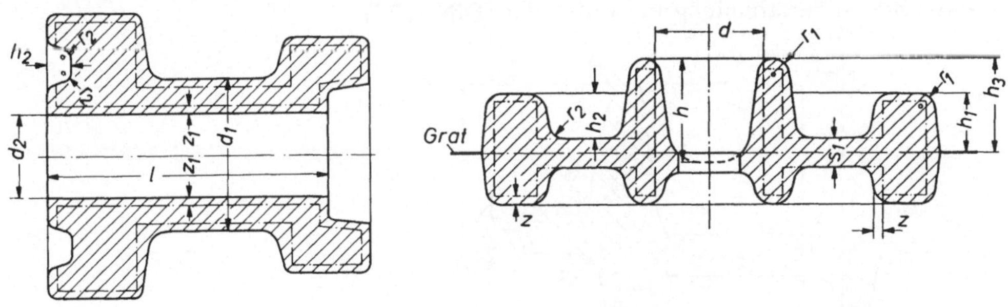

Maß h_1 bzw. h_3 oder d_1 mm		Rundung von Außenkanten bei allen Gesenkschmiedestücken r_1 mm	Rundung von Hohlkehlen bei allen Gesenkschmiedestücken r_2 mm		Übergangshalbmesser zum Schaft bei Waagerecht- Stauchmaschinenteilen r_4 mm
über	bis		normal	genau	
–	25	2	4	4	2
25	40	3	6	5	3
40	63	4	10	6	5
63	100	6	16	8	8
100	160	8	25	10	12
160	250	10	40	16	20

mit möglichst großen Rundungen versehen werden, um den Verschleiß an den Kanten zu verringern und Kerbrisse an tief liegenden Hohlkehlen zu verhindern. Kerbrisse erfordern ein tiefes Nachsetzen der Gravuren, wenn das Gesenk nicht vorzeitig durch Bruch unbrauchbar werden soll. Tabelle B/8 enthält Kleinstwerte für *Kanten-* und *Hohlkehlenrundungen*, die möglichst nicht unterschritten werden sollen. Sie hängen von der Gravurtiefe bzw. vom Schaftdurchmesser ab. Tabelle B/9 enthält die entsprechenden Angaben für *Dornkopfrundungen*. Damit Gesenke nicht übermäßig belastet werden, müssen bestimmte *Mindestdicken* der Querschnitte in Richtung der Umformung und senkrecht dazu eingehalten werden, die in Tabelle B/10 enthalten sind.

Herstellung der Gesenke

Für die Herstellung der Schmiedegesenke kommen in Frage:

Fertigungsverfahren der Zerspantechnik, wie Drehen, Bohren und Nachformfräsen,
Fertigungsverfahren der Umformtechnik, wie Kalt- und Warmeinsenken.

Zu diesen Verfahren kommen noch *Abtragverfahren*, wie Ätzgravieren, Elektroerodieren und elektrolytisches Abtragen.

Die wesentliche Zerspanung wird zweckmäßig durch Drehen bzw. Bohren durchgeführt und durch Nachformfräsen ergänzt. Bei gekrümmten Flächen werden die Nachformfingerfräser der Gravurform angepaßt, wie es etwa Bild B/56 zeigt.

Tabelle B/9 Mindestrundung an Dornköpfen (DIN 7523)

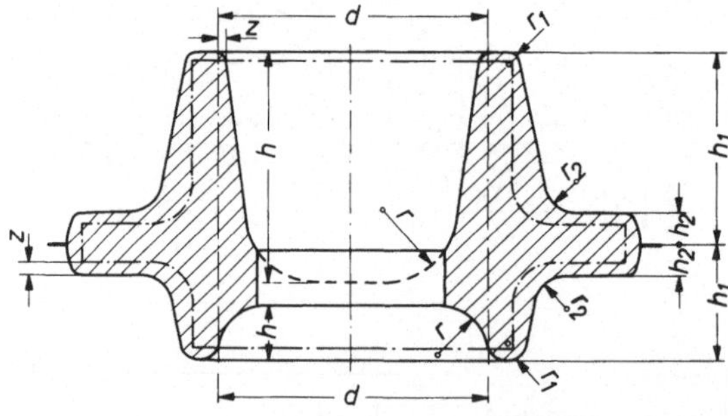

Dorndurchmesser d mm		Dornkopfrundung r (mm) für Hammer- und Pressenteile									
		für Normalschmiedestücke					für Genauschmiedestücke				
		bei Dornhöhe h									
über	bis	über	10	16	25	40	über	10	16	25	40
		bis	16	25	40	63	bis	16	25	40	63
–	25	2,5	3	4	5	–	2	2,5	3	4	–
25	40	3	4	5	6	8	2,5	3	4	5	6
40	63	4	5	6	8	12	3	4	5	6	8
63	100	5	6	8	12	16	4	5	6	8	10
100	160	6	8	12	16	22	5	6	8	12	16
160	250	8	10	16	20	32	6	8	12	16	20

Tabelle B/10 Mindestwerte für Wand-, Rippen-
und Bodendicken (DIN 7523)

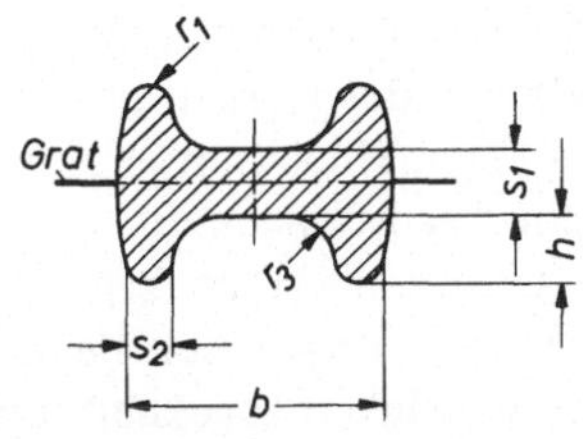

Wand- bzw. Rippenhöhe h mm		Mindestwand-dicke s_2 mm	Hohlkehlenrundung bei H- oder T-Profilen r_3 mm
über	bis		
–	10	3	5
10	16	4	6
16	25	5	8
25	40	8	12
40	63	12	20
63	100	20	32
100	160	32	50

Breite b oder Durchmesser d (mm)		Mindestbodendicke s_1 (mm) bei Gesamtlänge	
über	bis	bis 3 b (d)	über 3 b (d)
–	25	2	3
25	40	3	4
40	64	5	6
63	100	6	8
100	160	8	10
160	250	12	16

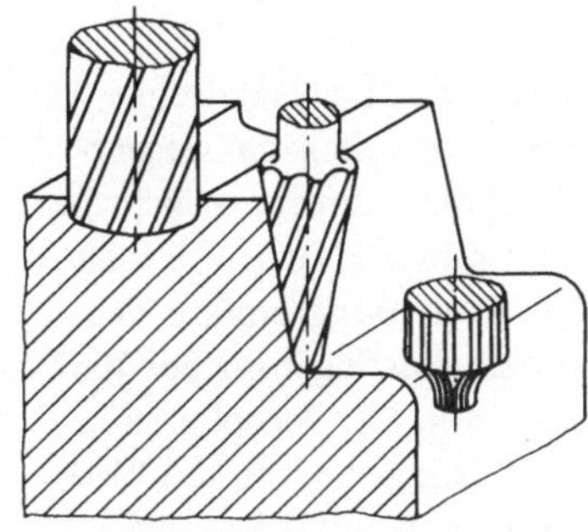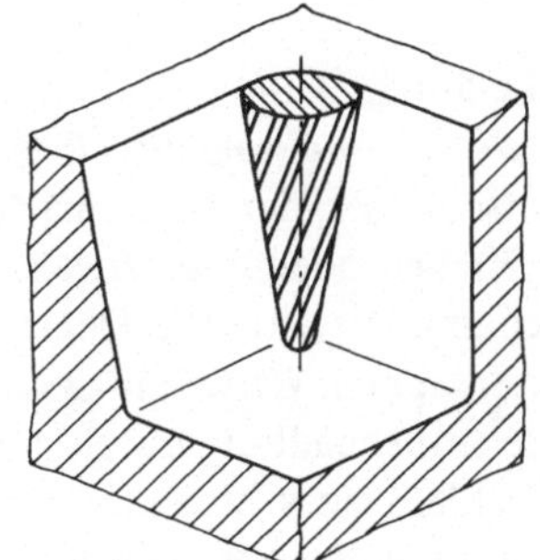

Bild B/56
Gesenkherstellung durch
Fräsen [nach *Kienzle*]

Die Herstellung durch Einsenken wird in einem späteren Abschnitt (vgl. B/5b) beschrieben.

In der Gruppe der elektrischen Abtragverfahren darf das elektrolytische Einsenken nicht mit der *Funkenerosion*[1]) verwechselt werden. Mit beiden Verfahren können Gravuren

---

[1]) *Preger*, Zerspantechnik, Viewegs Fachbücher der Technik, Verlag Vieweg, Braunschweig

in den vollen Gesenkblock bzw. -einsatz eingearbeitet werden. Bei der Funkenerosion
wird zwischen der Werkzeugelektrode, die als Negativform der Gravur ausgebildet ist,
und dem Gesenkblock unter Anwesenheit eines Dielektrikums, z.B. Petroleum, eine
elektrische Wechselspannung bis 100 MHz erzeugt. Die dabei überschlagenden elektrischen
Funken bewirken örtlich begrenzt sehr hohe Temperaturen zwischen 3000 °C und
10 000 °C und bringen kleinste Metallteilchen zum Verdampfen. Sie werden in der um-
gebenden Flüssigkeit abgekühlt und fortgespült. Beim Funkenübergang entsteht ein Elek-
trodenabbrand, der je nach Arbeitsweise (Schruppen oder Schlichten) etwa $\frac{1}{2}$ bis $\frac{1}{10}$ der
Werkstückabtragung ausmacht, so daß zur Herstellung einer genauen Form stets *mehrere*
Elektroden notwendig sind.

Im Gegensatz dazu wird beim *elektrolytischen Einsenken* die Werkzeugelektrode nicht
abgetragen, so daß man mit *einer* Elektrode auskommt. Zwischen der Formelektrode
(Katode) und dem Werkstück (Anode) wird eine elektrolytische Flüssigkeit unter Druck
hindurchgespült (Bild B/57). Unter dem Einfluß hoher Stromdichten bis 200 A/cm² löst
sie aus der Anode Metallteile heraus. Auf diese Weise können je nach Stromdichte Einsenkgeschwindigkeiten von 2 ... 4,5 mm/min erzielt werden. Die verfügbaren Maschinen
liefern Stromstärken bis zu 5000 A.

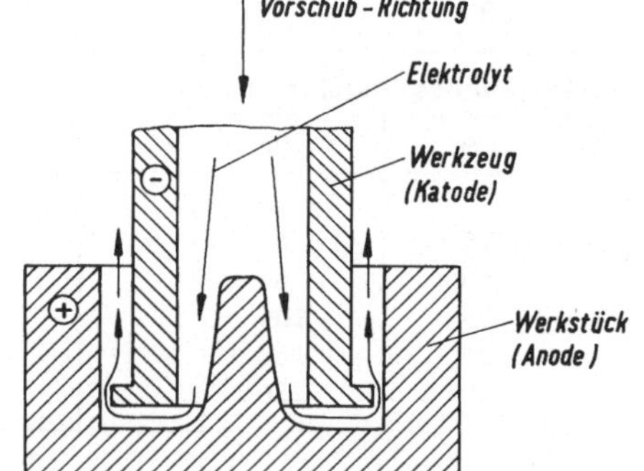

Bild B/57
Elektrolytisches Abtragen

An die Bearbeitung der Gesenke durch Drehen, Bohren, Fräsen sowie die elektrischen Abtragverfahren schließt sich die *Feinbearbeitung der Oberfläche* an. Sie dient im wesentlichen zur Verringerung des Verschleißes, der durch die Gleitung des Umformwerkstoffes
an den Gesenkwänden, durch Kleben oder Festschweißen und durch Haarrisse infolge
thermischer Wechselbeanspruchung entsteht. Die Oberflächenbehandlung umfaßt das
Schleifen, Polieren und das Strahlläppen. Weitere Maßnahmen zur Verringerung des Verschleißes liegen in der Oberflächenbehandlung durch Abbrennen in Öl, Phosphatieren
oder Hartverchromen. Der Verschleiß eines Gesenkes wird auch geringer, wenn das Werkstück zunderarm oder -frei erwärmt wird. Dazu gehört die Erwärmung unter Schutzgas
oder die sehr schnelle Erwärmung etwa durch Induktion.

Durch geeignete Schmierung kann die trockene Berührung zwischen Werkzeug und Werkstoff verringert werden. Beim Schmieden von Stahl wird ein Gemisch aus Öl und Graphit
bevorzugt. Für Nichteisenmetalle reicht unter Umständen schon Schmierseife, Bienen-
wachs, Talg oder Petroleum aus. Die Schmiermittelschicht soll gleichmäßig und dünn sein.
Bei Stahlteilen begünstigt eine Phosphatschicht die Haftung des Schmiermittels am Werkstück.

Die *Lebensdauer des Gesenkes* wird durch gleichmäßiges Anwärmen bzw. durch Abkühlen bei zu hoher Gesenktemperatur verlängert. Die Schmiedestücke dürfen nicht zu lange mit dem Gesenk in Berührung bleiben, da es sich sonst unzulässig hoch erwärmt. Besonders während der Umformung geht die Wärme des Werkstückes schnell in das Werkzeug über.

Genauigkeit des Gesenkschmiedens

Die beim Gesenkschmieden erzielbare Genauigkeit hängt von mehreren Einflußgrößen ab. Fehler hinsichtlich der Maßhaltigkeit und der Formgenauigkeit der Gravur entstehen durch die elastische und stellenweise auch plastische Verformung der Gesenke. Bei älteren Gesenken kommt der Verschleiß hinzu.

Treffen die beiden Gesenkhälften (Bild B/58) *nicht mittig* aufeinander, so sind die beiden Schmiedestückteile gegeneinander versetzt. Bei einer anschließenden Bearbeitung wirkt sich der Versatz auf die erforderlichen Bearbeitungszugaben aus. Außerdem wird die Einspannung der Werkstücke unter Umständen ungenau, so daß sich der Schmiedefehler in der zerspanenden Bearbeitung als Maß- oder Formfehler fortpflanzt. Der Versatz wird dann am geringsten, wenn das Führungsspiel bei sonst einwandfreiem Aufeinanderpassen der Gesenkhälften auf beide Stößel- bzw. Bärseiten gleichmäßig verteilt und durch genaue Einstellung der Führungsleisten klein gehalten wird.

Ein weiterer Fehler stellt sich am Grat ein, wenn die *Abgratschnittabmessungen* unzureichend an das Schmiedestück angepaßt sind. Der Grat wird dann nicht überall am Werkstück sauber abgeschert; es bleibt ein Gratansatz stehen.

Bild B/58
Schmiedefehler: Gesenkversatz *V*

An langen Werkstücken treten *Formabweichungen* als Krümmungen oder Verdrehungen auf. Krümmungen entstehen z.B. als Folge von Verzug durch zu schnell erkaltenden Grat. Verbiegungen können auch beim unsachgemäßen Ablegen der noch warmen Schmiedestücke auftreten.

Die zulässigen Größen von Nennmaßabweichung, Versatz und Gratansatz sowie Krümmungen von Achsen und Wellen sind in DIN 7524 zusammengestellt. Danach liegen die Toleranzen für das Gesenkschmieden bei den ISA-Qualitäten 11 bis 14 und hinsichtlich des Versatzes sogar bis IT 17. Neben den dort genannten Toleranzen können engere Toleranzen eingehalten werden, wenn dies erforderlich ist. Da die Herstellung genauerer Teile die Fertigung verteuert, beschränkt man sich besonders auf Werkstücke mit schwieriger spanender Bearbeitung und großer Festigkeit, z.B. Turbinenschaufeln, Zahnräder, Hebel u.dgl. Man spricht dann bereits vom Genauschmieden, bei dem Mindestdicken von 1 mm bis in Sonderfällen herunter auf 0,6 mm erreicht werden können. Da die hohe Genauigkeit letztlich im Zusammenwirken von Werkzeug und Maschine erzielt wird, hängt die Wirtschaftlichkeit des Genauschmiedens eng mit dem Verschleiß des Gesenkes und der Werkzeugführungen zusammen.

Während man bei normalem Gesenkschmieden etwa eine Standmenge von 3000 ... 4000
Schmiedungen erzielen kann, müssen beim Genauschmieden von verwickelten Teilen die
Gesenke schon nach 300 ... 400 Werkstücken nachgesetzt werden.

5 Eindrücken

Eindrückverfahren sind meist Kaltumformverfahren, unter denen man für gewöhnlich die
reliefartige Umformung der Oberfläche eines Werkstückes (Bild B/59) versteht (Prägen).
Aber auch das Einsenken eines Werkstückes beispielsweise zur Gesenkherstellung zählt zu
diesen Verfahren (Bild B/60).

a) Prägen

Es werden das *Voll-* und *Hohlprägen* unterschieden. Beim Hohlprägen bleibt die Werkstückdicke vor und nach der Umformung über die ganze Fläche nahezu gleich (Bild B/61).
Als Ausgangswerkstoff dienen im allgemeinen im Verhältnis zur Flächenabmessung sehr
dünne Werkstücke, meist aus Blech.

Beim Vollprägen wird die Werkstoffdicke verändert, wobei in erster Linie die am Werkzeug anliegenden Schichten der Ausgangsform umgeformt werden. Der Werkstofffluß ist
durch Breiten und Steigen gekennzeichnet. Gewöhnlich bildet sich auch ein Grat (Bild

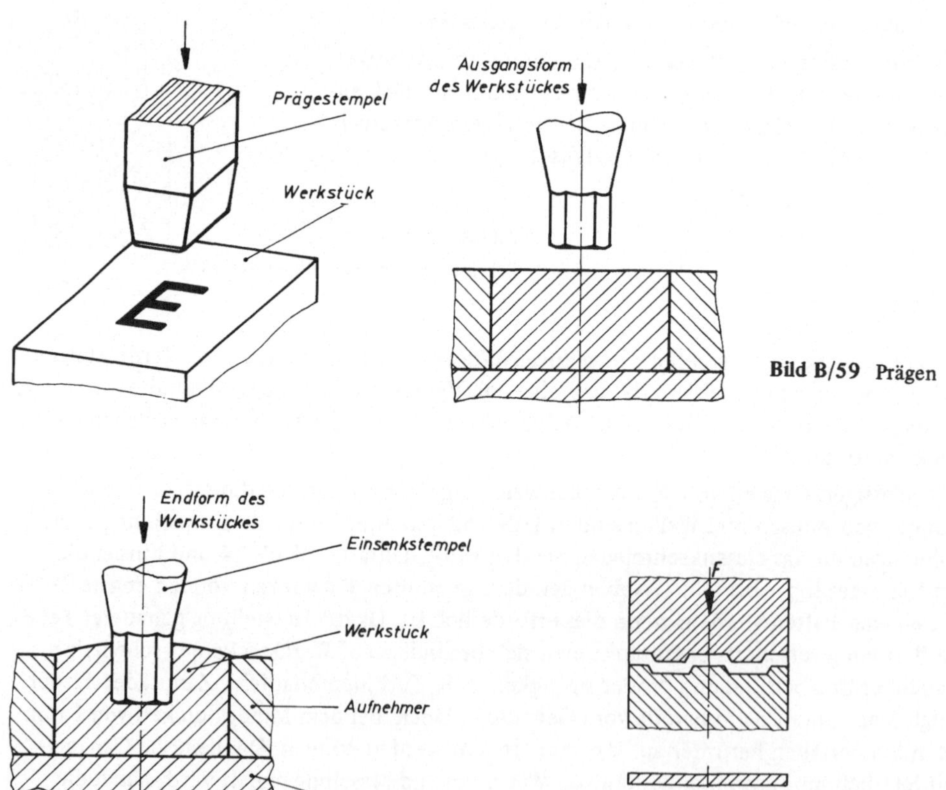

Bild B/59 Prägen

Bild B/60 Einsenken

Bild B/61 Hohlprägen

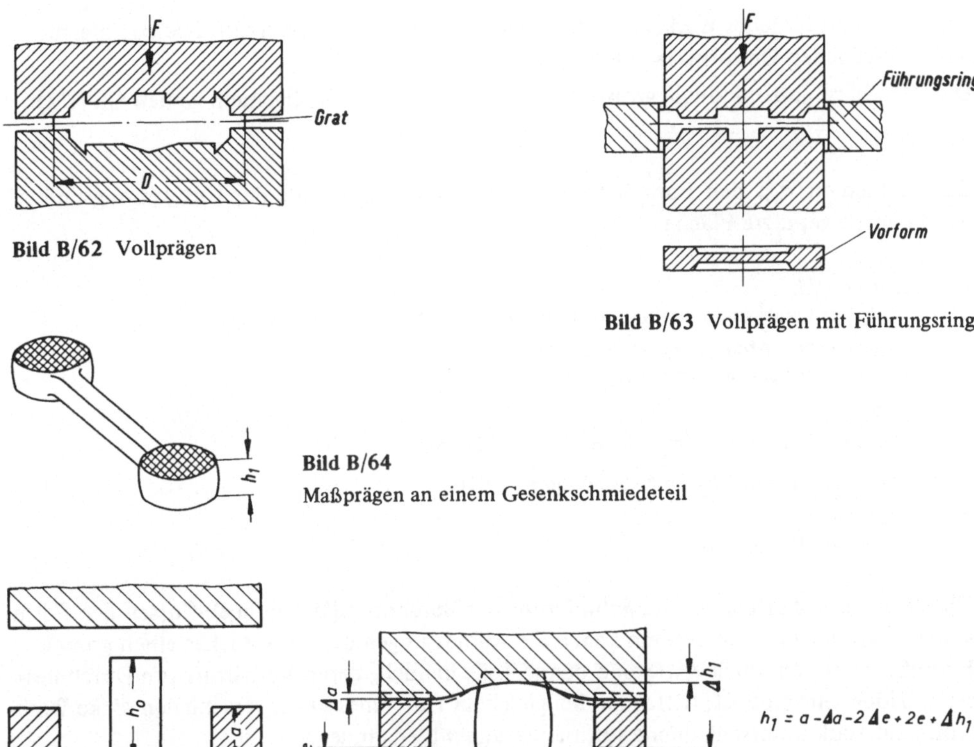

Bild B/62 Vollprägen

Bild B/63 Vollprägen mit Führungsring

Bild B/64

Maßprägen an einem Gesenkschmiedeteil

$$h_1 = a - \Delta a - 2\,\Delta e + 2e + \Delta h_1$$

Bild B/65

B/62), der jedoch durch einen Führungsring (Bild B/63) verhindert werden kann. Allerdings wird dann eine Vorform mit angestauchtem Rand verwendet, aus dem der Werkstoff zu den verdickten Stellen des Werkstückes fließt.

Soll eine glatte Oberfläche durch Prägen entstehen spricht man vom *Glattprägen*. Es werden dabei durch geringe Kaltstauchungen die rauhen Oberflächen eines Werkstückes geglättet. Größere Maßschwankungen werden hierbei u. U. in Kauf genommen.

Die beim Glattprägen erzielbaren Oberflächenverbesserungen sind abhängig vom Oberflächenzustand vor dem Prägen, von Form und Festigkeit der Werkstücke und von der Formänderung. Je geringer die Ausgangsrauheit ist, desto glatter wird auch die Oberfläche nach dem Prägen. Da sich die Werkzeugoberflächen auf den Werkstücken abbilden, muß man feingeschliffene oder geläppte Werkzeugflächen verwenden.

Durch Maßprägen kann man bestimmte Dickenmaße an Gesenkschmiedestücken herstellen (Bild B/64) und somit die Genauigkeit eines durch Gesenkschmieden gefertigten Teiles verbessern. Die erzielbare Genauigkeit wird durch

- Maßschwankungen der Gesenkschmiedestücke und
- Auffederung des Pressengestelles bzw. der Abstandsstücke unter der Prägekraft F

beeinflußt (Bild B/65). Daraus ergeben sich unterschiedliche Präge- bzw. Stauchmaße.

Die Folge sind für jedes Werkstück verschiedene Formänderungsverhältnisse φ_h, die zu unterschiedlichen Umformkräften führen [42].

Die zum Prägen erforderliche größte Umformkraft ergibt sich allgemein gemäß Gl. (I/2)

$$F = k_{we} \cdot A_d \quad \text{in N}$$

Darin bedeuten k_{we} den Formänderungswiderstand gegen Ende der Umformung und A_d die fertig geprägte Fläche.

- *Beispiel B/5:*
  Vollprägen einer Stahlscheibe gemäß Bild B/62. Zu berechnen ist die Umformkraft.
  Gegeben sind: Abmessung der geprägten Fläche D = 80 mm;
  Formänderungswiderstand: k_{we} = 400 N/mm²

- *Lösung:*
  Geprägte Fläche: $A_d = \dfrac{\pi D^2}{4} = 1600 \cdot \pi \approx 5030$ mm²

  Prägekraft: F = 400 N/mm² $\cdot$ 5030 mm² = 2010 kN

- *Ergebnis:*
  Prägekraft F = 2010 N.

Oberflächenbeschaffenheit und Schmierung der Berührungsflächen beeinflussen den Formänderungswiderstand; außerdem haben die Abmessungen des Werkstückes einen großen Einfluß. Da es sich um überwiegend dünne Teile handelt, deren Verhältnis von Durchmesser zu Höhe sehr groß ist, trifft man bei gleichem Durchmesser für verschieden dicke Werkstoffe auf stark unterschiedliche Formänderungswiderstände.

Beim Prägen von legierten Stählen liegen die k_w-Werte an der Grenze der Druckfestigkeit hochfester Gesenkwerkstoffe. In Tabelle B/11 werden einige Richtwerte angegeben [33].

Je schärfer die Kanten und Ecken ausgeprägt werden, um so höher ist k_w bei der Berechnung der erforderlichen Umformkraft zu wählen.

Die Genauigkeit der auf Maß geprägten Werkstücke hängt ab von Arbeitsverfahren, Werkstückform, Umformkräften, Werkzeugstoff und Werkzeugkonstruktion. Bei Gesenkschmie-

Tabelle B/11 k_{we}-Werte

Werkstoff	Gravurprägen N/mm²	Vollprägen N/mm²
Aluminium 99 %	50 ... 80	80 ... 120
Aluminiumlegierungen	bis 150	bis 350
Messing 63	200 ... 300	1500 ... 1800
Kupfer, weich	200 ... 300	800 ... 1000
Kupfer, hart	300 ... 500	1000 ... 1500
Nickel, rein	300 ... 500	1600 ... 1800
Neusilber	300 ... 400	1800 ... 2200
Stahl USt 12−13	300 ... 400	1200 ... 1500
Rostfreier Stahl 18/8	600 ... 800	2500 ... 3200
Silber	−	1500 ... 1800
Gold	−	1200 ... 1500

destücken können bei gedrungenen Teilen (Stauchverhältnis $d/h = 1$) die ISA-Qualitäten IT 11 ... IT 9 erreicht werden. Bei Werkstücken mit größerer Festigkeit kann sich die Genauigkeit wegen der Aufwölbung der geprägten Fläche um eine Qualität verschlechtern. Ähnlich wirken sich flache Werkstücke aus, bei denen die Aufwölbung der Stauchbahn und damit der Werkstückfläche mit zunehmender Stauchung zunimmt. Bei ringförmigen Werkstücken kann die Genauigkeit auf IT 8 verbessert werden. Das gleiche Ergebnis erzielt man bei Werkzeugen mit Hartmetalleinsätzen. Mit ihnen können die Formfehler wegen des höheren Elastizitätsmoduls von Hartmetall sehr verringert werden.

b) Einsenken

Nach DIN 8583 ist Einsenken das Eindrücken eines Formwerkzeuges in ein Werkstück zum Erzeugen einer genauen Innenform z.B. eines Gesenkes. Dabei wird der Gesenkblock kalt oder schmiedewarm umgeformt. Die Erzeugung einer Hohlform kann auf diese Weise sehr wirtschaftlich werden, wenn vor allem mehrere gleiche Gesenke hergestellt werden sollen. Einsenkstempel sind als erhabene Formen leichter herzustellen als hohle Gravuren. Der Einsenkstempel wird unter einer ölhydraulischen Einsenkpresse langsam in das Werkstück eingedrückt. Bild B/66 zeigt die Werkzeuganordnung beim Einsenken. Zwischen den am Pressenkolben und der Rahmenabstützung befestigten gehärteten Unterlagen befindet sich der Stempel, der unter dem Druck der Umformkräfte in den Gesenkblock eindringt. Dabei wird das seitliche Ausweichen des Gesenkwerkstoffes durch den vergüteten Haltering verhindert.

Die größere Genauigkeit wird beim Kalteinsenken erreicht. Es ist aber wegen der hohen auftretenden Druckspannungen von 2000 ... 3000 N/mm² auf Teile mit Flächen von 150 mm² beschränkt, da die Preßkräfte der verfügbaren Einsenkpressen 30 000 kN nicht überschreiten.

Bei diesem Verfahren ist eine hochdruckfeste Schmierung wichtig; sie wird durch Verkupferung der Berührungsflächen zwischen Werkzeug und Werkstück unter Zusatz von HochdrucKölen oder Molybdändisulfid erreicht. Die Einsenkgeschwindigkeiten sind sehr gering und liegen zwischen 0,003 ... 0,2 mm/s. Man kann entweder auf genaue Tiefe oder bis zu einer bestimmten Druckspannung einsenken. Wird die gewünschte Einsenktiefe bei

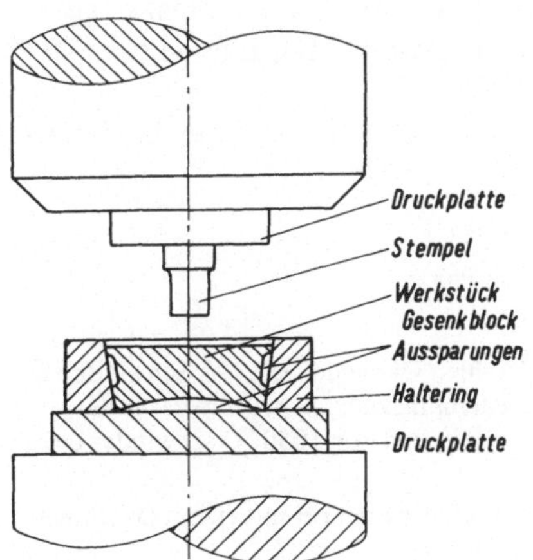

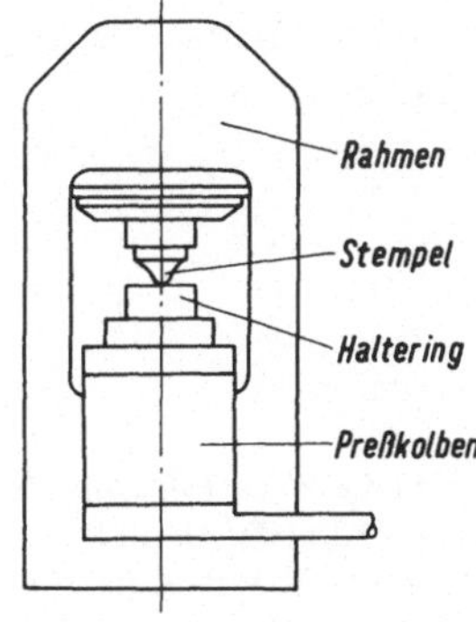

Bild B/66 Werkzeugsatz und Presse zum Kalteinsenken von Gesenken [2]

der eingestellten Größe der Druckspannung nicht erreicht, wird der Einsenkvorgang nach
einer Entfestigung des Werkstückes durch Glühen wiederholt. Die Größe der erforderlichen Druckspannung beträgt etwa [40]:

$$p = 4{,}5 \cdot k_f \ \text{in N/mm}^2 \qquad\qquad\qquad (B/9)$$

wobei die Formänderungsfestigkeit k_f aus der Fließkurve für eine angenäherte Formänderung

$$\varphi = 33 \cdot \frac{t}{d} - 1 \ \text{in} \ \% \qquad\qquad\qquad (B/10)$$

entnommen wird. Darin ist d der Stempeldurchmesser und t die Einsenktiefe.

- **Beispiel B/6:**
  Herstellung einer zylindrischen Einsenkung. Zu berechnen ist die erforderliche Einsenkkraft.
  Gegeben sind: Einsenktiefe t = 12 mm; Stempeldurchmesser d = 40 mm. Für den Gesenkwerk-
  stoff werde die Fließkurve Bild I/9 zugrunde gelegt.

- **Lösung:**
  Fläche: $A = \dfrac{\pi}{4} \cdot d^2 = 400 \, \pi \ \text{mm}^2 \approx 1256 \ \text{mm}^2$
  Formänderung: $\varphi_{max} = 33 \cdot \dfrac{12}{40} - 1 = 8{,}9 \ \%$
  Formänderungsfestigkeit:
  aus Bild I/9 für φ = 9 % = 0,09 wird k_f = 390 N/mm^2
  Umformdruck: $p = 4{,}5 \cdot k_f = 1755 \ \text{N/mm}^2$
  Einsenkkraft: $F = p \cdot A = 1755 \ \text{N/mm}^2 \cdot 1256 \ \text{mm}^2$

- **Ergebnis:**
  Einsenkkraft: F = 2200 kN

Das Warmeinsenken erfolgt wie das Kalteinsenken. Der Stempel muß lediglich um das
Schwindmaß[1] des verwendeten Werkstückstoffes größer hergestellt werden.
Eingesenkte Werkzeuge haben gegenüber den spanend gefertigten Gesenken den Vorteil
eines ungestörten Faserverlaufes. Die Standmenge dieser Gesenke ist 1,5 ... 3mal so groß
wie die Standmenge der durch Zerspanung hergestellten Gesenke. Ein Einsenkstempel
hält etwa hundert Einsenkungen stand.

---

[1] Beim Erwärmen dehnen sich die Werkstoffe aus; beim Abkühlen schwinden sie. Das Schwindmaß
errechnet sich aus: $\lambda = \alpha \cdot \vartheta \cdot 100$ (%). Darin ist α = Wärmedehnungszahl, ϑ = Temperatur des
schmiedewarmen Werkstückes, z.B. Werkstoff mit $\alpha = 18 \cdot 10^{-6}$ und ϑ = 1050 °C schwindet bei
Abkühlung um $\lambda = 18 \cdot 10^{-6} \cdot 1050 \cdot 100 = 1{,}89 \ \%$.
Zur Erzeugung einer Einsenkung von 50 mm Durchmesser muß der Stempel mit einem Durchmesser von 50 mm + 50 · 1,89/100 mm $\approx$ 50,95 mm ausgeführt werden.

C Pressen

Das *Pressen* gehört zu den Druckumformverfahren, die nach DIN 8583 als Durchdrücken in die Verfahren Verjüngen, Strangpressen und Fließpressen eingeteilt werden. Dabei handelt es sich um teilweises oder vollständiges Hindurchdrücken eines Werkstückes durch eine formgebende Werkzeugöffnung unter Verringerung des Querschnittes oder des Durchmessers.

1 Verjüngen

Durch Verjüngen wird meist nur eine kleine Formänderung am Ende eines Werkstückes bewirkt. Je nachdem, ob es darauf ankommt, den Durchmesser eines Vollkörpers oder eines Hohlkörpers zu reduzieren, spricht man vom *Verjüngen von Vollkörpern* (Bild C/1) oder vom *Verjüngen von Hohlkörpern* (Bild C/2). Das Verjüngen wird angewendet, wenn beim Durchziehen eines Stabes sein Ende für die Aufnahme im Durchziehwerkzeug vorbereitet wird.

2 Strangpressen

a) Strangpreßverfahren

Das *Strangpressen* ist ein Verfahren, bei dem für das erzeugte Halbzeug keine *Längenbegrenzung* vorgeschrieben wird.

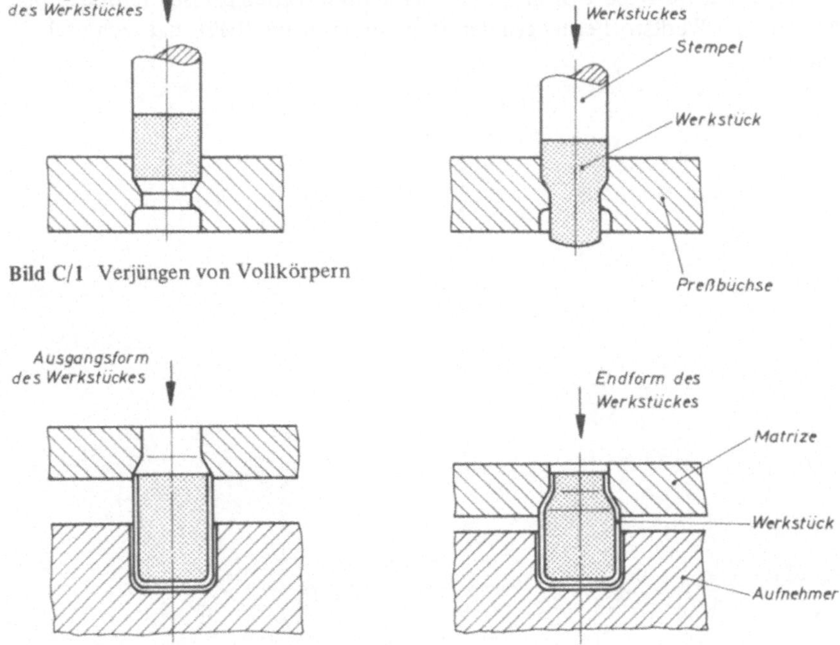

Bild C/1 Verjüngen von Vollkörpern

Bild C/2 Verjüngen von Hohlkörpern mit Aufnehmer

Man unterscheidet das Strangpressen mit *starren Werkzeugen* und *mit Wirkmedien*. Entsprechend der Vorzugsrichtung des entstehenden Stranges teilt man in

Vorwärtsstrangpressen
Rückwärtsstrangpressen
Querstrangpressen

ein.

Zylindrische Blöcke (bei Nichteisenmetallen durch Gießen, bei Stahl durch Walzen hergestellt) werden im Blockaufnehmer oder Rezipienten durch einen Stempel unter so hohen Druck gesetzt, daß der Werkstoff zu fließen beginnt und durch den formgebenden Durchbruch einer Matrize als Strang austritt. Die Möglichkeiten zur Herstellung verschiedener Profilformen sind sehr vielseitig, zumal auch Rohre und andere Hohlprofile gepreßt werden können. Je nach Form und Größe des Stranges können mehrere Stränge gleichzeitig gepreßt werden.

Diese Art zur Herstellung von Profilsträngen wurde zu Beginn des 19. Jahrhunderts von *S. Bramah* erstmalig zum Pressen von Bleirohren benutzt. Das Strangpressen von höher schmelzenden Legierungen gelang *A. Dick* zuerst um 1900. Bei Stahl liegen die Verarbeitungstemperaturen weit höher als bei Nichteisenmetallen. Dadurch und durch die hohen Umformdrücke konnte Stahl erst gegen Ende der dreißiger Jahre zu Strängen gepreßt werden, nachdem in Glas ein geeignetes Schmiermittel gefunden war.

Die wesentlichen Grundarten des Strangpressens sind in Bild C/3 dargestellt. Danach unterscheidet man zunächst das *unmittelbare Strangpressen* (*Vorwärtsstrangpressen* in Bild C/3a und C/3b), bei dem der Werkstoff in der gleichen Richtung fließt, in der sich der Stempel bewegt. Das *mittelbare Strangpressen* (*Rückwärtsstrangpressen* in Bild C/3c und C/3d), bei dem der Werkstoff entgegen der Stempelbewegung fließt, hat technisch weniger Bedeutung.

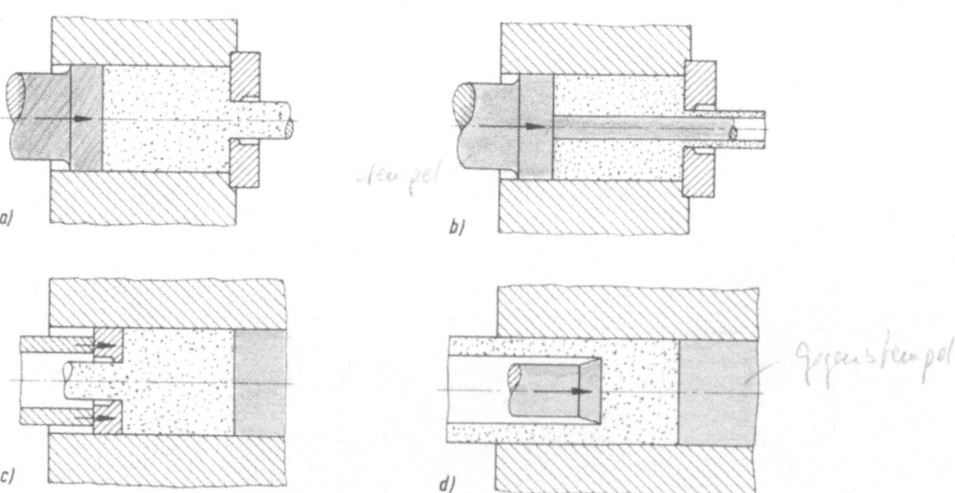

Bild C/3 Grundarten des Strangpressens

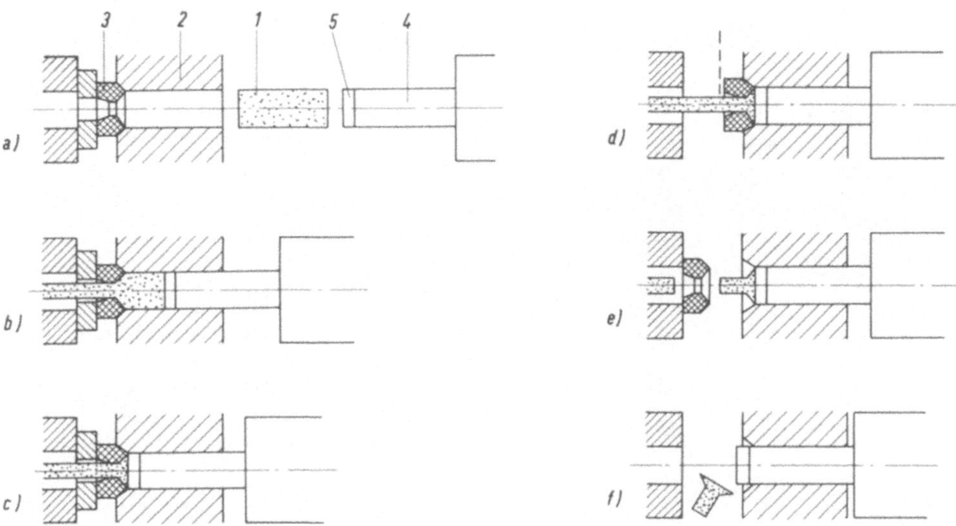

Bild C/4 Arbeitsstufen beim Strangpressen

Bild C/4 zeigt die wichtigsten Arbeitsstufen beim Vorwärtspressen eines Vollprofils. Ein auf Preßtemperatur erhitzter Block (1) wird in den zylindrischen Blockaufnehmer (2) der meist liegenden Strangpresse geschoben. Die Ausgangsöffnung des Aufnehmers ist durch eine Matrize (3) mit dem der Profilform entsprechenden Durchbruch geschlossen. Die Eingangsöffnung wird nach dem Laden durch den Preßstempel (4) mit vorgelegter Preßscheibe (5) abgedichtet.

Zu Beginn des Pressens staucht der Stempel den Block, der einen kleineren Durchmesser als die Aufnahmebohrung hatte, bis er den Aufnehmer vollständig ausfüllt. Dann beginnt der Strang aus der Matrize auszutreten (Bild C/4b). In der Endstellung bleibt ein Preßrest (Bild C/4c) in der Matrize; er wird vom Strang getrennt (Bild C/4d) und nach dem Abziehen der Matrize (Bild C/4e) ausgestoßen (Bild C/4f).

Soll ein Hohlprofil gepreßt werden, so verwendet man eine Preßmatrize mit entsprechender Profilform und einen Dorn (s. Bild C/3b), der die Innenprofilform besitzt. Der Block wird in diesem Fall vorgebohrt. Der Preßdorn bleibt mit seiner Spitze in der Matrize stehen; danach preßt der Stempel den Werkstoff zwischen Matrize und Dorn, so daß ein Hohlprofil entsteht.

Schließlich sind noch zwei Verfahren zur Herstellung von Hohlprofilen zu nennen, die sich besonders für schwierige Hohlprofile eignen [29]. Sie sind auch in normalen Strangpressen, die nicht mit einem Dorn ausgerüstet sind, mit besonderer Werkzeugkonstruktion möglich; als Werkstoffe eignen sich Reinaluminium oder Pantal, die gut zusammenschweißen. Dieses Verfahren arbeitet mit der *Kammer-* oder *Bügelmatrize* (Bilder C/5 und C/6).

Beim *Kammerpreßverfahren* besteht die Matrize aus zwei Teilen. Das Metall dringt beim Pressen durch die Durchbrüche (*a*) des oberen Matrizenteiles (1) in die Vorkammer. Hier schweißt das durch die Durchbrüche getrennte Material wieder zusammen und fließt in der unteren Matrizenhälfte (2), entsprechend dem gewählten Querschnitt, als Hohlprofil

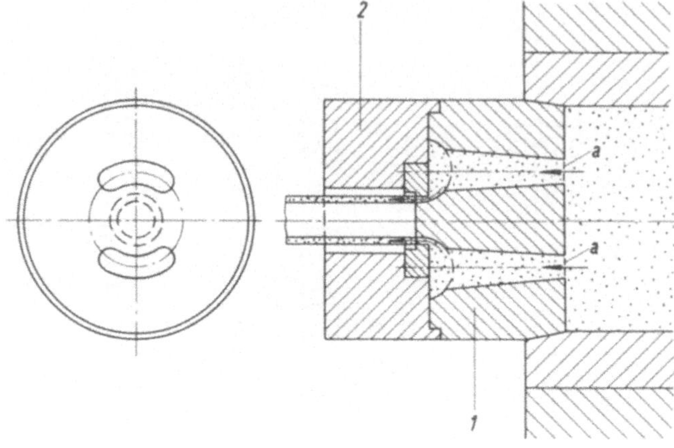

Bild C/5

Kammermatrize zum
Strangpressen von
Hohlprofilen [29]

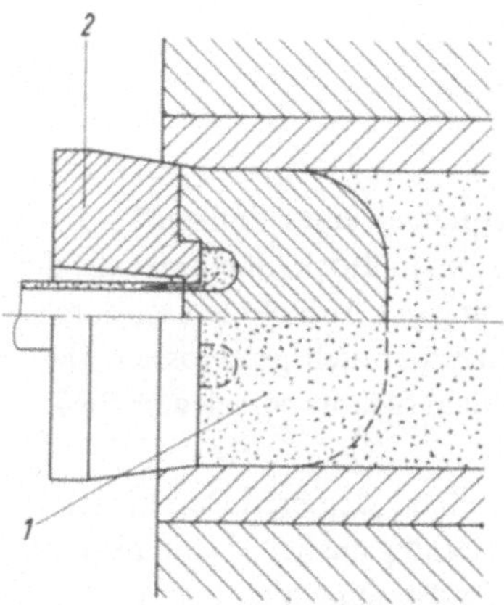

Bild C/6 Bügelmatrize zum Strangpressen von Hohlprofilen [29]

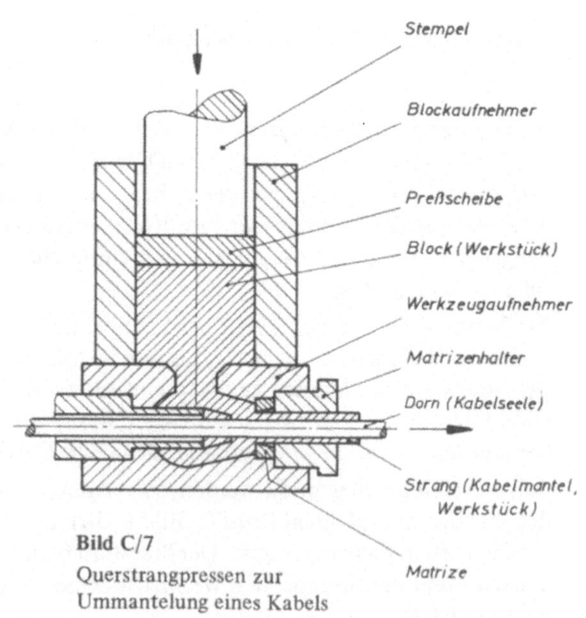

Bild C/7

Querstrangpressen zur
Ummantelung eines Kabels

aus. Beim *Bügelpreßverfahren* wird das Metall durch einen abgerundeten Steg (1), der mit
dem Dorn in den Durchbruch des unteren Matrizenteiles (2) hineinragt, in Fließrichtung
getrennt. Hinter diesem Steg schweißt der Werkstoff zusammen und fließt als Hohlprofil
aus der Matrize. Kammer- und Bügelpreßverfahren haben den Vorteil, daß vom ungebohr-
ten Block ausgegangen werden kann.

Das Querstrangpressen zur Herstellung eines hohlen oder eines vollen Stranges arbeitet
mit quer zur Preßkraft austretendem Strang. Es wird beispielsweise beim Ummanteln
eines Kabels (Bild C/7) eingesetzt.

Hinsichtlich der Reibverhältnisse unterscheidet man bei den Strangpreßverfahren

1. *Pressen mit Schale und trockenem Blockaufnehmer und*
2. *Pressen ohne Schale, aber mit geschmiertem Blockaufnehmer.*

Beim ersten Verfahren wird mit einer Preßscheibe gearbeitet, die um einige Millimeter kleiner als die Aufnehmerbohrung ist; sie läßt beim Pressen an der Bohrungswand eine Schale zurück, die nach dem Pressen des Stranges gesondert ausgestoßen wird. Bei dieser Methode können Blöcke verwendet werden, die außen eine Guß- oder Zunderhaut haben. Der Werkstoff fließt von innen in den Strang, und die Verunreinigungen der Blockoberfläche bleiben mit der Schale zurück.

Das zweite Verfahren geht vom gedrehten Metallblock aus, der mit einer kegelig zulaufenden Matrize (125 ... 130°) gepreßt wird (Bild C/8). Die Oberfläche des Blockes bildet sich entsprechend auf der Oberfläche des Stranges ab.

Strangpressen mit Wirkmedien arbeitet mit einer Flüssigkeit zwischen Stempel und umzuformenden Werkstoff. Die Umformkraft wird über die Flüssigkeit übertragen; der Werkstoff steht dabei unter allseitigem gleichmäßigen Druck. Dadurch wird das Formänderungsvermögen verbessert und man kommt mit geringeren Umformkräften aus. Das Fehlen der unmittelbaren Berührung zwischen dem Stempel, dem Aufnehmer und dem Werkstoff verhindert den Verschleiß und beschränkt ihn auf den formgebenden Durchbruch, die Matrize.

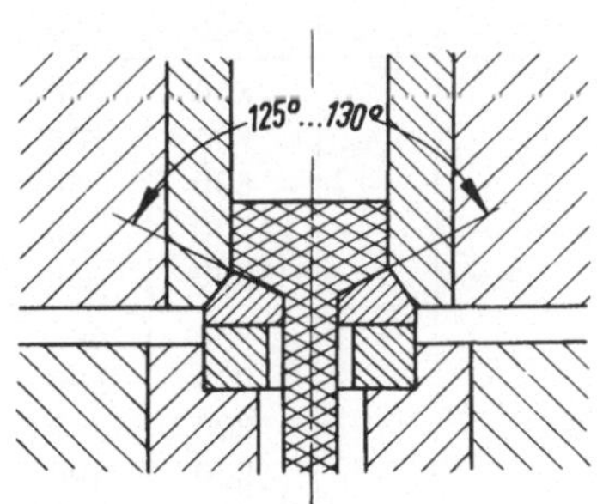

Bild C/8 Strangpressen ohne Schale

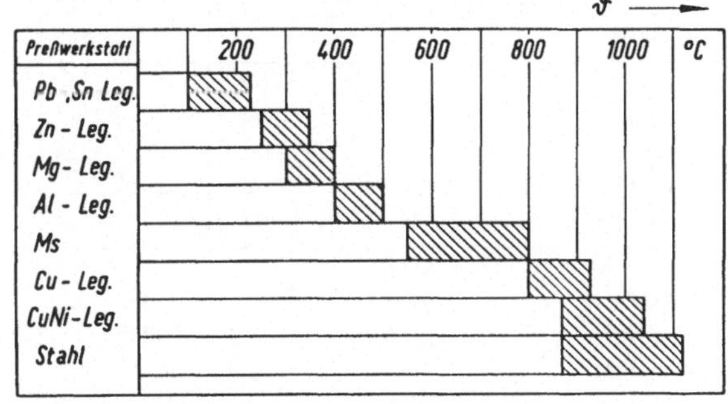

Bild C/9 Bereich der Preßtemperaturen der Strangpreßwerstoffe

b) Arbeitstemperaturen und Geschwindigkeit

Die Umformbarkeit der Strangpreßwerkstoffe hängt in starkem Maße von der *Temperatur* ab, bei der sie verpreßt werden. Dabei haben die Werkstoffe ein besonders hohes Formänderungsvermögen. Bild C/9 zeigt die Temperaturen verschiedener Werkstoffe, bei denen die Umformdrücke am geringsten sind und ein günstiges Formänderungsvermögen vorhanden ist. Strangpreßbar sind demnach alle Werkstoffe, die sich für Warmarbeit eignen. Angefangen von Blei- und Zinnlegierungen bei Temperaturen um 100 ... 230 °C reicht die Skala der Werkstoffe über Zink-, Magnesium- und Aluminiumlegierungen sowie Messing und Kupfer- und Kupfer-Nickel-Legierungen bis zu Stahl, der etwa ab 870 °C bis über 1100 °C durch Strangpressen verarbeitet wird. Nach *Laue* [28] ergibt sich die Zusammenstellung

Tabelle C/1　Werkstoffauswahl zum Strangpressen [28]

Legierung	Richtanalyse									max. Preßdruck N/mm²	max. Umformgrad $A_1 : A_0$
	Al	Cu	Mg	Mn	Ni	Pb	Si	Sn	Zn		
C Cu	–	99,5	–	–	–	–	–	–	–	800	280
Ms 58 u. SoMs	–	58	–	–	–	(Z)	–	–	42	700	700
Ms 63	–	63	–	–	–	–	–	–	37	700	600
Ms 68	–	68	–	–	–	–	–	–	32	800	450
Ms 87	–	87	–	–	–	–	–	–	13	800	100
70/29/1	–	70	–	–	–	–	–	1	29	1000	80
76/22/2	2	76	–	–	–	–	–	–	22	1000	80
AlBz 4	4	96	–	–	–	–	–	–	–	1000	100
AlBz 9	9	91	–	–	–	–	–	–	–	1000	100
SnBz 4	–	96	–	–	–	–	–	4	–	1000	30
SnBz 8	–	92	–	–	–	–	–	8	–	1000	30
PbBz	–	96	–	–	–	4	–	–	–	1000	30
SiBz 2	–	96	–	1	–	–	3	–	–	1000	30
SonderBz	–	90	–	–	4	–	–	6	–	1000	30
AgBz	–	98	–	–	–	–	–	–	Ag2	800	50
CuNi 70/30	–	70	–	–	30	–	–	–	–	1000	30
CuNiZn 72/18/10	–	72	–	–	18	–	–	–	10	1000	30
Ni 98	–	–	–	–	98	–	–	–	–	1000	80
Rein Mg	–	–	99,8	–	–	–	–	–	–	800	200
MgMn	–	–	98	2	–	–	–	–	–	800	100
MgAl 3	3	–	97	–	–	–	–	–	–	800	80
MgAl 6	6	–	94	–	–	–	–	–	–	1000	60
MgAl 9	9	–	91	–	–	–	–	–	–	1000	60
Rein Al	99,8	–	–	–	–	–	–	–	–	800	1000
AlMn	98,8	–	–	1,2	–	–	–	–	–	800	500
AlMgSi	96,6	–	1,2	0,8	–	–	1,4	–	–	800	250
AlMgMn	96,5	–	2,5	1	–	–	–	–	–	800	100
AlMg 3	96,8	–	3	0,2	–	–	–	–	–	1000	80
AlCuMg	93,5	4	1,5	1	–	–	–	–	–	1000	80
AlMg 5	94,5	–	5	0,5	–	–	–	–	–	1000	70
AlMg 7	92,5	–	7	0,5	–	–	–	–	–	1000	60
AlMg 9	90,5	–	9	0,5	–	–	–	–	–	1000	60
AlZnMgCu	95,8	1	2,7	0,5	–	–	–	–	–	1000	80
Feinzink	–	–	–	–	–	–	–	–	99,5	800	200
ZnAl 4	4	–	–	–	–	–	–	–	96	1000	60
ZnCu 4	–	4	–	–	–	–	–	–	96	1000	60
ZnAlCu	4	1	–	–	–	–	–	–	95	1000	50

von Umformwerkstoffen in Tabelle C/1. Darin sind der größte Stempeldruck und der
höchste Umformgrad enthalten, die bei erträglicher Beanspruchung der Werkzeuge noch
erreicht werden können.

Die *Blocktemperatur* unterscheidet sich von der *Strangaustrittstemperatur*, die zum Teil erheblich über der Blocktemperatur liegen kann. Durch die innere Reibung und Schiebung im Werkstoff während der Umformung wird ein Teil der Umformarbeit in Wärme umgewandelt, die zu einer Temperatursteigerung führt. Der Wärmegewinn hängt vom Werkstoff und vor allem von der Geschwindigkeit ab, mit der er aus der Matrize tritt.

Je größer die Umformgeschwindigkeit ist, desto höher wird auch die durch innere Reibung entstehende Wärme. Die Formänderungsfestigkeit wird geringer, wenn sich durch den Wärmegewinn eine höhere Temperatur im Umformwerkstoff einstellt. Dadurch sinkt die Preßkraft (Bild C/10, Linie *b*) mehr, als es sonst bei gleichbleibender Temperatur (isothermes Pressen) der Fall ist (Bild C/10, Linie *a*). Wird im umgekehrten Fall zu langsam gepreßt, kann der Wärmegewinn die Abkühlung nicht mehr ausgleichen, und die Preßkraft würde längs des Preßweges kaum geringer werden, sondern eher noch ansteigen (Bild C/10, Linie *c*).

Für eine Reihe von Aluminiumlegierungen sind in Tabelle C/2 die Preßtemperatur, Austrittsgeschwindigkeit und der Umformgrad dargestellt. Die Tabelle enthält auch einen Vergleich der Umformzahlen der Legierungen mit Al99.5 und die relative Umformbarkeit im Vergleich zu AlMgSi0,5 [19]. Die höchsten Geschwindigkeiten werden bei Reinaluminium erzielt. Die schwer preßbaren Aluminium-Kupfer-Magnesium-Legierungen erlauben nur Austrittsgeschwindigkeiten je nach Geometrie des Strangquerschnittes zwischen 0,75 und 4 m/min.

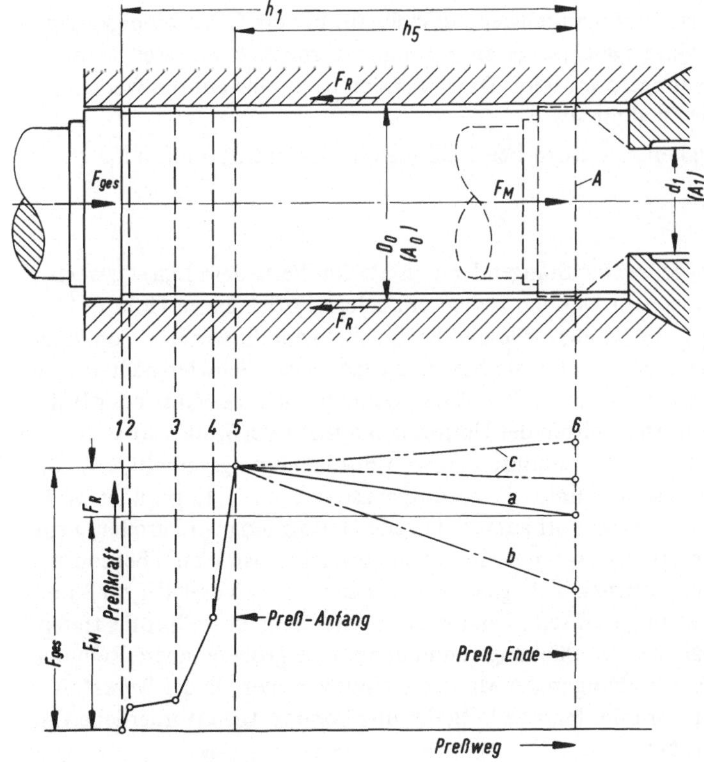

Bild C/10
Kraft-Weg-Schaubild für das Strangpressen [23]

Tabelle C/2 Strangpreßbarkeit ausgewählter Aluminium-Legierungen [19]

DIN-Kurzzeichen	Gruppe [1]	mittlere Preß-temp. °C	Austritts-geschwindigkeit m/min			Max. Um-form-grad	Mittleres Verpres-sungs-Verhältnis $\dfrac{A_0}{A_1}$	Um-form-zahl Al 99,5 = 1	Relative Verpreßbarkeit [2] im Vergleich zu AlMgSi 0,5 (= 100 %)
			A	B	C				
Al 99,5	1	420	100	80	60	1 : 1000	15 ... 150	1	160 (E-Al)
AlMn	1	450	70	60	40	1 : 500	15 ... 80	$\geqslant 3$	120 (AlMnCu)
AlMgSi 0,5	2	460 ... 480	80	50	40	1 : 400	15 ... 80	3	100
AlMgSi 1	3	550 ... 530	15	12	6	1 : 200	15 ... 80	10	60 (AlMgSiCu)
AlZnMg 1	3	480 ... 500	12	8	4	1 : 200		10	–
AlMgMn	3	450	15	10	5	1 : 100	15 ... 60	15	–
AlSi 5	3	520	10	8	4	1 : 80	15 ... 40	20	–
AlMg 3	3	460	6	5	3	1 : 80	15 ... 6	20	–
AlMg 5	4	460	5	4	2	1 : 60	15 ... 50	25	25 (AlMg 4 Mn)
AlMg 4,5 Mn	4	430 ... 460	3	2	1	1 : 50	15 ... 40	35	20
AlCuMg 1	4	430	4	3	2	1 : 60	15 ... 40	20	20
AlCuMg 2	5	420	2	1,5	1	1 : 50	15 ... 50	30	15
AlZnMgCu 1,5	5	420	2	1	0,75	1 : 60	15 ... 60	40	9

A Stangen
B einfache Profile gleichmäßiger Wanddicke
C komplizierte Voll- und Hohlprofile

[1] Von 1 nach 5 abnehmende Preßbarkeit
[2] Nach Van Horn et al.

Bei diesen Legierungen verzichtet man teilweise deshalb auf höhere Geschwindigkeiten, weil durch den größeren Wärmegewinn der enge Temperaturbereich verlassen wird, in dem der Werkstoff günstig umgeformt wird. Das wirkt sich nachteilig auf das Werkstoffgefüge und damit auf seine Qualität aus.

Die höchsten Geschwindigkeiten werden bei Stahl erzielt, der mit 360 m/min aus der Matrize austritt.

c) Kraftbedarf

Der Querschnitt von stranggepreßten Stangen kann in idealer Weise dem Einsatzzweck und der Beanspruchung angepaßt werden. Neben einfachen Formstangen (Bild C/11) können regelmäßige Vollprofile, Hohlprofile und Profilrohre gepreßt werden. Von ihnen bietet die kreisrunde einsträngig umgeformte Stange die geringsten Schwierigkeiten: Der Querschnitt des austretenden Stranges ist dem Ausgangsquerschnitt des Guß- oder Walzblockes formgleich. In allen Abschnitten der Umformzone fließt der Werkstoff stetig und ungestört. Der Kraftbedarf hängt hier unmittelbar vom Formänderungsverhältnis ab, das durch das Verhältnis Austrittsquerschnitt A_1 zu Ausgangsquerschnitt A_0 gebildet wird. Der Widerstand gegen die dem Werkstoff aufgezwungene Umformung wird größer, wenn die Form des austretenden Stranges von der Kreisform abweicht. Dann kann bei sonst gleichen Formänderungsverhältnissen, d.h. gleichem Querschnitt im Vergleich zur Rundstange, die Massenverteilung ungleich sein. Beim Pressen eines dünnen Vollprofils treten in der Umformzone zusätzliche Verschiebungen und damit eine größere innere Reibung auf. Gleichzeitig ist auch die Reibung in der Matrizenöffnung größer, da der Werkstoff auf einem größeren Umfang mit der Matrize in Berührung kommt. Die erforderliche Umformkraft wird dadurch größer.

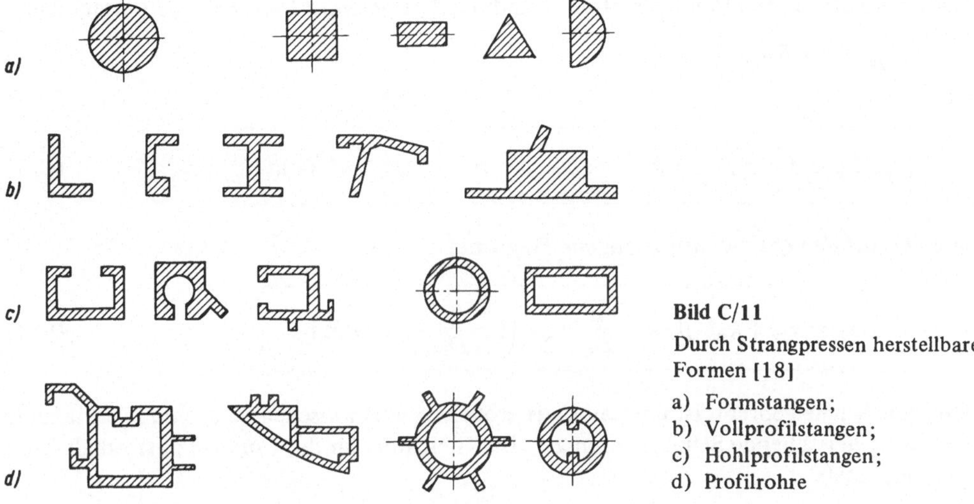

Bild C/11

Durch Strangpressen herstellbare
Formen [18]

a) Formstangen;
b) Vollprofilstangen;
c) Hohlprofilstangen;
d) Profilrohre

Der Kraftverlauf während einer Pressung kann mit Hilfe des Kraft-Weg-Schaubildes
(s. Bild C/10) verfolgt werden. Nach der elementaren Umformtheorie bildet sich vor der
Matrize eine Zone aus, in der der Werkstoff zwar unter Druck steht, aber infolge eines
Staues an der Matrize zunächst nicht an der Umformung teilnimmt. Das gestaute Werk-
stoffvolumen bildet einen Kegel von 45° Neigung. Durch diese Neigung ist die Querschnitts-
ebene A festgelegt, in der die eigentliche Umformkraft wirkt, die den Werkstoff durch die
Matrizenöffnung zwingt. Man kann der Einfachheit halber annehmen, daß die Umformung
des Werkstoffes zum Strang ausschließlich in der kegelförmigen Umformzone stattfindet.
Die hierzu erforderliche *Umformkraft* setzt sich aus dem Formänderungswiderstand, dem
logarithmierten Formänderungsverhältnis und dem Querschnitt in folgender Weise zusammen:

$$F = A_0 \cdot k_\text{w} \cdot \varphi \ \text{ in N} \tag{C/1}$$

Das logarithmierte Formänderungsverhältnis beträgt

$$\varphi = \ln \frac{z \cdot A_1}{A_0} \ ,$$

wenn z die Anzahl der Stränge angibt, die gleichzeitig gepreßt werden. Zur Umformkraft
kommen Reibkräfte hinzu. Durch den hohen Druck wird der Block in der Bohrung des
Blockaufnehmers gestaucht, so daß er auf die Wandung einen radialen Druck ausübt. Während des fortschreitenden Pressens entsteht hier zwischen Werkstoff und Werkzeug eine
Reibkraft [23] von der Größe

$$F_\text{R} = k_\text{w} \cdot \mu \cdot \pi \cdot D_0 \cdot \left[h - \frac{1}{2} \cdot (D_0 - d_1) \right] \ \text{in N} \tag{C/2}$$

Darin bedeutet μ den Reibbeiwert der Wandung. Die *gesamte Umformkraft* beträgt dann:

$$F_{ges} = F + F_R$$

bzw.

$$F_{ges} = A_0 \cdot k_w \cdot \varphi + k_w \cdot \pi \cdot D_0 \cdot \mu \cdot \left[h - \frac{1}{2} \cdot (D_0 - d_1) \right] \text{ in N} \qquad \text{(C/3)}$$

und der *auf den Querschnitt bezogene Preßdruck*

$$p = \varphi \cdot k_w + k_w \cdot \mu \cdot 4 \cdot \left[\frac{h}{D_0} - \frac{1}{2} \cdot \left(1 - \frac{d_1}{D_0} \right) \right] \text{ in N/mm}^2 \qquad \text{(C/4)}$$

Wird mit Schale gepreßt, ist die Reibkraft größer als eine zwischen Schale und verdrängtem Werkstoff herrschende Schubspannung τ. Die Gleichung für die *Umformkraft* erhält dann folgende Gestalt:

$$F = A_0 \cdot k_w \cdot \varphi + \tau \cdot \pi \cdot D_0 \cdot \left[h - \frac{1}{2} \cdot (D_0 - d_1) \right] \text{ in N} \qquad \text{(C/5)}$$

Der *auf den Querschnitt bezogene Preßdruck p* beträgt:

$$p = \varphi \cdot k_w + \tau \cdot 4 \cdot \left[\frac{h}{D_0} - \frac{1}{2} \cdot \left(1 - \frac{d_1}{D_0} \right) \right] \text{ in N/mm}^2 \qquad \text{(C/6)}$$

Durch Vergleich der Gleichungen für das Pressen mit und ohne Schale stellt man fest, daß im Grenzfall

$$\tau = \mu \cdot k_w$$

ist. Bei der Bestimmung des Formänderungswiderstandes geht man nach der Gleichung

$$k_w = \frac{k_f}{\eta_F}$$

von der Formänderungsfestigkeit k_f aus. Der Formänderungswirkungsgrad liegt für die Kaltumformung zwischen 0,4 und 0,8, für die Warmumformung zwischen 0,2 und 0,6. Bei unrunden Strängen wird ein Formfaktor eingeführt, der dem größeren Widerstand gegen die Umformung Rechnung trägt. Er beträgt z.B. [23] für das Pressen eines kreuzförmigen Stranges $f = 1{,}28$ (Bild C/12), so daß in der Kraftberechnung der 1,28-fache Wert eingesetzt werden muß.

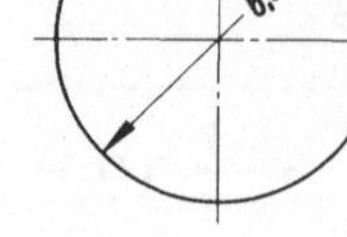
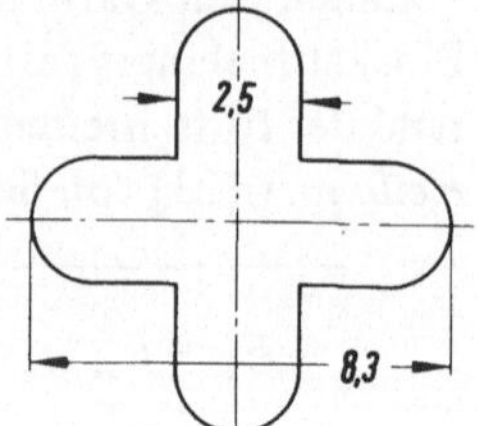

Bild C/12
Unterschiedliche Querschnittsform

- *Beispiel C/1:*
  Strangpressen eines kreisrunden Stranges ohne Schale aus Al 99,5. Zu berechnen ist die erforderliche Preßkraft.
  Gegeben sind: Durchmesser des Blockes D_0 = 200 mm; Länge des Blockes h_0 = 400 mm; Durchmesser des Stranges d_1 = 32 mm; Reibbeiwert (angenommen) μ = 0,2; Preßtemperatur ϑ = 440 °C; Formänderungsfestigkeit k_f = 27 N/mm^2; Formänderungswirkungsgrad η_F = 0,4 (angenommen). Vereinfacht gilt $h = h_0$.

- *Lösung:*
  Blockquerschnitt: $A_0 = \dfrac{\pi \cdot D_0^2}{4}$ = 31 416 mm^2

  Strangquerschnitt: $A_1 = \dfrac{\pi \cdot D_1^2}{4}$ = 804 mm^2

  Formänderungsverhältnis: $\varphi = \ln \dfrac{A_1}{A_0} = \ln \dfrac{1}{39} = -\,3,66$

  Formänderungswiderstand: $k_w = \dfrac{k_f}{\eta_F} = \dfrac{27}{0,4}$ N/mm^2 = 67,5 N/mm^2

  Umformkraft: $F = A_0 \cdot k_w \cdot \varphi$ = 31 416 · 67,5 · 3,66 = 7750 kN

  Reibkraft: $F_R = k_w \cdot \pi \cdot D_0 \cdot \mu\,[\,h_0 - \tfrac{1}{2} \cdot (D_0 - d_1)\,]$

  $\qquad F_R = 67,5 \cdot \pi \cdot 200 \cdot 0,2\,[400 - \tfrac{1}{2}\,(200 - 32)]\,\text{N} = 2680\ \text{kN}$

  erforderliche Preßkraft: $F_{ges} = F + F_R$ = 7750 + 2680 = 10 430 kN

- *Ergebnis:*
  Preßkraft F_{ges} = 10 430 kN

Betrachtet man das Kraft-Weg-Diagramm (s. Bild C/10) des Strangpreßvorganges, so ergibt sich folgendes Bild: Der Stempel trifft im Blockaufnehmer auf den Block (1) und staucht ihn (2 bis 3), bis der sich ausbauchende Block die Bohrungswand berührt und Reibkräfte entstehen. Diese wachsen mit zunehmender Stauchung, bis der Block die Aufnehmerbohrung richtig ausfüllt (4) und der eigentliche Formänderungswiderstand erreicht ist (5). Kurz vor dem Höchstwert der Stempelkraft setzt der Strangpreßvorgang ein. Der Stempel verdrängt den Werkstoff durch die Matrizenöffnung aus der Bohrung des Blockaufnehmers, so daß die Reibungslänge zwischen Werkstoff und Werkzeug immer kürzer wird. Die Reibkräfte werden daher geringer und damit auch die Umformkraft im Stempel. Überschreitet die Stempelstirnfläche die Ebene A (6), wird der Werkstoff in der Stauzone zwangsläufig an der Umformung beteiligt. Er muß durch den immer enger werdenden Raum zwischen Stempelstirnfläche und Matrize in die Austrittsöffnung fließen. Die Stempelkraft steigt daher zuletzt wieder steil an: der Preßvorgang ist zu Ende. Ein Preßrest, der nicht mehr ausgepreßt werden kann, bleibt zurück. Der Preßbeginn in Bild C/10 wurde der Übersichtlichkeit wegen stark auseinandergezogen. In Wirklichkeit spielt sich dieser Vorgang nur auf einem sehr kurzen Preßweg ab.

d) Strangpreßwerkzeuge

Bild C/13 zeigt den Werkzeugsatz einer liegenden Rohr- und Strangpresse. Das wichtigste Werkzeug zum Strangpressen ist die Matrize, die aus dem Einsatz (1), dem Matrizeninnenbesatz (2) und dem Matrizenhalter (3) besteht. Die Matrize wird auf einer Druckplatte (4), die auch als Keilverschluß ausgeführt werden kann, abgestützt; sie ruht wiederum auf dem eigentlichen Werkzeughalter (5).

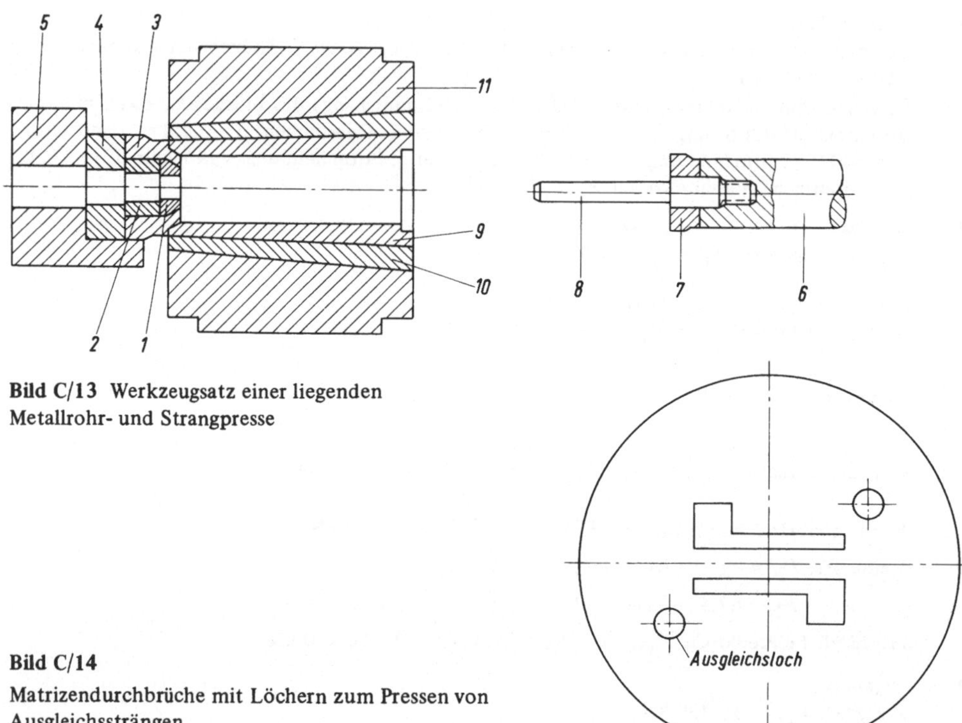

Bild C/13 Werkzeugsatz einer liegenden
Metallrohr- und Strangpresse

Bild C/14
Matrizendurchbrüche mit Löchern zum Pressen von
Ausgleichssträngen

Der Einsatz besitzt den formgebenden Durchbruch und ist nach dem Erliegen durch Verschleiß zu ersetzen. Der Matrizeneinsatz soll durch geeignete Ausbildung neben der Formgebung auch den Werkstofffluß begünstigen und den axialen Umformkräften in der Wärme widerstehen. Bei ungleicher Massenverteilung kann es wegen des damit verbundenen ungleichmäßigen Werkstoffflusses zweckmäßig sein, Ausgleichsstränge mitzupressen oder an Stellen geringer Reibung zusätzliche Bremsstrecken in der Matrize vorzusehen. Bild C/14 zeigt die Ansicht eines Matrizeneinsatzes zum Pressen von zwei gleichen Profilen, wobei jeweils ein zusätzlicher Strang als Symmetrieausgleich mitgepreßt wird. Matrizen werden wegen ihrer hohen thermischen Wechselbeanspruchung aus dauerstandfesten und verschleißbeständigen Chrom- und Chrom-Nickel-Stählen mit Wolfram- und Molybänzusatz hergestellt. Bei kleineren Profilabmessungen fertigt man die Einsätze aus Hartmetall.

Der Stempel (6) in Bild C/13, der die Preßkräfte einleitet, trägt die Preßscheibe (7) und gegebenenfalls einen Dorn (8). Abgesehen von den gleichfalls hohen thermischen Beanspruchungen, besonders in der Preßscheibe und im Dorn, werden die axialen Kräfte ohne Schwierigkeiten aufgenommen. Der Blockaufnehmer, der aus der Innenbuchse (9), Zwischenbuchse (10) und den Mantel (11) besteht, hat, wie die Matrize beim Fließpressen, die hohen radialen Umformdrücke aufzunehmen.

Er ist daher auch als Preßpaßverband ausgeführt, bei dem die äußeren Buchsen die Innenbuchse vorspannen, so daß im Ruhezustand im Innenteil Druckspannungen herrschen. Zugspannungen entstehen in der Innenwand des Blockaufnehmers erst, wenn durch die Umformdrücke die Vorspannungen abgebaut sind.

Tabelle C/3 Warmstreckgrenze von Blockaufnehmerstählen [28]

Benennung nach DIN 17 006	Werk-stoff-Nr.	Vergütungs-festigkeit bei Raumtempe-ratur N/mm²	Warmstreckgrenzen σ_S [N/mm²]							
			300 °C	350 °C	400 °C	450 °C	500 °C	550 °C	600 °C	650 °C
30 WCrV179	2567	1400...1500	1150	1080	1100	920	820	680	550	420
30 WCrV15	2564	1400...1500	1100	1050	970	900	800	650	500	–
–	2560	1400...1500	1100	1050	950	850	700	520	380	200
X28CrMoV33	2365	1400...1500	1150	1100	1050	950	820	680	500	400
40CrMoV21	2343	1300...1400	1050	1000	940	870	770	610	380	–
45CrMoV67	2323	1300...1400	980	930	890	800	720	560	350	–
40CrMnMo7	2311	1100...1200	900	840	780	700	550	350	–	–

Da die Streckgrenze mit zunehmender Temperatur sinkt (Tabelle C/3), ist in der Berechnung jeweils die Streckgrenze bei der Arbeitstemperatur des Blockaufnehmers einzusetzen.

Blockaufnehmer werden elektrisch durch Induktion oder durch Widerstandserwärmung beheizt, damit der Block nicht zu schnell abkühlt. Die Heizung ist meist in achsenparallelen Bohrungen im Blockaufnehmermantel untergebracht. Dadurch wird der Querschnitt des Mantels geschwächt, so daß die Tragfähigkeit verringert wird.

Berechnung

Der *Aufnehmer*, durch den der Rohling gepreßt wird, kann vereinfachend als ein dickwandiges Rohr aufgefaßt werden [16]. Der größte zulässige Innendruck, der einem einfachen Rohr dieser Art zugemutet werden darf, beträgt

$$p_r = \frac{1 - Q^2}{2} \cdot \sigma_S \quad \text{in N/mm}^2$$

Hierin bedeutet σ_S die Streckgrenze und Q ist gemäß DIN 7190 das *Verhältnis des Innendurchmessers zum Außendurchmesser*

$$Q = \frac{D_I}{D_A} \tag{C/8}$$

Auf dieses Rohr wird ein Außenrohr aufgeschrumpft, das auf das Innenrohr eine Druckvorspannung ausübt. Dadurch wird der zulässige Radialdruck p_r vergrößert. An der Innenwand des Innenteiles ist die Vergrößerung des zulässigen Radialdruckes gleich dem zulässigen Radialdruck, der dem aufgeschrumpften Außenrohr allein zugemutet werden darf [23]. Die zulässigen Radialdrücke, betragen
für das Innenteil:

$$p_{rI} = \frac{1 - Q_I^2}{2} \cdot \sigma_{SI} \quad \text{in N/mm}^2$$

und für das Außenteil:

$$p_{rA} = \frac{1 - Q_A^2}{2} \cdot \sigma_{SA} \quad \text{in N/mm}^2,$$

so daß der *zulässige Radialdruck* für das vorgespannte Umformwerkzeug mit folgender Gleichung berechnet wird:

$$p_r = \frac{1 - Q_I^2}{2} \cdot \sigma_{SI} + \frac{1 - Q_A^2}{2} \cdot \sigma_{SA} \quad \text{in N/mm}^2 \qquad \text{(C/9)}$$

Wenn man den Radialdruck p_r auf die Streckgrenze des Innenteiles bezieht, ergibt sich:

$$\frac{p_r}{\sigma_{SI}} = \frac{1 - Q_I^2}{2} + \frac{1 - Q_A^2}{2x} \qquad \text{(C/10)}$$

Dabei wurde für

$$\frac{\sigma_{SI}}{\sigma_{SA}} = x \qquad \text{(C/11)}$$

geschrieben. Die Zahl x stellt das Verhältnis dar, um wievielmal die Streckgrenze des Innenteiles größer ($x > 1$) oder kleiner ($x < 1$) als die Streckgrenze des Außenrohres ist. Bei der Werkzeugmaschine ist meist der Raum bekannt, der für die Unterbringung des Werkzeuges zur Verfügung steht; damit ist der Außendurchmesser des Werkzeuges D_{Aa} bestimmt. Der Innendurchmesser D_{Ii} liegt durch die Abmessungen der Rohlinge bzw. der gepreßten Stränge fest. Aus diesen beiden Durchmessern wird das Durchmesserverhältnis gebildet:

$$Q = \frac{D_{Ii}}{D_{Aa}} = \frac{\text{Innendurchmesser des Innenteiles}}{\text{Außendurchmesser des Außenteiles}}$$

Ein Werkzeug mit diesen Abmessungen kann je nach Dicke des Innen- und Außenrohres unterschiedliche Radialdrücke aufnehmen. Den größten Radialdruck erhält man, wenn sich die Durchmesserverhältnisse des Außen- und Innenteiles wie die Wurzel aus dem Streckgrenzverhältnis verhalten:

$$Q_A = \sqrt{x} \cdot Q_I \qquad \text{(C/12)}$$

Da beide *Durchmesserverhältnisse* miteinander zusammenhängen, wird

$$Q = Q_I \cdot Q_A = \sqrt{x} \cdot Q_I^2 = \frac{Q_A^2}{\sqrt{x}} \qquad \text{(C/13)}$$

Damit liegen die Dicken des Innen- und des Außenteiles fest, bei denen die günstigste Aufnahmefähigkeit des Werkzeuges erreicht wird. Aus diesen Beziehungen kann der *Fugendurchmesser*, an dem der Vorspanndruck angreift (s. Bild C/34), errechnet werden:

$$D_F = \sqrt[4]{x} \cdot \sqrt{D_{Ii} \cdot D_{Aa}} \quad \text{in mm} \tag{C/14}$$

Die Schwächung des Mantels wird rechnerisch durch eine Formzahl α berücksichtigt, die von Größe und Lage der Bohrungen abhängt.

Wenn die Bohrungen nicht mehr als 30 % der Wanddicke einnehmen und ihr Teilkreis mindestens um die Wanddicke größer ist als der Fugendurchmesser, kann $\alpha \approx 1{,}2$ gesetzt werden [23]. Unter diesen Voraussetzungen ergeben sich für den **dreiteiligen** Aufnehmer folgende Berechnungsgleichungen [23]:

$$\frac{p_r}{\sigma_{SI}} = \frac{1-Q_I^2}{2} + \frac{1-Q_Z^2}{2 \cdot x_{IZ}} + \frac{1-Q_A^2}{2 \cdot x_{IA} \cdot \alpha} \tag{C/15}$$

Wird die Innenbuchse nur durch *eine* Außenbuchse vorgespannt, wird in der Gleichung das Durchmesserverhältnis der Zwischenbuchse $Q_Z = 1$ gesetzt. Sind die Heizbohrungen in der Zwischenbuchse angeordnet, muß x_{IZ} anstelle von x_{IA} mit α multipliziert werden.

Die günstigste Aufteilung der *Ringdicken* ergibt sich aus

$$Q_I = \sqrt[3]{\frac{Q}{\sqrt{x_{IZ} \cdot x_{IA} \cdot \alpha}}} \quad ; \quad Q_Z = \sqrt{x_{IZ} \cdot Q_I} \quad ; \quad Q_A = \sqrt{x_{IA} \cdot \alpha \cdot Q_I} \tag{C/16}$$

Aus diesen Gleichungen werden die Fugendurchmesser bestimmt:
zwischen Innenteil und Zwischenbuchse $D_{F1} = D_{Ii}/Q_I$
zwischen Außenteil und Zwischenbuchse $D_{F2} = D_{Aa} \cdot Q_A$

Die Druckvorspannung wird durch die in der Fuge, durch das aufgeschrumpfte Außenrohr *ausgeübte Fugenpressung* p_F erzeugt. Diese hängt von der Dicke der beiden Rohre bzw. ihren Durchmesserverhältnissen ab:

$$p_F = \sigma_{SI} \cdot \frac{(1-Q_I^2) \cdot (1-Q_A^2) \cdot (1-x \cdot Q_I^2)}{2 \cdot (1-Q^2)} \quad \text{in N/mm}^2 \tag{C/17}$$

Die Fugenpressung entsteht durch das Haftmaß der beiden Rohre. Es ist das Maß, um das der Innendurchmesser des Außenrohres im kalten Zustand kleiner ist als der Außendurchmesser des Innenteiles. Der Zusammenhang zwischen dem *Haftmaß Z* und der Fugenpressung p_F lautet:

$$Z = (K_A + K_I) \cdot D_F \cdot p_F \quad \text{in mm} \tag{C/18}$$

Hierin sind K_A und K_I Kenngrößen, die von den elastischen Eigenschaften des Werkstoffes und den Abmessungen abhängen. Sie sind in einem Diagramm (Bild C/15) nach

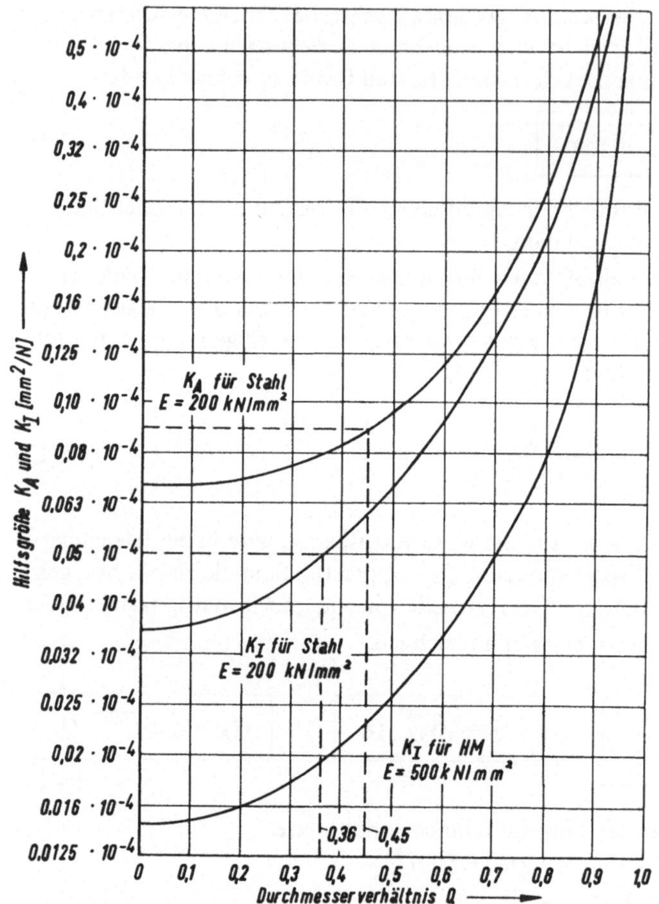

Bild C/15

Hilfsgrößen K_A und K_I zur Bestimmung des Haftmaßes in Matrizen

dem VDI-Arbeitsblatt 3176 aufgetragen und können für Stahl und Hartmetall entsprechend den verschiedenen Durchmesserverhältnissen Q_I bzw. Q_A abgegriffen werden.

Das Drehen und Ausbohren der Außen- und Innenfläche der geschrumpften Werkzeugteile hinterläßt eine rauhe Fugenfläche, d.h. Erhebungen und Vertiefungen. Beim Schrumpfen wird diese Rauheit teilweise geglättet (Längspreßpassung), oder Teile der Erhebungen greifen in gegenüberliegende Vertiefungen ein. In beiden Fällen ist ein Übermaßverlust ΔU die Folge, der sich aus den Glättungsgrößen zusammensetzt. Das *Übermaß* wird dann:

$$U = Z + \Delta U = Z + 2 \cdot (G_{Ai} + G_{Ia}) \text{ in mm} \qquad (C/19)$$

Dabei kann nach DIN 7190, sofern keine genaueren Werte vorliegen, überschlägig

$$G = 0{,}6\, R_m$$

gesetzt werden. R_m ist darin die mittlere Rauhtiefe auf den Fugenflächen.

Das theoretisch erforderliche Haftmaß nach Gleichung (C/18) gewährleistet die nach Gleichung (C/10) errechnete Tragfähigkeit des Aufnehmers. Die rechnerisch ermittelten Größen können aber fertigungstechnisch nur in bestimmten Grenzen verwirklicht werden. Wenn daher das Haftmaß um einen Teil ΔZ in mm kleiner oder größer als theoretisch erforderlich ausgeführt wird, verringert sich auch die Tragfähigkeit um einen Teilbetrag Δp_r [16]:

$$\Delta p_r = \frac{\Delta Z}{D_F} \cdot E \cdot \frac{1 - Q_A^2}{2} \text{ in N/mm}^2 \qquad\qquad (C/20)$$

E ist hierin der Elastizitätsmodul. Mit dieser Gleichung kann nachgeprüft werden, wieviel Tragfähigkeitseinbuße eine bestimmte Haftmaßabweichung zur Folge hat. Dabei ist es unerheblich, ob das Haftmaß nach unten oder nach oben abweicht. Die Verringerung des zulässigen Radialdruckes Δp_r an der Innenwand des Innenteiles ist in jedem Fall gleich.

Zum Aufschrumpfen des Außenrohres wird es auf *Schrumpftemperatur* erwärmt. Unter Berücksichtigung eines Spieles zum Einführen beträgt die Schrumpftemperatur nach DIN 7190

$$T = \frac{\text{Übermaß} + \text{Einführspiel}}{\alpha \cdot D_F} + 20\ ^\circ\text{C}$$

α ist darin die Wärmedehnzahl.

Bei Herstellung eines dreiteiligen Blockaufnehmers wird gewöhnlich zuerst die Fügefolge festgelegt. Danach richtet es sich, welchen Beitrag die einzelnen Buchsen zur Vorspannung des gesamten Aufnehmers leisten. Tabelle C/4 enthält Gleichungen für die Fugenpressung, das Haftmaß, die Tragfähigkeitseinbuße und einen Verstärkungsfaktor V für die Fügefolge von innen nach außen und umgekehrt. Der Verstärkungsfaktor V berücksichtigt, daß beim Fügen von innen nach außen, beim Aufschrumpfen des Außenteiles das Innenteil schon aus der Innen- und der Zwischenbuchse besteht.

- *Beispiel C/2:*
  Ein dreiteiliger Blockaufnehmer aus Stahl ist so zu bemessen, daß er höchstens Radialdrücken standhält.
  Gegeben sind: Streckgrenze des Innenteils $\sigma_{SI} = 100\ \text{N/mm}^2$; Streckgrenze der Zwischenbuchse $\sigma_{SZ} = 800\ \text{N/mm}^2$; Streckgrenze des Außenteils $\sigma_{SA} = 630\ \text{N/mm}^2$; Elastizitätsmodul $E = 200\ \text{kN/mm}^2$; Außendurchmesser $D_{Aa} = 625\ \text{mm}$; Innendurchmesser $D_{Ii} = 100\ \text{mm}$; Formfaktor $\alpha = 1{,}2$; Fügefolge: von innen nach außen.

- *Lösung:*
  Streckgrenzenverhältnis: $x_{IZ} = \dfrac{100}{80} = 1{,}25$; $x_{IA} = \dfrac{100}{63} = 1{,}6$

  Aufteilung der Ringdicken: $Q = \dfrac{D_{Ii}}{D_{Aa}} = 0{,}16$

  $$Q_I = \sqrt[3]{\frac{Q}{\sqrt{x_{IZ} \cdot x_{IA} \cdot \alpha}}} = \sqrt[3]{\frac{0{,}16}{\sqrt{1{,}25 \cdot 1{,}6 \cdot 1{,}2}}} = 0{,}47$$

  $Q_Z = \sqrt{x_{IZ}} \cdot Q_I = \sqrt{1{,}25} \cdot 0{,}47 = 0{,}53$
  $Q_A = \sqrt{x_{IA} \cdot \alpha} \cdot Q_I = \sqrt{1{,}6 \cdot 1{,}2} \cdot 0{,}47 = 0{,}65$
  Kontrolle: $Q = Q_I \cdot Q_Z \cdot Q_A = 0{,}47 \cdot 0{,}53 \cdot 0{,}65 = 0{,}161$

Tabelle C/4 Berechnungsgrößen für dreiteilige Blockaufnehmer

<table>
<tr><td rowspan="2"></td><td colspan="2" align="center">Fügefolge</td></tr>
<tr><td align="center">von innen nach außen</td><td align="center">von außen nach innen</td></tr>
<tr>
<td>zwischen Innen- und Zwischenbuchse</td>
<td>

$$\frac{p_F}{\sigma_{SI}} = \frac{(1 - Q_I^2) \cdot (1 - Q_Z^2) \cdot (1 - x_{IZ} \cdot Q_I^2)}{2 \cdot (1 - Q_{IZ}^2)}$$

$$Z = D_{Ia} \cdot \frac{\sigma_{SI}}{E} \cdot \left(\frac{1}{x_{IZ}} - Q_I^2\right)$$

$$\Delta p_r = \frac{\Delta Z}{D_F} \cdot E \cdot \frac{1 - Q_Z^2}{2}$$

$$Q_{IZ} = Q_I \cdot Q_Z; \quad x_{IZ} = \frac{\sigma_{SI}}{\sigma_{SZ}}; \quad x_{IA} = \frac{\sigma_{SI}}{\sigma_{SA}}$$

</td>
<td>

$$\frac{p_F}{\sigma_{SI}} = \frac{(1 - Q_I^2) \cdot (1 - Q_{ZA}^2) \cdot \left(1 - \frac{x_{IZ}}{V_A} \cdot Q_I^2\right)}{2 \cdot (1 - Q^2)}$$

$$Z = D_{Ia} \cdot \frac{\sigma_{SI}}{E} \cdot \left(\frac{V_A}{x_{IZ}} - Q_I^2\right)$$

$$\Delta p_r = \frac{\Delta Z}{D_F} \cdot E \cdot \frac{1 - Q_{ZA}^2}{2}$$

$$V_A = \frac{(1 - Q_Z^2) + \dfrac{1 - Q_Z^2}{x_{ZA} \cdot \alpha}}{1 - Q_{ZA}^2}$$

</td>
</tr>
<tr>
<td>zwischen Zwischen- und Außenbuchse</td>
<td>

$$\frac{p_F}{\sigma_{SI} \cdot V_I} = \frac{(1 - Q_{IZ}^2) \cdot (1 - Q_A^2) \cdot (1 - x_{IA} \cdot \alpha \cdot V_I \cdot Q_{IZ}^2)}{2 \cdot (1 - Q^2)}$$

$$Z = D_{AI} \cdot \frac{\sigma_{SI} \cdot V_I}{E} \left(\frac{1}{x_{IA} \cdot V_I} - Q_{IZ}^2\right)$$

$$\Delta p_r = \frac{\Delta Z}{D_F} \cdot E \cdot \frac{1 - Q_A^2}{2}$$

$$V_I = \frac{(1 - Q_I^2) + \dfrac{1 - Q_Z^2}{x_{IZ}}}{1 - Q_{IZ}^2}$$

</td>
<td>

$$\frac{p_F}{\sigma_{SZ}} = \frac{(1 - Q_Z^2) \cdot (1 - Q_A^2) \cdot (1 - x_{ZA} \cdot \alpha \cdot Q_Z^2)}{2 \cdot (1 - Q_{ZA}^2)}$$

$$Z = D_{AI} \cdot \frac{\sigma_{SZ}}{E} \cdot \left[\frac{1}{x_{ZA}} - Q_Z^2\right]$$

$$\Delta p_r = \frac{\Delta Z}{D_F} \cdot E \cdot \frac{1 - Q_A^2}{2}$$

$$Q_{ZA} = Q_Z \cdot Q_A; \quad x_{ZA} = \frac{\sigma_{SZ}}{\sigma_{SA}}$$

</td>
</tr>
</table>

Fugendurchmesser:
zwischen Innen- und Zwischenbuchse:

$$D_{F1} = \frac{D_{Ii}}{Q_I} = \frac{100}{0,47} \text{ mm} = 213 \text{ mm}$$

zwischen Zwischen- und Außenbuchse:

$$D_{F2} = Q_A \cdot D_{Aa} = 0,65 \cdot 625 \text{ mm} = 408 \text{ mm}$$

Fugenpressung zwischen Innen- und Zwischenbuchse:

$$p_{F1} = \sigma_{SI} \cdot \frac{(1 - 0,47^2) \cdot (1 - 0,53^2) \cdot (1 - 1,25 \cdot 0,47^2)}{2 \cdot (1 - 0,47^2 \cdot 0,53^2)}$$

$$p_{F1} = 217 \text{ N/mm}^2$$

zulässiger Radialdruck für Innen- und Zwischenbuchse im geschrumpften Zustand:

$$p_{rIZ} = \sigma_{SI} \cdot \frac{1 - Q_I^2}{2} + \sigma_{SZ} \cdot \frac{1 - Q_Z^2}{2}$$

$$= \left(1000 \cdot \frac{1 - 0,22}{2} + 800 \cdot \frac{1 - 0,28}{2}\right) \text{ N/mm}^2$$

$$= 390 + 290 = 680 \text{ N/mm}^2$$

vergleichbarer Radialdruck, wenn Innen- und Zwischenbuchse aus einem Stück ohne Schrumpfung bestehen:

$$p_{\mathrm{r}} = \sigma_{\mathrm{SI}} \cdot \frac{1 - Q_{\mathrm{I}}^2 \cdot Q_{\mathrm{Z}}^2}{2}$$

$$= 1000 \cdot \frac{1 - 0{,}22 \cdot 0{,}28}{2} \ \mathrm{N/mm}^2 = 1000 \cdot \frac{1 - 0{,}062}{2} \ \mathrm{N/mm}^2$$

$$= 469 \ \mathrm{N/mm}^2$$

Verstärkung: $\ V_{\mathrm{I}} = \dfrac{680}{469} = 1{,}45$

Hilfsgrößen: $\ K_{\mathrm{I}} = 0{,}063 \cdot 10^{-4}$ für $Q_{\mathrm{I}} = 0{,}47$ aus Bild C/15

$\qquad\qquad\ K_{\mathrm{Z}} = 0{,}100 \cdot 10^{-4}$ für $Q_{\mathrm{Z}} = 0{,}53$ aus Bild C/15

Haftmaß: $\qquad Z = (K_{\mathrm{I}} + K_{\mathrm{Z}}) \cdot D_{\mathrm{F}} \cdot p_{\mathrm{F}} = 0{,}163 \cdot 10^{-4} \cdot 213 \cdot 217 \ \mathrm{mm} = 0{,}754 \ \mathrm{mm}$

Fugenpressung zwischen Außenteil und Zwischenbuchse:

$$p_{\mathrm{F2}} = \frac{1000 \cdot 1{,}45 \cdot (1 - 0{,}47^2 \cdot 0{,}53^2) \cdot (1 - 0{,}65^2) \cdot (1 - 1{,}6 \cdot 1{,}2 \cdot 1{,}45 \cdot 0{,}47^2 \cdot 0{,}53^2)}{2 \cdot (1 - 0{,}47^2 \cdot 0{,}53^2 \cdot 0{,}65^2)} \ \mathrm{N/mm}^2$$

$p_{\mathrm{F2}} = 371 \ \mathrm{N/mm}^2$

zulässiger Radialdruck des gesamten Aufnehmers:

$$p_{\mathrm{r}} = p_{\mathrm{rIZ}} + \sigma_{\mathrm{SA}} \cdot \frac{1 - Q_{\mathrm{A}}^2}{2} = 680 + 630 \cdot \frac{1 - 0{,}65^2}{2} \ \mathrm{N/mm}^2 = 863 \ \mathrm{N/mm}^2$$

vergleichbarer Radialdruck, wenn der Aufnehmer aus einem Stück besteht:

$$p_{\mathrm{r}} = \sigma_{\mathrm{SI}} \cdot \frac{1 - Q_{\mathrm{I}}^2 \cdot Q_{\mathrm{Z}}^2 \cdot Q_{\mathrm{A}}^2}{2} = 1000 \cdot \frac{1 - 0{,}025\,6}{2} \ \mathrm{N/mm}^2 = 487 \ \mathrm{N/mm}^2$$

Verstärkung: $\ V = \dfrac{863}{487} = 1{,}77$

Hilfsgrößen: $\ K_{\mathrm{IZ}} = K_{\mathrm{I}} = 0{,}042 \cdot 10^{-4}$ für $Q_{\mathrm{IZ}} = Q_{\mathrm{I}} \cdot Q_{\mathrm{Z}} = 0{,}25$ aus Bild C/15

$\qquad\qquad\ K_{\mathrm{A}} = 0{,}140 \cdot 10^{-4}$ für $Q_{\mathrm{A}} = 0{,}65$ aus Bild C/15

Haftmaß: $\quad Z = (K_{\mathrm{IZ}} + K_{\mathrm{A}}) \cdot D_{\mathrm{F}} \cdot p_{\mathrm{F}} = 0{,}182 \cdot 10^{-4} \cdot 408 \cdot 371 \ \mathrm{mm} = 2{,}76 \ \mathrm{mm}$

Oberflächenrauheit:

$R_{\mathrm{mI}} = 10 \ \mu\mathrm{m}$ für das Innenteil (angenommen)

$R_{\mathrm{mA}} = 16 \ \mu\mathrm{m}$ für das Außenteil (angenommen)

Glättungsgröße:

$G_{\mathrm{Ia}} = 0{,}6 \cdot R_{\mathrm{mI}} = 6 \ \mu\mathrm{m}$

$G_{\mathrm{Ai}} = 0{,}6 \cdot R_{\mathrm{mA}} = 10 \ \mu\mathrm{m}$

Übermaßverlust infolge Glättung der Oberfläche:

$\Delta U = 2 \cdot (G_{\mathrm{Ai}} + G_{\mathrm{Ia}}) = 32 \ \mu\mathrm{m}$

erforderliches Übermaß zwischen Innen- und Zwischenbuchse:

$U_1 = (754 + 32) \ \mu\mathrm{m} = 786 \ \mu\mathrm{m}$

zwischen Außenteil und Zwischenbuchse:

$U_2 = (2760 + 32) \ \mu\mathrm{m} = 2792 \ \mu\mathrm{m}$

Haftmaßverlust infolge unvermeidlicher Fertigungstoleranz, angenommen 5 %:

$\Delta Z_1 = 0,05 \cdot U_1 = 40 \ \mu\text{m}$

$\Delta Z_2 = 0,05 \cdot U_2 = 139 \ \mu\text{m}$

Tragfähigkeitseinbuße:

zwischen Innen- und Zwischenbuchse

$$\Delta p_{r1} = \frac{\Delta Z_1}{D_{F1}} \cdot E \cdot \frac{1 - Q_Z^2}{2} = \frac{0,040}{213} \cdot 200 \cdot \frac{1 - 0,28}{2} \ \text{kN/mm}^2 = 13,5 \ \text{N/mm}^2$$

zwischen Außenteil und Zwischenbuchse

$$\Delta p_{r2} = \frac{\Delta Z_2}{D_{F2}} \cdot E \cdot \frac{1 - Q_A^2}{2} = \frac{0,139}{408} \cdot 200 \cdot \frac{1 - 0,42}{2} \ \text{kN/mm}^2 = 19,8 \ \text{N/mm}^2$$

tatsächliche Belastbarkeit des Aufnehmers:

$p_r = 863 - 13,5 - 19,8 \ \text{N/mm}^2 \approx 830 \ \text{N/mm}^2$

● *Ergebnis:*
zulässiger Radialdruck $p_r = 830 \ \text{N/mm}^2$

e) Schmierung

Zur Schmierung beim Strangpressen von Nichteisenmetallen können alle Hochdruck-
schmiermittel verwendet werden, die einen zusammenhängenden Schmierfilm geben und
dabei den hohen Temperaturen standhalten. Besondere Mittel sind beim Pressen von Stahl
notwendig. Das *Sejournet-Verfahren*, durch das Stahl erst zu Strängen gepreßt werden
konnte, benutzt Glas als Schmiermittel. Dazu wird für die Schmierung der Stirnfläche des
Stahlblockes eine aus Glaspulver hergestellte runde Platte an die entscheidende Schmier-
stelle, zwischen kalte Preßmatrize und warmen Block gelegt. Der Block drückt bei Preßbeginn mit einer sehr hohen Flächenpressung auf das Glas. Die dem Block zugewandte
Glasschicht erwärmt sich sofort und wird teigig bis flüssig; sie wird von der Metallmasse
mitgerissen, wobei sie den Strang mit einer gleichmäßigen Glasschicht umgibt und in den
Berührflächen schmiert. Die Dicke des Glasfilms ist von der Dicke der Glasplatte, von der
Dauer des Preßvorgangs, von der Form der Matrize und von anderen Faktoren abhängig.
Der Preßvorgang selbst dauert nur wenige Sekunden, da mit der hohen Geschwindigkeit
von etwa 6 m/s gepreßt wird.

Schon beim Herausziehen des Blockes aus dem Ofen streut man ihn mit Glaspulver ein.
Das Glas verteilt sich gleichmäßig auf die Oberfläche des Rohlings und übernimmt im
weichen Zustand die gleiche Rolle wie die üblichen Schmiermittel.

Während des Preßvorgangs muß das Schmiermittel viskos bleiben. Da die Preßtemperatur
aber je nach Stahlsorte erheblich schwankt, der Viskositätsgrad des Glases jedoch bei der
jeweiligen Betriebstemperatur innerhalb gewisser Grenzen gehalten werden muß, ist es
erforderlich, für jede Preßtemperatur — und damit für die verschiedenen Stahlqualitäten
— geeignete Glassorten mit entsprechenden Viskositätsgraden zu verwenden.

Neben der Schmierung bietet das Glas den Vorteil, die Werkzeuge gegen übermäßige Erwärmung und die Blöcke gegen zu rasche Abkühlung zu schützen. Außerdem verhindert
Glas die Zunderbildung auf dem Stahlrohling, wenn es nach dem Erwärmen des Blockes
unter Schutzgas in Pulverform aufgebracht wird.

3 Fließpressen

Fließpressen ist eine Massivumformung bei der ein Rohling in eine Matrize eingelegt und durch einen Stempel unter so hohen Druck gesetzt wird, daß der Werkstoff durch eine Öffnung ins Freie verdrängt wird. Die Öffnung kann in der Matrize oder im Stempel angeordnet sein, oder sie wird zusammen vom Stempel und der Matrize gebildet. Als Ausgangsrohling dienen volle oder gelochte Scheiben (Stangen-, Rohrabschnitte, Blechronden usw.) oder auch flache Näpfe, die bereits durch Gesenkschmieden oder Tiefziehen vorgeformt wurden.

Das Fließpressen wurde erstmals um 1900 bei der Herstellung von Tuben und Hülsen bekannt. Zuerst waren es nur Weichmetalle wie Zinn und Blei, die nach diesem *Kaltspritzen* genannten Verfahren bearbeitet wurden. Nach und nach kamen auch Zink, Aluminium, Aluminiumlegierungen und Messing hinzu. Stahl wurde erst im Jahre 1934 durch Fließpressen umgeformt. Seine hohe Festigkeit war dem Pressen lange hinderlich. Zudem mangelte es an einem geeigneten Schmiermittelträger, der den starken Umformungen, d.h. den großen Oberflächenausdehnungen folgen konnte. *Singer* umgab den Stahlkörper schließlich mit einer Phosphatschicht, die das eigentliche Schmiermittel aufnahm. Mit einer derartig vorbereiteten Oberfläche konnte dieser Werkstoff kaltgepreßt werden.

a) Fließpreßverfahren

Für eine sinnvolle Unterscheidung der Fließpreßverfahren hat man wie beim Strangpressen überwiegend äußerliche Merkmale herangezogen und als Ordnungsgesichtspunkt die *Richtung der Stempelbewegung und des Werkstoffflusses* gewählt. Danach kann eine Einteilung in vier wesentliche Grundarten vorgenommen werden:

Vorwärtsfließpressen

Das Fließpressen *in Richtung der Stempelbewegung* dient zur Erzeugung achsensymmetrischer Voll- oder Hohlkörper. Der Werkzeugsatz (Bild C/16) besteht im wesentlichen aus dem Stempel (1), dem Aufnehmer (2) und dem Ausstoßer (3).

Zur Erzeugung eines Vollkörpers wird ein Rohling auf der Stempelseite in den Aufnehmer, der oben eine größere Bohrung hat, eingelegt (Bild C/16a). Der Stempel erzeugt im Rohling Spannungen, unter denen der Werkstoff plastisch wird und in die untere engere Bohrung des Aufnehmers fließt (Bild C/16b). Ein Hohlkörper wird durch Vorwärtsfließ-

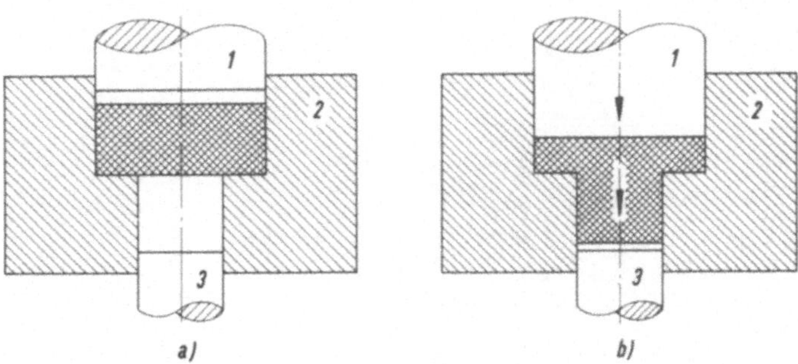

Bild C/16 Schema des Vorwärtsfließpressens. a) Vor der Umformung, b) während der Umformung

pressen hergestellt, wenn statt des Ausstoßers ein Gegenstempel benutzt wird, um den der Werkstoff herumfließt. Hohle Teile können aber auch in der Weise gepreßt werden, daß der Werkstoff um einen Dorn in die untere engere Bohrung tritt, ähnlich wie bei der Herstellung von Hohlprofilen durch Strangpressen.

Rückwärtsfließpressen

Das Fließpressen *entgegen der Stempelbewegung* (Bild C/17) wurde aus dem Tubenpressen entwickelt. Der scheibenförmige Rohling wird auf den Ausstoßer (3), der hier gleichzeitig als Gegenstempel dient, gelegt. Erreicht die Beanspruchung im Rohling die Fließgrenze, wird der Werkstoff verdrängt; er fließt zwischen Aufnehmer (2) und Stempel (1) nach oben. Die Grundform des fertigen Werkstückes ist ein einseitig offener, drehsymmetrischer Hohlkörper. Vollkörper können mit hohlem Stempel hergestellt werden.

Gemischtfließpressen

Beide Fließverfahren können gemeinsam angewendet werden. In diesem Fall fließt der Werkstoff *mit und gegen die Stempelbewegung* (Bild C/18). Das Gemischtfließpressen wird benutzt, wenn Hohl- und Vollkörper hergestellt werden sollen, die verschieden dicke Wände und Böden besitzen oder mit Rändern und Abstufungen versehen werden.

Diese Fließpreßverfahren können auch in unmittelbarem Zusammenwirken mit anderen Verfahren der Umformtechnik eingesetzt werden. Dem eigentlichen Fließpreßwerkzeug wird dann z.B. ein Ziehring vorgeschaltet, in dem aus einer Platine eine Hohlform tiefgezogen und durch Fließpressen weiter umgeformt wird.

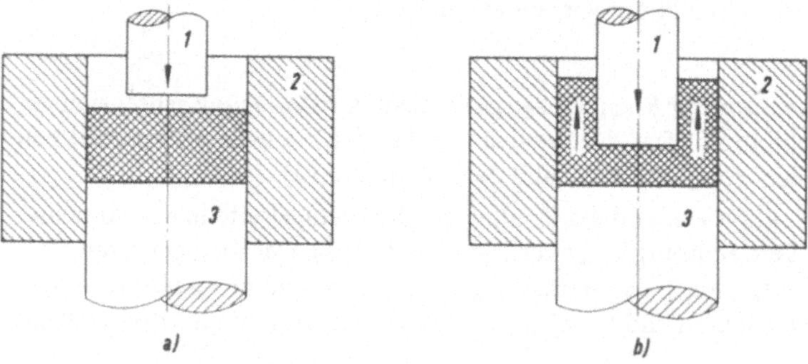

Bild C/17 Schema des Rückwärtsfließpressens. a) Vor der Umformung, b) während der Umformung

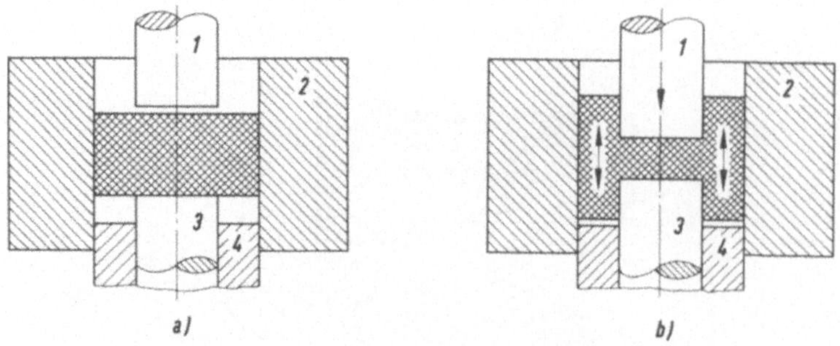

Bild C/18 Schema des Gemischtfließpressens. a) Vor der Umformung, b) während der Umformung

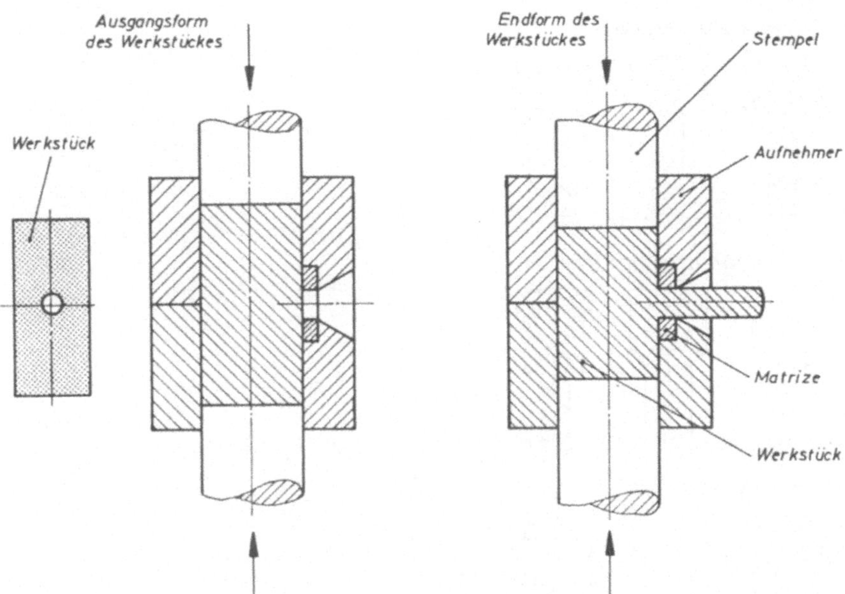

Bild C/19 Schema des Querfließpressens. a) Vor der Umformung, b) nach der Umformung

Querfließpressen

Die Verfahren des Fließpressens mit und gegen die Stempelbewegung sowie Kombinationen aus beiden gelten meist für drehsymmetrische Körper. Daneben kennt man ein weiteres Verfahren, das eine Sonderstellung einnimmt. Bei diesem wird der Werkstoff *vorwiegend in senkrechter oder schräger Richtung zur Stempelbewegung* zum Fließen gezwungen. Dabei unterscheidet man, ob der Werkstoff nach innen und/oder nach außen fließt (Bild C/19).

b) Herstellbare Formen

Als Maß für die beim Fließpressen erzielte Formänderung wird die bezogene Querschnittsänderung $\Delta A/A_0$ oder die bezogene Wanddickenänderung $\Delta s/s_0$ angegeben. Als Grenzwerte lassen sich beim Kaltpressen von Blei, Zink, Zinn und Reinaluminium Querschnittsänderungen von 95 ... 99 % erzielen. Für Aluminiumlegierungen mit Kupfer, Magnesium und Mangan liegen die Werte bei 85 ... 95 %, während sie für Stahl mit 70 ... 80 % noch tiefer liegen.

Nach den beschriebenen Verfahren lassen sich drehsymmetrische Voll- und Hohlkörper und asymmetrische Formteile pressen. Bei drehsymmetrischen Körpern unterscheidet man [12]:

1. *Vollkörper* mit unterschiedlicher Form des Kopfes und mit unterschiedlich abgestuften Schäften und Kombinationen aus beiden Formen (Bild C/20).

2. *Hohlkörper* mit Böden, die unterschiedlich vorgepreßt, geprägt oder gelocht sind, mit abgestuftem Mantelteil mit und ohne Böden, und wieder Kombinationen aus beiden Formen (Bild C/21).

a) *Vollkörper mit unterschiedlicher Kopfform*

b) *Vollkörper mit verschieden abgestuftem Schaft*

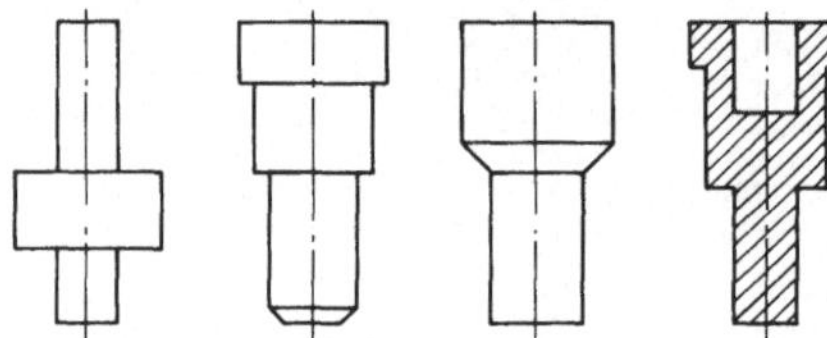

c) *Kombination aus beiden Formgruppen*

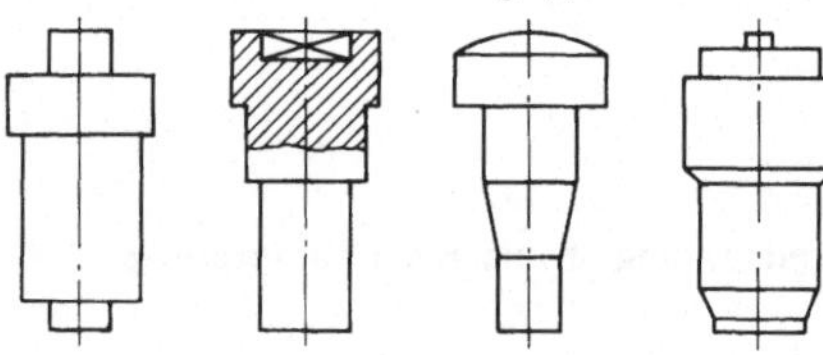

Bild C/20
Drehsymmetrische Vollkörper

a) *Hohlkörper mit Boden, geprägt oder gelocht*

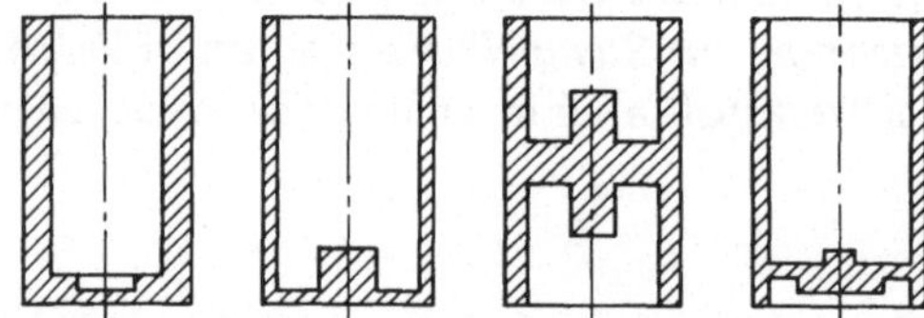

b) *Hohlkörper mit abgestuftem Außendurchmesser mit oder ohne Boden*

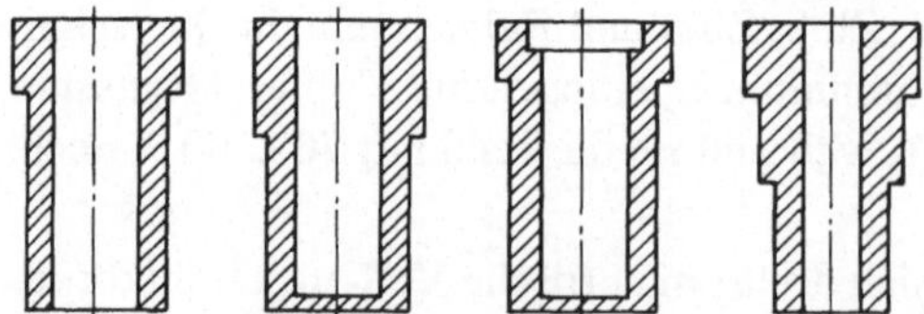

c) *Kombination aus beiden Formgruppen*

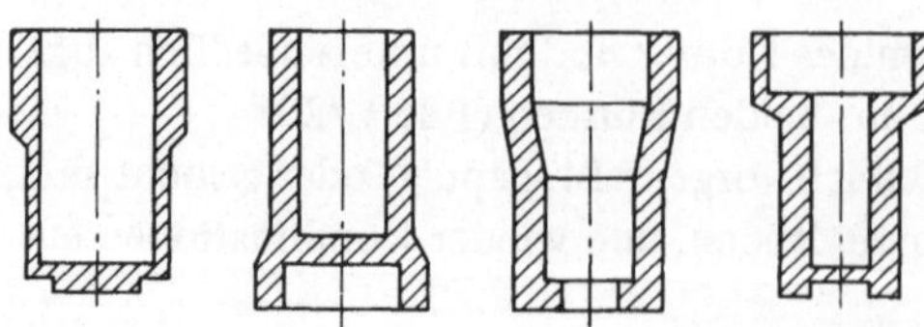

Bild C/21
Drehsymmetrische Hohlkörper

Bei der Konstruktion des Werkstückes sind asymmetrische Stoffanhäufungen möglichst zu vermeiden. Schroffe Übergänge verursachen oft Schwierigkeiten, daher sollten Kanten und Ecken mit Abrundungen versehen werden. Scharfe Ecken und Kanten können gepreßt werden, sie erfordern aber höhere Umformkräfte oder zusätzliche Arbeitsgänge. Unterschneidungen lassen sich mit einfachen Werkzeugen nicht pressen. Nur bei sehr großen Stückzahlen lohnen sich u.U. verwickelte Werkzeuge, um auch an kaltgepreßten Werkstücken Unterschneidungen fertig zu pressen. Kegelige Werkstückformen erfordern ebenfalls hohe Umformdrücke, so daß man große Kegelneigungen vermeiden soll. Gewinde lassen sich nicht kaltfließpressen. Dagegen können die vorgeschriebenen Durchmesser für Außen- und Innengewinde so genau kaltfließgepreßt werden, daß anschließend nur noch das Gewinde herzustellen ist. Profile und Verzahnungen können durch Fließpressen gefertigt werden.

Glatte Innen- und Außenzylinder sind mit engsten Toleranzen herstellbar. So lassen sich für Innendurchmesser die ISA-Qualität 8, für Außendurchmesser etwa IT 9 erreichen; für Boden- und Flanschdicken geht man herunter bis auf etwa 0,2 mm. In Sonderfällen sind IT 6 und IT 7 möglich. Die endgültige Festlegung der Toleranzen hängt jedoch stets von der Form des Teiles und der Art seines Fertigungsganges im Einzelfall ab.

Das Querfließpressen wird benutzt, wenn flache Streifen oder Platinen umgeformt und Zapfen herausgepreßt werden sollen. Dabei wird ein Teil des Volumens der Platine verdrängt; es sucht dem Druck seitwärts auszuweichen, indem es nach außen in den Rand oder nach innen in die Bohrung einer Unterlage abfließt.

Dem Fluß des Werkstoffes stellt sich ein erheblicher Reibwiderstand entgegen, der beim Einströmen in die Bohrung am größten wird. Die eintretende Kaltverfestigung verringert das Formänderungsvermögen. Der in Richtung der Bohrung verdrängte Volumenteil verfestigt sich mit größerem Fließweg immer mehr, so daß der Werkstoff innen sehr fest wird und nur ein kleiner Volumenteil in die Bohrung fließen kann. Das Formänderungsvermögen wird größer, wenn der Werkstoff mehr Zeit zum Fließen hat.

Die Massivumformung kann herkömmliche Arbeitsverfahren in vielen Fällen ersetzen. Das Fließpressen wurde lange Zeit vornehmlich zur Herstellung hohler Teile angewandt (Bild C/22), die sich auch durch Tiefziehen herstellen lassen. Das Pressen ist dem Ziehen überlegen, wenn hohe Hohlkörper erzeugt werden sollen, die beim Tiefziehen nicht in einem Zug herstellbar sind. Beim Pressen kann man zudem unterschiedliche Dicken von Wand und Boden erzeugen und ist nicht an die gleichmäßige Dicke eines Bleches gebunden. Ein

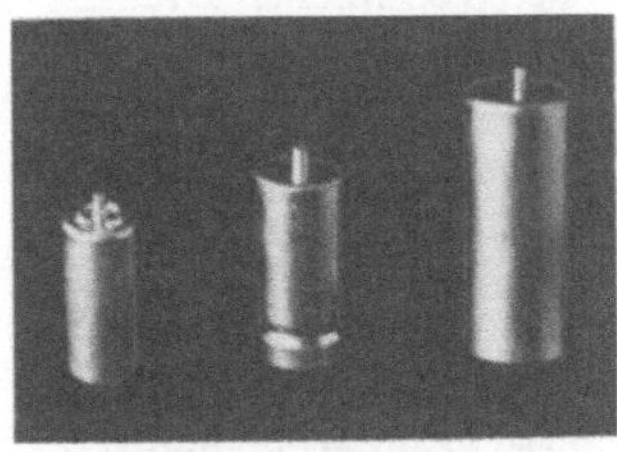

Bild C/22 Kondensatoren aus Aluminium, hergestellt durch Fließpressen [16]

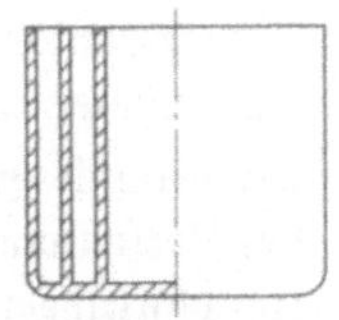

Bild C/23 Dreischaliger Kondensatorbecher aus Aluminium, hergestellt durch Fließpressen [16]

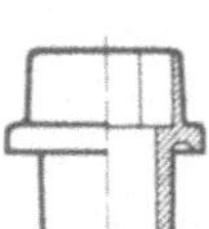

Bild C/24
Lagerbuchse, hergestellt
durch Fließpressen [16]

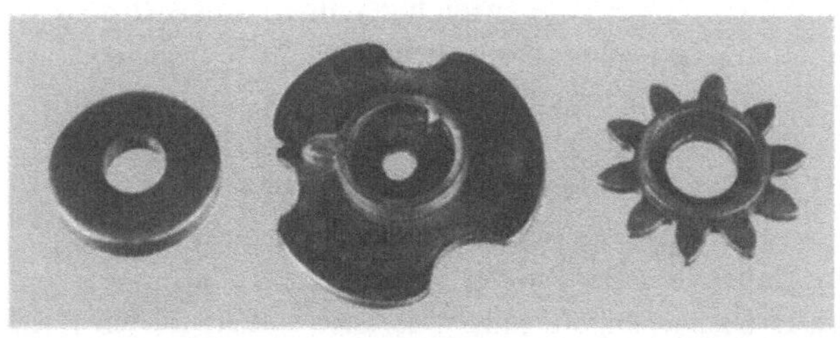

Bild C/25
Zehnerrädchen, hergestellt
durch Querfließpressen [16]

weiterer Vorteil ist die Möglichkeit, Verdickungen im Boden, z.B. Zapfen, Stege oder
Rippen, auch in Längsrichtung anzubringen. Ferner wirkt sich die niedrigere Stückzeit
beim Fließpressen günstig auf die Ausbringung aus.

Bei dem Dreischalenkondensatorbecher (Bild C/23) ist eine spanende Bearbeitung durch-
aus denkbar, obwohl die Spanabnahme zwischen den engen Schalen sehr schwierig ist.
Auch der Zusammenbau aus einzelnen tiefgezogenen Schalen ist möglich. Bei der Herstellung nach dem Fließpreßverfahren entfallen die Schwierigkeiten bei der Spanabnahme
bzw. das Fügen der einzelnen gezogenen Schalen. Der Becher wird in nur einem Arbeitsgang hergestellt.

Auch die Herstellung durch Druckgießen weist einen großen Formenreichtum auf. Die
Ausbringung ist jedoch verhältnismäßig klein, und dünnwandige Teile sind wegen der
Bildung von Lunkern qualitativ oft nur unbefriedigend. Bild C/24 zeigt die Lagerbuchse
eines Elektrizitätszählers. Sie hat innen eine Sechskantform, die auf halber Höhe in eine
Rundbohrung übergeht. Dieses Teil wurde ursprünglich in einer sechzehnfachen Druck-
gußform aus einer Zinnlegierung gefertigt. Heute wird die Buchse zunächst gepreßt und
der Werkstoffüberstand am Flansch und am offenen Ende abgedreht. In einer zweiten
Drehoperation wird, zur Erzielung der hohen Rundlaufgenauigkeit von 0,02 mm, zwischen
dem inneren und dem äußeren Durchmesser die zylindrische Paßfläche überdreht.

Die Wahl des günstigsten Ausgangsrohlings kann für die wirtschaftliche Anwendbarkeit
des Verfahrens entscheidend sein. Der Rohling soll maßgetreu, in möglichst wenig Umformvorgängen und mit geringstem Abfall umgeformt werden. Das „Zehnerrädchen"
(Bild C/25) für eine Rechenmaschine wurde früher spanend, heute wird es aus Stahl kaltgepreßt hergestellt. Zunächst fließt der Werkstoff aus der Platine herunter sowie nach
innen und außen, so daß sich der Rand mit je einem nach innen und außen weisenden

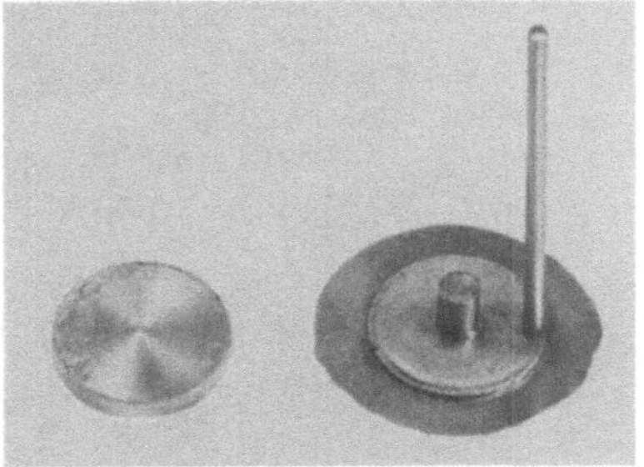

Bild C/26 Zapfen, hergestellt durch
Querfließpressen [16]

Bild C/27 Mitnehmerkegel, hergestellt durch
Fließpressen [16]

Nocken ausbildet. Gleichzeitig wird der restliche Werkstoff auf die gewünschte Dicke
der Zähne heruntergepreßt. Anschließend werden die Zähne und der Innenrand des Räd-
chens ausgestanzt. Der nach außen zeigende Nocken am Fertigteil liegt über einem Rad-
zahn und ist im Bild nicht genau zu erkennen.

Ein weiteres Fließpreßteil zeigt Bild C/26, bei dem in einer Preßoperation, durch Querfließpressen, in der Mitte ein kurzer Schaft angepreßt wurde. Am rechten Rand erhebt
sich ein dünner Zapfen auf eine Höhe von 30 mm.

In der Feinmechanik, Uhrenindustrie und Elektrotechnik werden solche zapfentragen-
den Elemente häufig verwendet. Verbindungs-, Lager-, Funktions- und Kontaktzapfen
mit rundem, ovalem oder rechteckigem Querschnitt wurden früher mit erheblichen Kosten
einzeln hergestellt. Der fließgepreßte Zapfen bietet neben der Werkstoff- und Zeitein-
sparung den Vorteil der werkzeuggetreuen Einhaltung der Mittenabstände und ein wesent-
liches Ansteigen der Festigkeitswerte. Der Mitnehmerkegel (Bild C/27) eines Fahrradfrei-
laufes wurde aus Stahl Ck 15 durch Fließpressen hergestellt. Das Bild zeigt Ausgangsrohling und Fertigteil. Aus einer 5 mm hohen Ronde mit einem Außendurchmesser von
28 mm wurde in der ersten Operation ein Napf gepreßt, der nach einer Zwischenglühung
zu dem rechts abgebildeten Mitnehmerkegel umgeformt werden konnte. Die Rändelung
an der kegeligen Mantelfläche und die Kerbverzahnung auf der Stirnfläche wurden einwandfrei ausgebildet.

c) Kraftbedarf beim Fließpressen

Vorwärtsfließpressen von Hohlkörpern

Bild C/28 zeigt die Kraftwirkung beim Vorwärtsfließpressen eines Hohlkörpers. Zum
Fließpressen müssen die eigentliche Umformkraft und der Anteil aufgebracht werden,
der die Reibung an den Werkzeugwandungen überwindet. Die *Umformkraft* bei reibungs-
freier Umformung beträgt hier

$$F_{id} = A_0 \cdot k_{fm} \cdot \ln \frac{A_0}{A_1} = A_0 \cdot k_{fm} \cdot \varphi_g \ \text{ in N} \qquad\qquad (C/21)$$

In der Umformungszone entstehen nach *Siebel*
infolge innerer Schubspannungen Kräfte von
der Größe

$$F_{\text{Sch}} = \frac{1}{2} \cdot \frac{\alpha}{\varphi} \cdot F_{\text{id}}$$

Die Reibkräfte am Stempel und an der
Matrize betragen

$$F_{\text{R}} = F_{\text{id}} \cdot \frac{\mu}{\cos\alpha \cdot \sin\alpha}$$

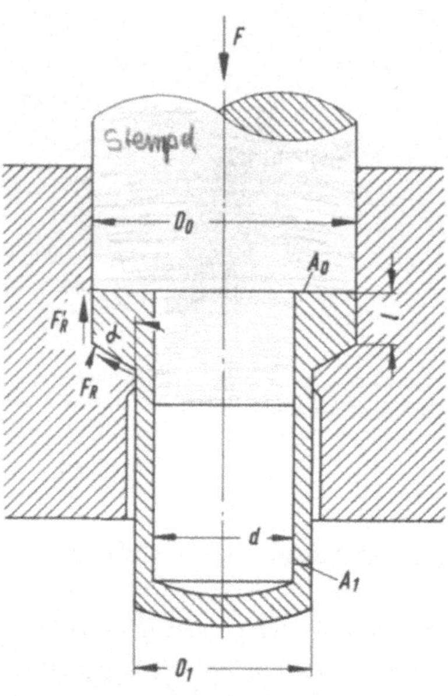

Bild C/28
Kraftwirkung beim Vorwärtsfließpressen eines Hohlkörpers

Außerdem treten an der Wandung der Matrize zusätzliche Reibkräfte auf. Setzt man für
die Schubspannung τ in der Bohrungswand der Matrize

$\tau = k_{\text{fo}} \cdot \mu$, so beträgt die Reibkraft

$$F_{\text{R}}' = \pi \cdot D_0 \cdot l \cdot k_{\text{fo}} \cdot \mu$$

Der *gesamte Kraftbedarf* setzt sich somit aus den einzelnen Kräften zusammen, die bei
der Umformung überwunden werden müssen:

$$F_{\text{ges}} = F_{\text{id}} + F_{\text{Sch}} + F_{\text{R}} + F_{\text{R}}'$$

$$F_{\text{ges}} = A_0 \cdot k_{\text{fm}} \cdot \varphi_g \left(1 + \frac{1}{2} \cdot \frac{\alpha}{\varphi_g} + \frac{\mu}{\cos\alpha \cdot \sin\alpha}\right) + \pi \cdot D_0 \cdot l \cdot k_{\text{fo}} \cdot \mu \ \text{in N} \qquad (\text{C}/22)$$

Läßt man die Reibung an der Wandung außer acht, da sie gegenüber den übrigen Kräften
gering ist, erhält man die folgende Beziehung:

$$F_{\text{ges}} = A_0 \cdot k_{\text{fm}} \cdot \varphi_g \left(1 + \frac{1}{2} \cdot \frac{\alpha}{\varphi_g} + \frac{\mu}{\cos\alpha \cdot \sin\alpha}\right) = A_0 \cdot k_{\text{wm}} \cdot \varphi_g \ \text{in N} \qquad (\text{C}/23)$$

Die Formänderungsarbeit wird gemäß Gleichung (I/7)

$$W_{\text{ges}} = V \cdot k_{\text{wm}} \cdot \varphi_g = V \cdot \frac{k_{\text{fm}}}{\eta_F} \cdot \varphi_g$$

oder

$$W_{\text{ges}} = V \cdot k_{\text{fm}} \cdot \varphi_g \left[1 + \frac{1}{2} \cdot \frac{\alpha}{\varphi_g} + \frac{\mu}{\cos\alpha \cdot \sin\alpha}\right] \text{in Nm} \qquad (\text{C}/24)$$

● **Beispiel C/3:**
Ein Hohlkörper aus Stahl Ck 10 (Bild C/29) wird durch Vorwärtsfließen eines vorgeformten Napfes gefertigt. Zu berechnen sind Umformkraft und -arbeit.

Gegeben sind: Napfdurchmesser $d_0 = 18$ mm, $D_0 = 36$ mm, Napflänge $h_0 = 36$ mm; Hohlkörperdurchmesser $d_1 = 18$ mm, $D_1 = 24$ mm; Hohlkörperlänge $h_1 = 72$ mm; Neigungswinkel $\alpha = 60° \sim 1$ (Bogenmaß), Reibbeiwert $\mu = 0,1$ (angenommen).

● **Lösung:**
Formänderungsverhältnis:

$$\varphi = \ln \frac{A_0}{A_1} = \ln \frac{D_0^2 - d_0^2}{D_0^2 - d_1^2} = \ln \frac{36^2 - 18^2}{24^2 - 18^2} = \ln 3,86 = 1,35$$

Querschnittsfläche:

$$A_0 = \frac{\pi}{4} \cdot (D_1^2 - d_0^2) = \frac{\pi}{4} \cdot (36^2 - 18^2) \text{ mm}^2 = 763 \text{ mm}^2$$

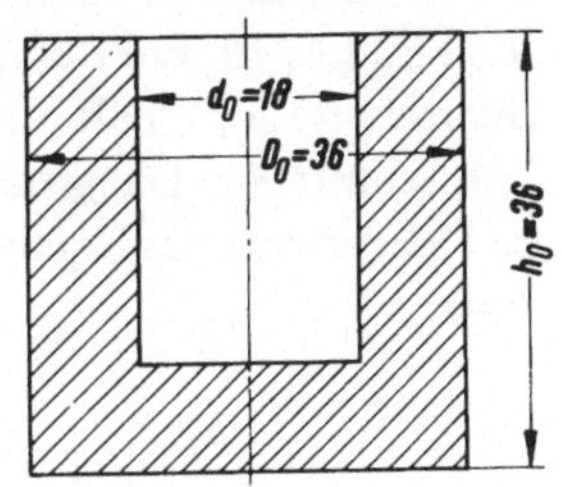

spezifische Formänderungsarbeit:
für $\varphi_g = 1,35$ nach Bild I/9 wird

$$w = 750 \, \frac{\text{Nmm}}{\text{mm}^3}$$

mittlere Formänderungsfestigkeit:
für $\varphi_g = 1,35$ wird k_{fm}

$$k_{fm} = \frac{w}{\varphi_g} = \frac{750}{1,35} = 555 \text{ N/mm}^2$$

gesamte Formänderungskraft:

$$F_{ges} = 763 \cdot 555 \cdot 1,35 \left[1 + \frac{1}{2} \cdot \frac{1}{1,35} + \frac{0,1}{0,5 \cdot 0,866} \right]$$

$$N = 763 \cdot 555 \cdot 1,35 \cdot 1,6 \text{ N}$$

$$F_{ges} \approx 915\,000 \text{ N} = 915 \text{ kN}$$

Formänderungswirkungsgrad:

$$\eta_F = \frac{1}{1 + \dfrac{1}{2} \cdot \dfrac{\alpha}{\varphi_g} + \dfrac{\mu}{\cos\alpha \cdot \sin\alpha}} = \frac{1}{1,6} = 0,625$$

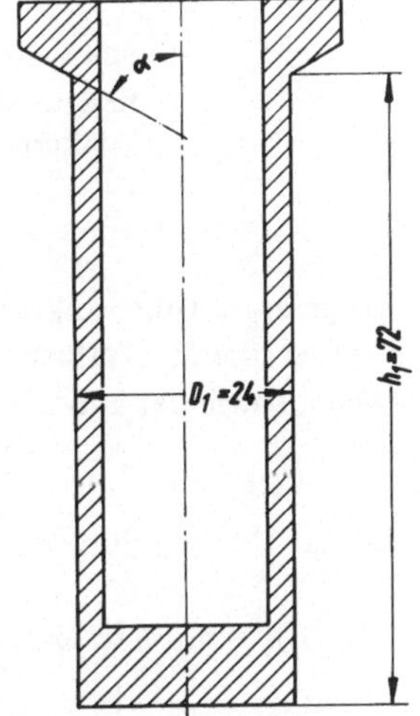

Bild C/29 Vorwärtsfließpressen eines Hohlkörpers
a) vor der Umformung;
b) nach der Umformung

umgeformtes Volumen

$$V = \frac{\pi}{4} \cdot (D_1^2 - d_0^2) \cdot h_1 + \frac{\pi}{12} \cdot x \, (D_0^2 + D_0 \cdot D_1 + D_1^2) - \frac{\pi}{4} \cdot x \cdot d_0^2$$

darin bedeutet x die Höhe der Umformzone. Sie beträgt:

$$x = \frac{D_0 - D_1}{2} \cdot \text{tg} \, (90 - \alpha) = 6 \cdot \text{tg} \, 30° = 3,46 \text{ mm}$$

$$V = \frac{\pi}{4} \left[(576 - 324) \cdot 72 + \frac{3,46}{3} \cdot (1296 + 864 + 576) - 3,46 \cdot 324 \right] = 15\,848 \text{ mm}^3$$

Gesamtformänderungsarbeit:

$$W_{ges} = V \cdot \frac{k_{fm}}{\eta_F} = 15\,848 \cdot 555 \cdot \frac{1,35}{0,625} = 18\,998,5 \text{ Nm}$$

- *Ergebnis:*
  Umformkraft $F_{ges} = 915\,kN$
  Umformarbeit $W_{ges} = 18\,998{,}5\,Nm$

Vorwärtsfließpressen von Vollkörpern

Die Kraftwirkungen beim Vorwärtsfließpressen
zeigt Bild C/30. Ein Stangenabschnitt mit einem
Querschnitt A_0 erhält durch Fließpressen einen
Querschnitt A_1. Die größte Formänderung tritt
im Querschnitt des Stangenabschnittes ein. Es ist
daher

$$\varphi_g = \ln \frac{A_0}{A_1}.$$

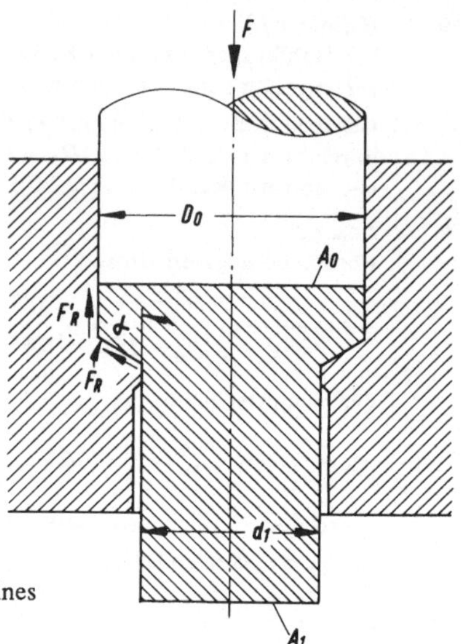

Bild C/30

Kraftwirkung beim Vorwärtsfließpressen eines
Vollkörpers

Die gesamte Umformkraft setzt sich wieder zusammen aus der ideellen Kraft F_{id}, den
Kräften, die die Verluste durch Reibung F_R und innere Schiebung F_{Sch} zu überwinden
haben, sowie der äußeren Reibung an der Matrize F_R':

$$F_{ges} = F_{id} + F_R + F_{Sch} + F_R'$$

Die zur Überwindung der Reibungskräfte erforderliche Kraft an der Schulter beträgt:

$$F_R = A_0 \cdot k_{fm} \cdot \varphi_g \cdot \frac{\mu}{\cos\alpha \cdot \sin\alpha}$$

Dabei ist μ der Reibbeiwert und α der Matrizenwinkel. Am zylindrischen Teil der Matrize
tritt die Reibkraft

$$F_R' = \pi \cdot D_0 \cdot l \cdot \mu \cdot k_{fo}$$

hinzu, während am Rande der Umformzone die Schubspannungen Kräfte von der Größe

$$F_{Sch} = \frac{2}{3} \cdot \frac{\alpha}{\varphi_g} \cdot F_{id}$$

hervorrufen.

Damit ergibt sich die *gesamte Umformkraft:*

$$F_{ges} = A_0 \cdot k_{fm} \cdot \varphi_g \cdot \left(1 + \frac{2}{3} \cdot \frac{\alpha}{\varphi_g} + \frac{\mu}{\cos\alpha \cdot \sin\alpha}\right) + \pi \cdot D_0 \cdot l \cdot \mu \cdot k_{fo} \quad \text{in N} \qquad \text{(C/25)}$$

In der Gleichung für F_R' muß für die Formänderungsfestigkeit k_{fo} gesetzt werden, da in
diesem Bereich nur die Anfangsformänderungsfestigkeit aufgewandt werden muß, um den

Werkstoff zum Fließen zu bringen. Die Formänderungsarbeit wird wie beim Vorwärtsfließpressen eines Hohlkörpers aus

$$W_{ges} = V \cdot k_{wm} \cdot \varphi_g = V \cdot \frac{k_{fm}}{\eta_F} \cdot \varphi_g$$

berechnet. Je nach den Reibverhältnissen in der Matrize wird man die Größe F_R' berücksichtigen oder vernachlässigen. Danach richtet sich die Größe des *Formänderungswirkungs-
grades:*

$$\eta_F = \frac{1}{1 + \dfrac{2}{3} \cdot \dfrac{\alpha}{\varphi_g} + \dfrac{\mu}{\cos\alpha \cdot \sin\alpha} + \dfrac{4 \cdot l \cdot \mu}{D_0 \cdot \varphi_g} \cdot \dfrac{k_{fo}}{k_{fm}}} \qquad (C/26)$$

entfällt bei geringer
Reibung $F_R' = 0$

Damit wird die *Formänderungsarbeit:*

$$W_{ges} = V \cdot k_{fm} \cdot \varphi_g \left[1 + \frac{2}{3} \cdot \frac{\alpha}{\varphi_g} + \frac{\mu}{\cos\alpha \cdot \sin\alpha} + \frac{4 \cdot l \cdot \mu}{D_0 \cdot \varphi_g} \cdot \frac{k_{fo}}{k_{fm}} \right] \text{ in N/mm} \qquad (C/27)$$

● **Beispiel C/4:**
Ein Vollkörper aus Stahl Ck 10 (Bild C/31) wird durch Vorwärtsfließpressen verjüngt. Zu berechnen sind Umformkraft und -arbeit.

Gegeben sind: Vollkörperdurchmesser D_0 = 36 mm, Höhe h_0 = 18 mm; Schaftdurchmesser
D_1 = 18 mm, Höhe h_1 = 36 mm; Neigungswinkel α = 60° ≈ 1 (Bogenmaß); Reibbeiwert
μ = 0,1 (angenommen). Die Reibkraft F_R' an der Matrizenwand ist zu berücksichtigen. Reib-
länge l = 13 mm; k_{fo} = 270 N/mm².

● **Lösung:**
Formänderungsverhältnis:

$$\varphi_g = \ln \frac{A_0}{A_1} = \ln \frac{36^2}{18^2} = \ln 4 = 1,39$$

spezifische Formänderungsarbeit:
für φ_g = 1,39 wird aus Bild I/9

$$w = 780 \frac{\text{Nmm}}{\text{mm}^3}$$

mittlere Formänderungsfestigkeit:

$$k_{fm} = \frac{w}{\varphi_g} = \frac{780}{1,39} \text{ N/mm}^2 = 561 \text{ N/mm}^2$$

Querschnittsfläche:

$$A_0 = \frac{\pi}{4} \cdot D_0^2 = \frac{\pi}{4} \cdot 36^2 \text{ mm}^2 = 1015 \text{ mm}^2$$

$$A_1 = \frac{\pi}{4} \cdot D_1^2 = \frac{\pi}{4} \cdot 18^2 \text{ mm}^2 = 254 \text{ mm}^2$$

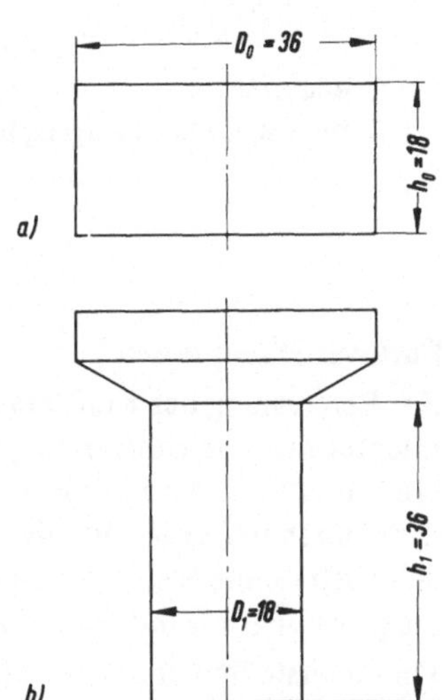

Bild C/31 Vor- und Fertigformen
eines vorwärtsfließgepreßten Werkstückes

Umformkraft:

$$F_{ges} = 1015 \cdot 561 \cdot 1{,}39 \left(1 + \frac{2}{3} \cdot \frac{1}{1{,}39} + \frac{0{,}1}{0{,}5 \cdot 0{,}866} + \pi \cdot 36 \cdot 13 \cdot 0{,}1 \cdot 270\right) N$$

$$F_{ges} = 1\,388\,429\ N \sim 1388\ kN$$

umgeformtes Volumen.

$$V = \frac{\pi}{4} \cdot D_1^2 \cdot h_1 + \frac{\pi}{12} \cdot x\,(D_0^2 + D_0 \cdot D_1 + D_1^2)$$

$$x = \frac{D_0 - D_1}{2} \cdot tg\,(90 - \alpha) = 9 \cdot tg\,30 = 5{,}2\ mm$$

$$V = \frac{\pi}{4} \left[324 \cdot 36 + \frac{5{,}20}{3}\,(1296 + 648 + 324)\right]$$

$$V = 12\,248\ mm^3$$

Formänderungswirkungsgrad:

$$\eta_F = \frac{1}{1{,}71 + \dfrac{4 \cdot 13 \cdot 0{,}1}{36 \cdot 1{,}39} \cdot \dfrac{270}{561}} = \frac{1}{1{,}71 + 0{,}046} = \frac{1}{1{,}76} = 0{,}568$$

Umformarbeit:

$$W_{ges} = V \cdot \frac{w}{\eta_F} = 12\,248 \cdot \frac{780}{0{,}568}\ Nmm = 16\,819{,}4\ Nm$$

● *Ergebnis:*

Umformkraft $F_{ges} = 1388\ kN$
Umformarbeit $W_{ges} = 16\,819{,}4\ Nm$

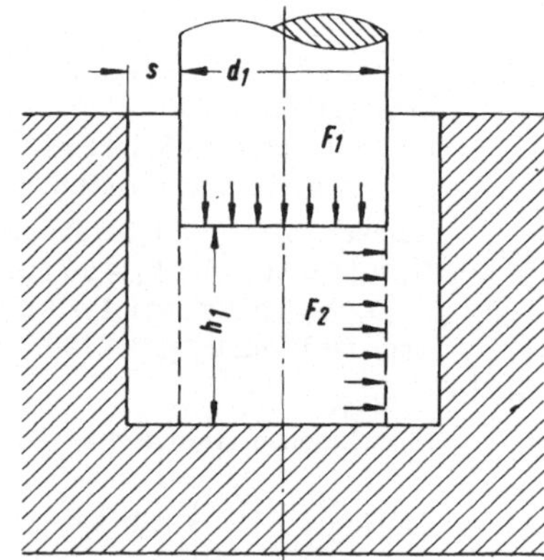

Bild C/32
Doppelter Stauchvorgang beim Rückwärtspressen

Rückwärtsfließpressen

Zur Berechnung des Kraftbedarfs beim Rückwärtsfließpressen von Hülsen oder Tuben betrachtet man die Umformung nach *Dipper* zweckmäßig als einen doppelten Stauchvorgang. Nach Bild C/32 wird der Rohling zunächst von der Höhe h_0 zwischen dem Stempel mit dem Durchmesser d_1 und dem Boden des Werkzeuges gestaucht. Hierbei erfährt der seitlich austretende Werkstoff eine zweite Stauchung an der Matrizenwand, durch die er auf die gewünschte Wanddicke s gebracht wird.

Für die erste Stauchung in axialer Richtung ist eine Kraft gemäß Gleichung (B/6) mit $K_1 = 1$

$$F_1 = A_1 \cdot p_1 = A_1 \cdot k_{f1} \cdot \left(1 + \frac{1}{3} \cdot \mu \cdot \frac{d_1}{h_1}\right) in\ N$$

erforderlich. Für die zweite Stauchung in radialer Richtung ist wegen des Stoffzusammenhanges in der Grenzfläche und der Reibung an der Matrizenwand eine Stauchkraft von

$$F_2 = A \cdot p_2 = A \cdot k_{f2} \left[1 + \frac{h_1}{s} \left(0{,}25 + \frac{\mu}{2} \right) \right] \text{ in N}$$

notwendig. In diesen Gleichungen bedeuten p_1 und p_2 den Umformdruck für die 1. und die 2. Stauchung. Somit wird die *gesamte Umformkraft:*

$$F_{\text{ges}} = A \cdot \left\{ k_{f1} \cdot \left(1 + \frac{1}{3} \cdot \mu \cdot \frac{d_1}{h_1} \right) + k_{f2} \cdot \left[1 + \frac{h_1}{s} \cdot \left(0{,}25 + \frac{\mu}{2} \right) \right] \right\} \text{ in N} \qquad (C/28)$$

Die Umformkräfte wachsen demnach mit der Formänderungsfestigkeit k_{f2}, mit dem Durchmesser des Bodens d_1 und mit dem Reibbeiwert μ. Die Wanddicke s erscheint im Nenner und vergrößert die Umformkräfte, wenn dünne Wände gepreßt werden. Der Wert k_{f1} entspricht in der Fließkurve dem Wert bei der logarithmierten Formänderung $\varphi_1 = \ln(h_0/h_1)$. Für die Formänderungsfestigkeit k_{f2} gilt der Formänderungswert

$$\varphi_2 = \ln \frac{h_0}{h_1} \cdot \left(1 + \frac{d_1}{8s} \right) = \varphi_1 \left(1 + \frac{d_1}{8s} \right)$$

- *Beispiel C/5:*
  Ein Napf aus Stahl Ck 10 (Bild C/33) wird durch Rückwärtsfließpressen hergestellt. Zu berechnen sind Umformkraft und -arbeit.
  Gegeben sind: Rondendurchmesser D_0 = 36 mm, Höhe h_0 = 22,7 mm; Reibbeiwert μ = 0,1; Napfdurchmesser D_1 = 36 mm; Innendurchmesser d_1 = 24 mm; Bodendicke h_1 = 6 mm; Höhe H_1 = 36 mm.

- *Lösung:*
  Formänderungsverhältnis:

$$\varphi_1 = \ln \frac{h_1}{h_0} = \ln \frac{6}{22{,}7} = -1.33$$

Formänderungsfestigkeit: aus Bild I/9 wird

$$k_{f1} = 690 \text{ N/mm}^2$$

Umformdruck

$$p_1 = 690 \left(1 + \frac{1}{3} \cdot 0{,}1 \cdot \frac{24}{6} \right) = 782 \text{ N/mm}^2$$

Formänderungsverhältnis

$$\varphi_2 = 1{,}33 \cdot \left(1 + \frac{24}{48} \right) = 1{,}99$$

Formänderungsfestigkeit aus Bild I/9

$$k_{f2} = 770 \text{ N/mm}^2$$

Umformdruck,

$$p_2 = 770 \left[1 + \frac{6}{6} \left(0{,}25 + \frac{0{,}1}{2} \right) \right] = 1001 \text{ N/mm}^2$$

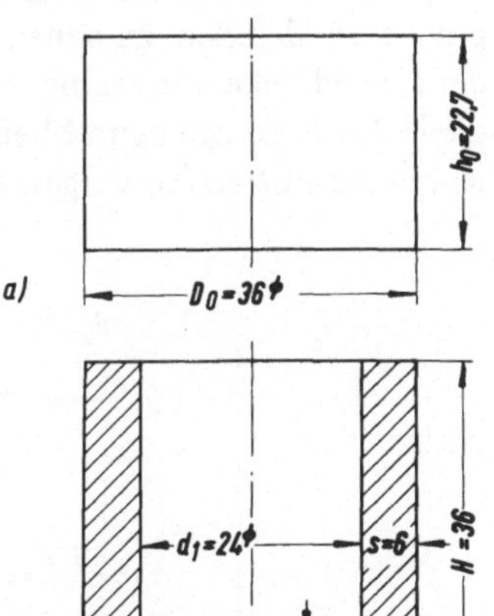

Bild C/33 Vor- und Fertigform eines rückwärtsfließgepreßten Werkstückes

Querschnittsfläche:

$$A_0 = \frac{\pi}{4} \cdot D_0^2 = 1020 \text{ mm}^2, \qquad A_1 = \frac{\pi}{4} \cdot d_1^2 = 453 \text{ mm}^2$$

Formänderungskraft:

$$F_{ges} = A_1 (p_1 + p_2) = 453 \,(782 + 1001) = 807{,}7 \text{ kN}$$

Umgeformtes Volumen:

$$V = A_1 (h_0 - h_1) = 453 \,(22{,}7 - 6) \text{ mm}^3 = 7565 \text{ mm}^3$$

Unter der Voraussetzung einer gleichbleibenden Umformkraft über dem gesamten Pressenhub wird

$$W_{ges} = V (p_1 + p_2) = 7565 \,(782 + 1001) = 13\,490 \text{ Nm}$$

- *Ergebnis:*
  Umformkraft $F_{ges} = 807{,}7 \text{ kN}$
  Umformarbeit $W_{ges} = 13\,490 \text{ Nm}$

d) Werkzeuge

Beanspruchung

Die Umformdrücke bzw. -kräfte müssen von den Werkzeugmaschinen und den Werkzeugen aufgenommen werden. Nach der Geometrie des Umformraumes wirkt der Umformdruck in axialer und radialer Richtung auf das Werkzeug, da sich die Umformung in einem hohlen Werkzeug vollzieht. Die *axialen Drücke* werden vom Werkzeug auf die Presse übertragen und hier meist ohne große Schwierigkeiten abgeleitet. Die *radiale Komponente* wirkt als Innendruck auf die Innenwand des hohlen Werkzeuges (Aufnehmer, Rezipienten, Matrizen, Ziehringe). Hier ruft sie hohe Beanspruchungen in Form von Zugspannungen hervor, so daß das Werkzeug auseinanderreißen kann. Bei Blei und Reinaluminium können die Innendrücke noch ohne Gefahr für das Werkzeug aufgenommen werden. Bei schwer preßbaren Metallen, zu denen auch Stahl zählt, sind besondere Maßnahmen zur Aufnahme der Innendrücke notwendig. Ähnlich wie bei Blockaufnehmern von Strangpressen werden die Hohlwerkzeuge beim Fließpressen durch Aufteilung in einen *inneren Werkzeugteil* und einen *Futterring* vorgespannt (Bild C/34). Beide Teile werden mittels Preßpassung

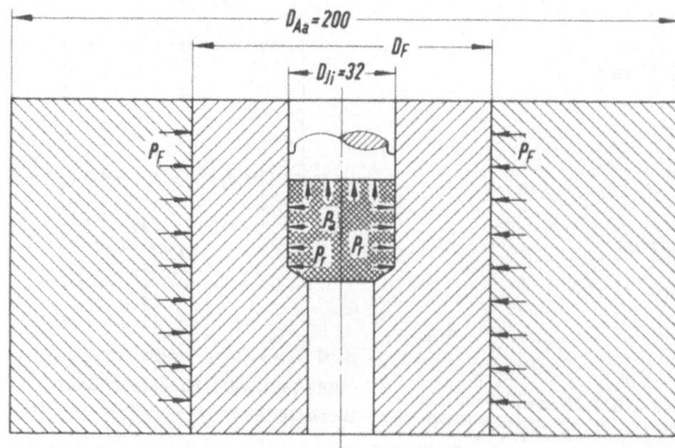

Bild C/34
Druckwirkung in einer zwei-
teiligen Fließpreßmatrize

zusammengefügt (geschrumpft). Besondere Verhältnisse findet man bei armierten Hartmetallwerkzeugen; hier dürfen bei dem höchsten auftretenden Umformdruck die Druckvorspannungen gerade abgebaut werden, da Hartmetalle kaum Zugspanungen vertragen.

Die für Blockaufnehmer im Abschnitt C2d angeführten Gleichungen gelten auch für die aus Stahl hergestellte mehrteilige Fließpreßmatrize. Wird eine Hartmetallinnenbuchse verwendet, gilt folgende günstigste Aufteilung des Preßpaßverbandes:

$$D_F = \frac{D_{Ii}}{\sqrt{Q^2 + \sqrt{Q^2 + Q^4}}} \text{ in mm}$$

(C/29)

Die Tragfähigkeit eines solchen Preßpaßverbandes hängt im wesentlichen von der Streckgrenze des Außenteiles σ_{SA} ab. Bezogen auf diese Streckgrenze ist bei günstigster Aufteilung nach Gleichung (C/29):

$$\frac{p_r}{\sigma_{SA}} = \frac{1}{1 + 2\,Q_I^2}$$

(C/30)

Unter der Bedingung, daß die Tangentialspannung σ_t am Innenrand der Hartmetallbuchse durch die tangentiale Druckvorspannung gerade aufgehoben wird, gilt nach den Gleichungen von Bach für die Fugenpressung für dickwandige Rohre unter Innen- und Außendruck

$$p_F = p_r \cdot \frac{1 - Q_I^2}{2} \cdot \frac{1 + Q^2}{1 - Q^2} \text{ in N/mm}^2$$

(C/31)

- *Beispiel C/6:*
  Eine Fließpreßmatrize mit einer Innenbuchse aus Hartmetall und einer Außenbuchse aus Stahl (Bild C/34) ist so zu bemessen, daß sie höchsten Innendrücken standhält.
  Gegeben sind: Streckgrenze des Außenteiles σ_{SA} = 1000 N/mm^2; Außendurchmesser: D_{Aa} = 200 mm; Innendurchmesser: D_{Ii} = 32 mm.

- *Lösung:*
  Durchmesserverhältnis

$$Q = \frac{D_{Ii}}{D_{Aa}} = \frac{32}{200} = 0{,}16$$

Fugendurchmesser gemäß Gl. (C/29)

$$D_F = \frac{32}{\sqrt{0{,}16^2 + \sqrt{0{,}16^2 + 0{,}16^4}}} = \frac{32}{0{,}433} = 73{,}9 \text{ mm}$$

Durchmesserverhältnis

$$Q_I = \frac{32}{73{,}9} = 0{,}433$$

$$Q_A = \frac{73{,}9}{200} = 0{,}369$$

Kontrolle: $Q = 0{,}433 \cdot 0{,}369 = 0{,}1598$

zulässiger Radialdruck gemäß Gl. (C/30)

$$p_{\mathrm{r}} = 1000 \cdot \frac{1}{1 + 2 \cdot 0{,}433^2} = 727{,}3 \ \mathrm{N/mm^2}$$

erforderliche Fugenpressung gemäß Gl. (C/31):

$$p_{\mathrm{F}} = 727{,}3 \cdot \frac{1 - 0{,}433^2}{2} \cdot \frac{1 + 0{,}16^2}{1 - 0{,}16^2} = 311 \ \mathrm{N/mm^2}$$

Hilfsgrößen gemäß Bild C/15:

$$K_{\mathrm{I}} = 0{,}023 \cdot 10^{-4}, \qquad K_{\mathrm{A}} = 0{,}08 \cdot 10^{-4}$$

Haftmaß gemäß Gl. (C/18):

$$Z = (0{,}08 + 0{,}023) \cdot 10^{-4} \cdot 73{,}9 \cdot 311 \ \mathrm{mm}$$
$$Z = 0{,}2377 \ \mathrm{mm} = 237 \ \mu\mathrm{m}$$

Übermaßverlust wie in Beispiel C/2:

$$\Delta U = 32 \ \mu\mathrm{m}$$

erforderliches Übermaß

$$U = Z + \Delta U = 237 + 32 \ \mu\mathrm{m} = 269 \ \mu\mathrm{m}$$

- *Ergebnis:*
  höchstzulässiger Radialdruck $p_{\mathrm{r}} = 727{,}3 \ \mathrm{N/mm^2}$
  günstigster Fugendurchmesser $D_{\mathrm{F}} = 73{,}9 \ \mathrm{mm}$
  erforderliches Übermaß $U = 269 \ \mu\mathrm{m}$

Gestaltung von Fließpreßwerkzeugen

Die Form der Werkzeuge hat einen wesentlichen Einfluß auf die Umformkräfte. Die günstigsten Winkel an der Matrize und am Stempel wurden von *Feldmann* durch Versuche ermittelt. Für das Rückwärtsfließpressen liegt der Winkel des Stempels zwischen 5° und 15°. Um die Reibung zwischen Werkzeug und Werkstück möglichst klein zu halten, wird der Stempelschaft freigeschliffen. Bild C/35 zeigt einen Stempel und die eigentliche Preßbuchse. Sie hat am Außenrand eine geringe Neigung von 1 ... 2°, um das Einsetzen in den Futterring zu erleichtern. Bei einer Ausführung nach Bild C/36a ist der Umformdruck am geringsten. Das Schmiermittel wird aber aus den auf Druck beanspruchten Zonen leicht abgedrängt; die Schmierschicht reißt. Bei einem konkaven Stempel (Bild C/36b) fließt das Schmiermittel nicht ab; es muß ein höherer Umformdruck aufgebracht werden. Die beste Gestalt hat daher der unten *leicht angespitzte Stempel.*

Die Preßbuchse für das Vorwärtsfließpressen nach Bild C/37 ist ebenfalls freigeschliffen, um die Reibung möglichst gering zu halten. Der günstigste Preßbuchsenwinkel liegt zwischen 25° und 30°. Bei diesen Winkeln ist die Reibung und damit auch die Umformkraft am geringsten.

In den Bildern C/38 und C/39 wird der Werkzeugsatz jeweils für Vorwärts- und Rückwärtsfließpressen dargestellt [38]. Der ein- (1) oder mehrteilige (2) Stempel wird durch eine Spannmutter (3) oder durch einen Spannkeil (4) im Stempelaufnehmer (5) befestigt. Zwischen Stempel und Stempelaufnehmer kann eine gehärtete Stempeldruckplatte (7) ange-

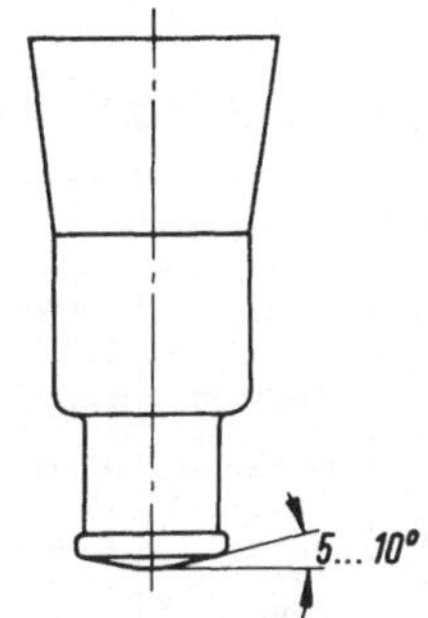
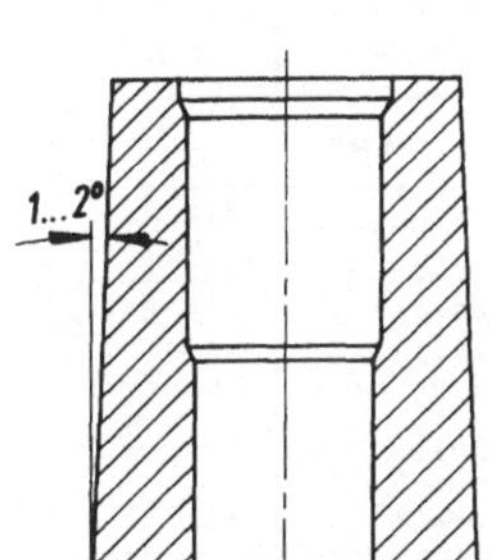

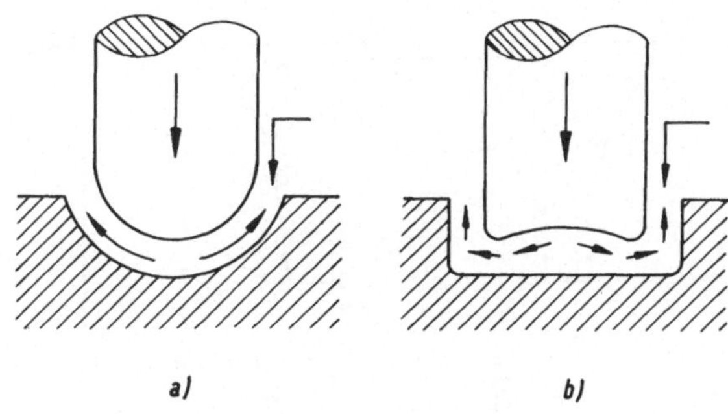

Bild C/36 Stempelausführung beim Fließpressen

Bild C/35
Stempel und Matrize für das Rückwärtsfließpressen von Stahl [38]

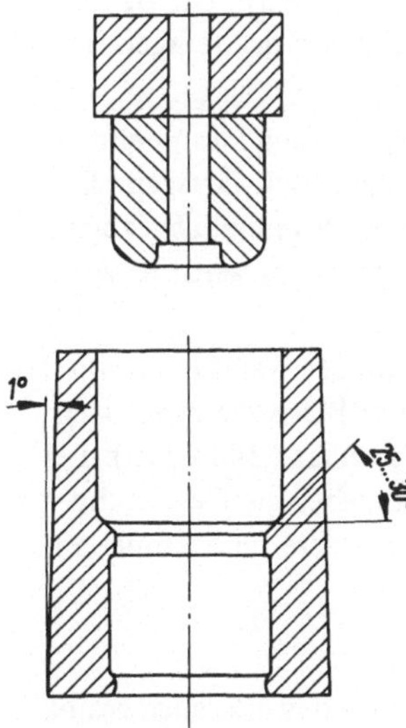

Bild C/37 Stempel und Matrize
für das Vorwärtsfließpressen von
Hohlkörpern aus Stahl [38]

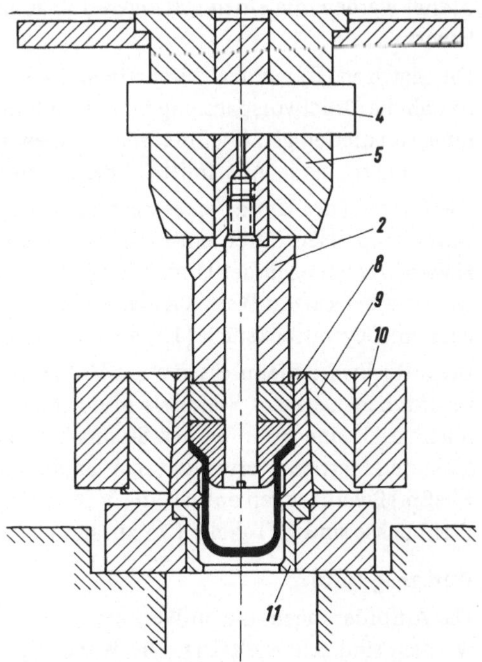

Bild C/38 Werkzeugsatz zum Vorwärtsfließpressen von Hohlkörpern [38]

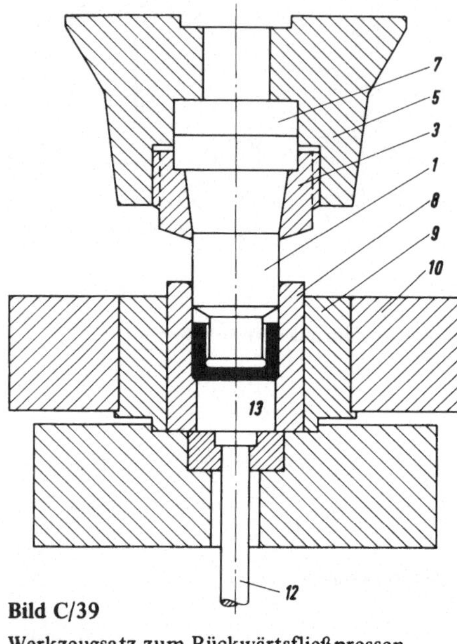

Bild C/39
Werkzeugsatz zum Rückwärtsfließpressen
[38]

Tabelle C/5

Richtwerte für Stempel und Preßbuchse [44]

Napf - Rückwärts - Fließpressen			
		Stähle	Leicht-metalle
Fließpreßstempel, -dorn	a	2 bis 5 mm	0,5 bis 3 mm
	b	0,05 bis 0,2 mm	0,15 mm
	β	5 bis 15°	5 bis 15°
	γ	< 20°	< 20°
	δ	3 bis 5°	$R \geqq 3d$

Vorwärts - Fließpressen			
		Stähle	Leicht-metalle
Preßbüchse	2α	40 bis 130°	bis 180°
	a	2 bis 5 mm	2 bis 3 mm
	b	0,05 bis 0,2 mm	0,15 mm
	γ	< 20°	< 20°
	$R > r$		

ordnet werden, die einen günstigeren Spannungsübergang vom Stempel in den Aufnehmer bewirkt.

Die Matrizen (8) werden durch einen Zwischenring (9) und einen Futterring (10) armiert, so daß die Druckvorspannung in diesem Fall von zwei Ringen erzeugt wird. Die Berechnung von dreiteiligen Fließpreßmatrizen entspricht der Berechnung von dreiteiligen Blockaufnehmern, die in Abschnitt C2 behandelt wurde.

Die Führung des Werkstückes nach dem Austritt aus der Matrizenöffnung kann beim Vorwärtsfließpressen durch eine Führungsbuchse (11) erfolgen. Lange, rückwärtsgepreßte Hülsen werden nach der Umformung durch eine Abstreifplatte vom Stempel abgezogen, während bei kurzen Werkstücklängen ein Ausstoßbolzen (12) angeordnet wird; er wirkt über ein Gegendruckstück (13) auf das Fließpreßteil.

Beim Rückwärtsfließpressen eines Hohlkörpers ist die Genauigkeit der Wanddicke von der zentrischen Lage des Stempels in der Matrizenbohrung abhängig. Bei hohen Matrizen reicht u.U. eine Führung des Stempels in der Matrizenbohrung selbst (Bild C/39). Bei kleineren Matrizen verwendet man Säulenführungen. Einzelheiten über die Gestaltung von Fließpreßwerkzeugen enthält die VDI-Richtlinie 3186 [44]. Richtwerte für Stempel und Preßbuchse sind in Tabelle C/5 zusammengestellt.

Werkzeugstoffe

Die Anforderungen, die an Werkzeugstähle für die eigentlichen Arbeitswerkzeuge gestellt werden, sind sehr vielfältig. Die Werkzeugstoffe müssen widerstandsfähig gegen Druck- und Schlagbeanspruchung sein. Bei ausreichender Zähigkeit ist ein hoher Verschleißwiderstand notwendig. In Tabelle C/6 werden für Stempel und Matrizen einige Hinweise zur richtigen Wahl geeigneter Stähle gegeben [44].

Tabelle C/6 Auswahl geeigneter Werkzeugstähle nach VDI 3186

Bezeichnung DIN	Werkstoff-Nr.	Festigkeit N/mm²	Härte HRC
S 6-5-3	1.3344	2200	63–65
S 6-5-2	1.3343	2100	62–64
X 165 CrMoV 12	1.2601	2000	60–62
100 MnCrW 4	1.2510	2000	60–62
45 WCrV 7	1.2542	1600	56–58

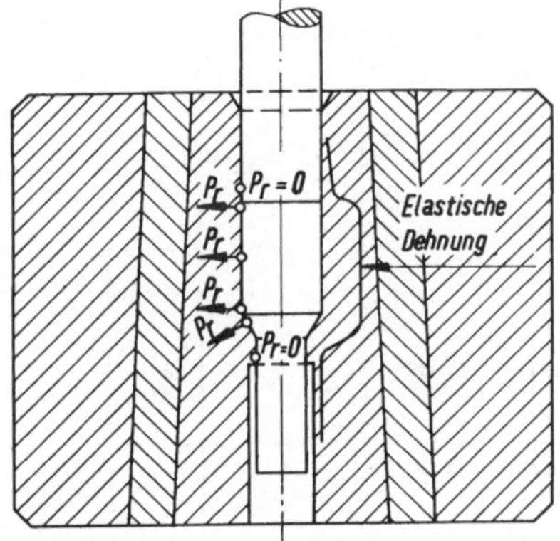

Bild C/40 Elastische Dehnung im Fließpreßaufnehmer (nach *Sieber*)

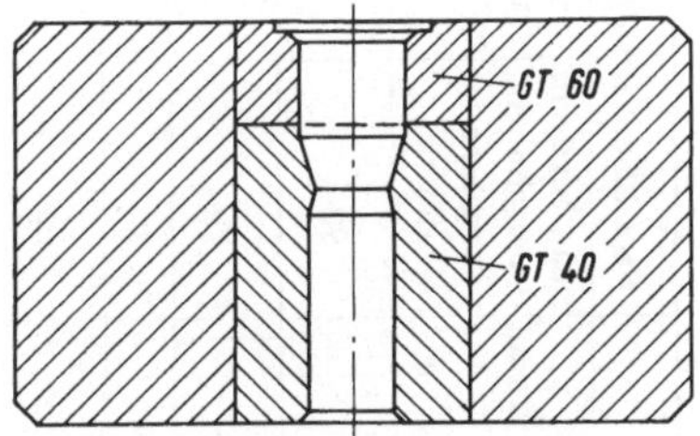

Bild C/41 Fließpreßaufnehmer mit
Hartmetallbuchse (nach *Sieber*)

Bei hohem Verschleiß verwendet man für die Preßbuchse Hartmetall. Der Berechnung der
Matrizen liegt die Annahme zugrunde, daß die Innenwand des Werkzeuges auf ihrer ganzen Länge gleichmäßig durch den Radialdruck belastet wird. Die Fließpreßmatrizen werden jedoch nur auf einem Teil ihrer Länge beansprucht. Der noch nicht umgeformte Abschnitt (Bild C/40) des Fließpreßrohlings übt auf die Innenwand den Radialdruck p_r aus,
der oben und unten ohne Übergang auf Null abfällt. Die elastische Dehnung ändert sich
hier sehr stark. Die Übergangsstellen wirken wie Kerben in Bauteilen, von denen Dauer-
brüche ausgehen können. Wirksame Abhilfe kann in solchen Fällen nur durch eine Herab-
setzung der Spannungen, durch Verringerung des Formänderungsverhältnisses oder bei
Hartmetallpreßbuchsen durch eine Kombination verschiedener Hartmetallsorten geschaffen werden. Bild C/41 zeigt nach *Sieber* eine kombinierte Kopfschlag- und Reduzier-
matrize aus Hartmetall. Das Kopfteil besteht aus dem zähesten Hartmetall GT 60, das eine
hohe Sicherheit gegen das Ausbrechen der durch Kerbwirkung gefährdeten Kopfausspa-
rungen gewährleistet. Im Reduzierteil fordert man dagegen eine höhere Verschleißfestigkeit; es wird deshalb aus Hartmetall GT 40 gefertigt [16].

e) Werkstoffe für das Fließpressen
Für die Anwendung der Fließpreßverfahren eignen sich alle metallischen Werkstoffe, die
gutes Formänderungsvermögen und ausgeprägte Plastizität aufweisen. Sie sollen größte

Tabelle C/7 Fließpreß-Werkstoffe [44]

Gruppe	Werkstoffe (geglühter Ausgangszustand)	Vorwärts-Fließpressen		Napf-Rückwärts-Fließpressen		Abstreckziehen mit Einringwerkzeugen	
		max. bezogene Querschnittsabnahme ϵ (%) <	max. Umformgrad φ (−) <	max. bezogene Querschnittsabnahme ϵ (%) <	min. bezogene Querschnittsabnahme ϵ (%) >	max. bezogener Querschnittsabnahme ϵ (%) <	max. Umformgrad φ (−) <
1	Al99,98R; Al99,9; Al99,8; Al99,7; Al99,5	98	3,9	98	10	30	0,35
	AlMn; AlMg1; AlMg2; AlMg3; AlMgSi0,5, AlMgSi0,8, AlMgSi1	95	3,0	95			
	AlCuMg1; AlZnMg1; AlZnMgCu1,5	70	1,2	70			
2	X-Cu99,93; Y-Cu99,95; Y-Cu99,94; CuAgP CuCr	80	1,6	75	30	40	0,5
3	CuZn15, CuZn28, CuZn30, CuZn37; CuZn38Pb1	70	1,2	65	20	35	0,43
4	Mbk6/Ma8; Muk7/UQSt36-2 und Stähle mit besonders niedrigem C-Gehalt	75	1,4	70	15	40	0,5
5	Ck10, Ck15, (C10, C15), Cq10, Cq15	70	1,2	65	20	35	0,43
6	Cq22, Cq35; 15Cr3	60	0,9	65	20	35	0,43
7	16MnCr5, 20MnCr5; X7Cr13, X8Cr17, X10Cr13; Cq45; 34Cr4, 37Cr4	55	0,8	60	20	30	0,35
8	15CrNi6; 17CrNiMo6; 41Cr4; 20CrMo4, 25CrMo4, 34CrMo4	50	0,7	55	40	30	0,35
9	42CrMo4; 34CrNiMo6; X22CrNi17; X12CrMoS17	50	0,7	50	40	30	0,35
10	100Cr3, 100Cr6; X2CrNi189; X5CrNi189 u.a.	45	0,6	50	50	30	0,35

Formänderungen ohne Bruch aushalten. Zu ihnen gehören die Nichteisenmetalle Blei, Zinn, Kupfer und deren Legierungen. Bei Stahl ist die Größe der Umformung durch die Flächenpressung zwischen Werkstück und Werkzeug begrenzt. Die zumutbare Flächenpressung liegt bei üblichen Werkzeugstählen bei etwa 2000 N/mm² in sehr günstigen Fällen reicht sie bis 2500 N/mm². Grundsätzlich lassen sich alle Stähle kaltfließpressen, die für die Kaltumformung geeignet sind. Das sind besonders Stähle, die in weichgeglühtem Zustand eine niedrige Streckgrenze und eine hohe Dehnung haben. In Tabelle C/7 sind einige Stähle als Beispiele aufgeführt [44].

Unlegierte Stähle erreichen nach dem Kaltfließpressen häufig die Festigkeitswerte der legierten Stähle im geglühten und teilweise auch im verfestigten Zustand. Dieses Verhalten kann vorteilhaft ausgenutzt werden, wenn teure Legierungsstähle durch billigere, umgeformte Kohlenstoffstähle ersetzt werden können.

f) Schmierung beim Fließpressen

Bei den hohen Flächenpressungen, die zwischen Werkstück und Werkzeug auftreten, entstehen hohe Reibkräfte, die den Verschleiß der Werkzeuge beschleunigen und die erforderlichen Umformkräfte unnötig ansteigen lassen. Abhilfe kann in weiten Grenzen durch eine sinnvolle Schmierung geschaffen werden. Übliche Schmiermittel versagen bei diesen Flächenpressungen. Der Schmierfilm von Öl und Fett kann leicht abgequetscht werden, so daß wieder eine metallische Berührung in den Wirkflächen stattfindet.

Zur Schmierung verwendet man *Öle* oder *Fette*, denen man hochdruckbeständige Zusätze beimengt. Diese bestehen meist aus organischen Chlorid-, Sulfid-, Phosphid- oder Nitridverbindungen. Versuche zeigten, daß nicht die Dicke der Schmiermittelschicht, sondern die Gleichmäßigkeit des Auftrages für die Schmierwirkung entscheidend ist. Bei metallischer Berührung zwischen den gleitenden Flächen treten hohe Temperaturen auf, unter deren Einwirkung sich die Zusätze zersetzen und mit dem Metall Salze bilden. Die Salzschicht wirkt einem Verschweißen der Metalle entgegen. Da die Scherfestigkeit dieser Salzschichten im allgemeinen aber erheblich geringer ist als die der Metalle, werden sie immer wieder abgerieben. Die Gleitfähigkeit der Flächen wird also mit einem fortschreitenden Verschleiß erkauft.

Eine andere Schmiermöglichkeit bei Grenz- und Mischreibungsbedingungen ist der Einsatz von *Feststoffschmiermitteln*, die chemisch nicht mit den Metallen reagieren und gleichzeitig einen geringen Reibungskoeffizienten haben. Zu den Feststoffschmiermitteln zählt Molybdändisulfid MoS_2, das sich bei großen Beanspruchungen bewährt hat. Seine Schmierwirkung beruht auf der Lamellenstruktur (Bild C/42). Die Molybdänatome sind im Schichtgitter des Molybdändisulfids in einer Ebene angeordnet und werden auf beiden Seiten von je einer Schicht Schwefelatome umgeben. Die MoS_2-Partikel bilden Lamellen, die mit ihren Schwefelschichten aufeinanderliegen. Wegen der geringen Bindung der Schwefelschichten lassen sich die Lamellen „wie die Blätter eines Kartenspieles" leicht gegeneinander verschieben. Das ist der Grund für den geringen Reibungskoeffizienten der MoS_2-Schmierschicht. Die starke chemische Bindung der Schwefel- und Molybdänatome bewirkt die Beständigkeit gegenüber Druck und chemischen Reaktionen. MoS_2-Schmierfilme sind über die Fließgrenze aller bekannten Metalle druckbeständig. Sie sind widerstandsfähig gegen Öle, Fette und die meisten Säuren und Laugen. Lediglich Chlor, Fluor und oxidierende Mineralsäuren reagieren mit Molybdändisulfid.

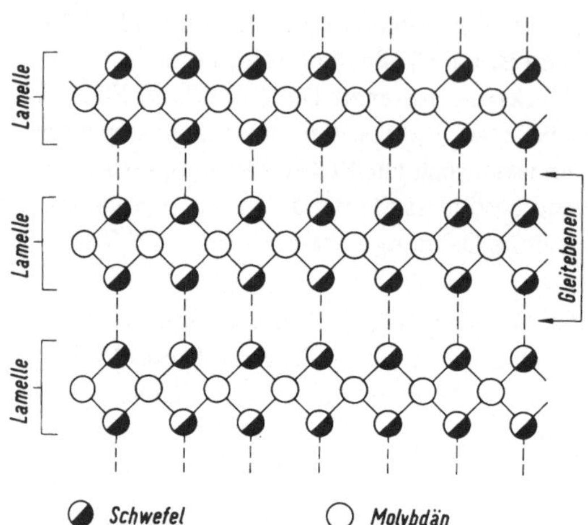

Bild C/42

Schema der Schichtgitter von Molybdändisulfid

Bei hochlegierten Stählen ist das Oberflächengefüge oft so dicht, daß selbst feinste MoS_2-Lamellen bei der Kaltumformung nicht ausreichend haften. Dann wird die Oberfläche des Werkstückes etwa durch Phosphatieren chemisch aufgerauht, damit sie einen größeren Schmierstoffvorrat aufnimmt. Die an der Metalloberfläche entstehende Phosphatschicht weist Kapillaren auf, die das Schmiermittel wie ein Schwamm aufsaugen kann. Auch bei hohen Umformgraden wird dadurch eine ausreichende Schmiermittelmenge bereitgehalten.

g) Grenzen des Fließpressens

Dem Kaltfließpressen sind Grenzen gesetzt, die sich zunächst aus dem *Kraftbedarf* zum Pressen ergeben. Der Umformdruck und damit der Kraftbedarf sind auch bei Aluminium schon sehr hoch. Dadurch wird die Aufstellung großer Pressen oder Sondermaschinen erforderlich.

Weitere Grenzen sind durch den Werkstoff, durch die *Werkzeuge* und das *Verfahren* selbst gesetzt. Nicht alle Werkstoffe lassen sich fließpressen. Maßgebend ist das plastische Verhalten. Werkstoffe, die schon nach geringer Umformung eine große Festigkeitssteigerung aufweisen, eignen sich nur wenig oder gar nicht zum Kaltpressen. Zu diesen gehören vor allem mit Kupfer legierte Leichtmetalle, außerdem Bronzen und Kupferlegierungen, die Blei und andere Metalle zum Zweck der Kurzspanigkeit enthalten. Im allgemeinen sind Werkstoffe, die für die spanende Bearbeitung entwickelt wurden, für eine Kaltumformung ungünstig. Sie werden nur in den Fällen eingesetzt, wo geringe Umformgrade ausreichen.

Die *Festigkeit der Werkzeuge* setzt der Umformung ebenfalls gewisse Grenzen. Bei der Herstellung von Hohlkörpern oder Bechern durch Rückwärtspressen kann das Verhältnis der Höhe zum Durchmesser nur soweit gesteigert werden, wie es die Knicklänge des Stempels erlaubt. Die Beanspruchung der Werkzeuge ist von der Wanddicke und dem verarbeiteten Werkstoff abhängig. Auch beim Pressen von Vollkörpern erreicht man u.U. die Grenzen der Tragfähigkeit der Werkzeuge.

Der Werkzeugaufbau verlangt oft einen *Zusammenbau aus mehreren Einzelteilen*. Diese sind entweder fest miteinander verbunden, oder sie sind gegeneinander beweglich, wenn es das Auswerfen des Preßlings erfordert. Fugen, mit denen das Werkstück während der

Umformung in Berührung kommt, bilden sich auf dem Werkstück als Grat ab, dies auch bei den unter einer Schrumpfspannung stehenden geteilten Werkzeugen. Nach Möglichkeit legt man solche Werkzeugteilungen an Stellen, an denen der Preßling nach der Preßoperation ohnehin noch bearbeitet wird.

Günstig ausgelegte Werkzeuge erliegen durch *Verschleiß*, d.h. durch den Abrieb an den Werkzeugwirkflächen. Der Verschleiß bestimmt die Anzahl der möglichen Pressungen, indem er sich nur innerhalb der zugelassenen Toleranzen bewegen darf. Man erreicht Werkzeugstandmengen zwischen 10 000 und 20 000 Pressungen je Werkzeug. Die Toleranzen des Werkzeuges übertragen sich auf die Preßlinge. Die Ausformung eines Werkstückes entlang dem Stempel erfolgt vorwiegend mit der Genauigkeit, mit der der Stempel hergestellt wurde. Da Stempel und Aufnehmer gegeneinander bewegt werden, können auch bei höchster Genauigkeit der Werkzeugteile am Preßkopf Abweichungen etwa in der Form eines Mittenversatzes auftreten. Das wirkt sich besonders bei Teilen aus, die vorher in einer Einspannung gedreht wurden und jetzt durch Massivumformung hergestellt werden. In Preßrichtung treten außerdem Toleranzen in Erscheinung, die durch das Auffedern der Presse und das zwischen den einzelnen Gelenken im Übertragungsmechanismus vorhandene Spiel entstehen. Bei Böden erscheint daher allgemein eine Toleranz von mindestens 0,2 mm unvermeidlich.

Die Bewegung des Werkstoffes sollte an allen Stellen des Preßlings zur gleichen Zeit beendet sein, wenn die Kraftwirkung aufhört. So müssen z.B. Zapfen immer frei ausfließen können und dürfen nicht durch Sacklöcher begrenzt sein. Sonst würde der Werkstofffluß an diesen Stellen vorzeitig beendet werden, während der Werkstoff am Grund des Zapfens weiterfließt und diesen abscheren kann.

Das Kaltfließpressen ist ein *Verfahren der Massenfertigung*. Je größer die Stückzahl, desto wirtschaftlicher ist seine Anwendung. Abhängig von der betrieblichen Einrichtung, vor allen Dingen je nach Größe der vorhandenen Pressen und Einrichtungen für die Wärme- und Oberflächenbehandlung, lassen sich sowohl kleine Teile von 1 ... 20 g als auch größere Werkstücke bis zu 35 kg danach herstellen. Eine Faustregel für wirtschaftliche Stückzahlen gibt *Feldmann* an:

Masse	Mindestmenge
1 ... 20 g	10 000 Stück
20 ... 500 g	5 000 Stück
0,5 ... 10 kg	3 000 Stück
10 ... 35 kg	10 000 Stück

Abweichungen von dieser Regel können durch die gewünschte Form, die erforderliche Oberflächenbeschaffenheit, die verlangte Maß- und Formgenauigkeit sowie die Standmenge der Werkzeuge eintreten. In jedem Einzelfall muß daher eine genaue Wirtschaftlichkeitsberechnung durchgeführt werden.

Hinsichtlich der Geometrie beim Fließpressen gelten folgende Richtwerte als Grenzwerte für Hohlkörper:

Länge	5 ... 1200 mm
Außendurchmesser	5 ... 150 mm
Wanddicke	0,5 ... 50 mm
	bei Aluminium sogar bis herunter zu 0,1 mm

Tabelle C/8 Abmessungsbereiche und Toleranzen für Voll- und Hohlkörper

Werkstückart	Abmessung	Abmessungs-bereich mm	Toleranzbereich mm
Vollkörper	Länge L	100 ... 1200	
	Durch-messer d	10 ... 100	± 0,05 ... ± 0,2
	Durch-biegung f	0,15 ... 2,0	
Hohlkörper	Außen-durch-messer D	15 ... 150	± 0,08 ... ± 0,4
	Wanddicke s	0,5 ... 50	± 0,05 ... ± 0,2
	Innen-durch-messer d	6 ... 140	± 0,05 ... ± 0,5
	Boden-dicke h	2 ... 70	± 0,15 ... ± 0,6

Die üblichen Abmessungsbereiche und Toleranzen sind für Voll- und Hohlkörper in
Tabelle C/8 enthalten.

D Durchziehen

Bei den *Durchdrückverfahren* wird die Umformkraft auf der Werkstoffeinlaufseite eingeleitet; in der Umformzone herrscht eine Druckspannung. Wenn die Umformkraft auf der
Werkstoffauslaufseite angreift, wird der Werkstoff durch den formgebenden Querschnitt
einer Matrize (Gleitziehen) oder zweier Walzen (Walzziehen) durchgezogen; in der Umformzone entstehen Zug- und Druckspannungen.

Nach DIN 8584 gehören daher die *Durchziehverfahren* zu den Fertigungsverfahren *Zugdruckumformen*, die in *Gleitziehen* und *Walzziehen* unterteilt werden. Das Walzziehen
kommt dem Walzen sehr nahe; die Zugdruckbeanspruchung in der Umformzone war maßgebend für seine Einordnung in die Gruppe der Durchziehverfahren.

1 Verfahren

Das Gleitziehen unterscheidet zwischen dem *Gleitziehen von Vollkörpern und Hohlkörpern*. Es ist auch unter der Bezeichnung *Strangziehen* bekannt. Es dient der Herstellung
von langen Stangen und Rohren [43] im Gegensatz zum Blechziehen, bei dem aus ebenen
Werkstücken hohle Teile geformt werden. Als Ausgangswerkstoff dienen bereits durch
Walzen, Strangpressen oder Ziehen vorgeformte Werkstücke. Die möglichen Formänderungen sind im Verhältnis zu den beim Strangpressen erzielbaren Formänderungen gering.

a) Vollstrangziehen

Als Ausgangswerkstoff dient eine Stange, die an einem Ende durch Drehen, Rundkneten u.a. Verfahren angespitzt wird. Diese Stange wird am angespitzten Ende in eine Zange gespannt und durch eine sich kegelig verjüngende Ziehmatrize (Bild D/1) gezogen. Die Zange übt auf den austretenden Strang eine Zug- bzw. Umformkraft F aus, unter der der Anfangsquerschnitt A_0 auf den Endquerschnitt A_1 des Stranges verringert wird. Die Zugkraft F verursacht in der Düsenwand eine Druckkraft F_D, die wegen der unvermeidlichen Reibung zwischen Werkstück und Werkzeug mit der Normalen auf die Kegelneigung den Reibungswinkel ρ einschließt.

Der kreisrunde, gezogene Vollstrang als Draht oder Rundstange läßt sich am einfachsten umformen; darüber hinaus können auch Stränge mit unsymmetrischen Profilen aus vorgeformtem Stangenwerkstoff gezogen werden.

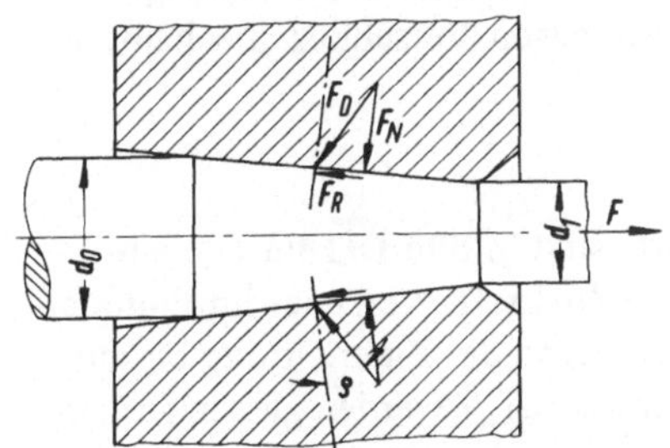

Bild D/1 Vollstrangziehen

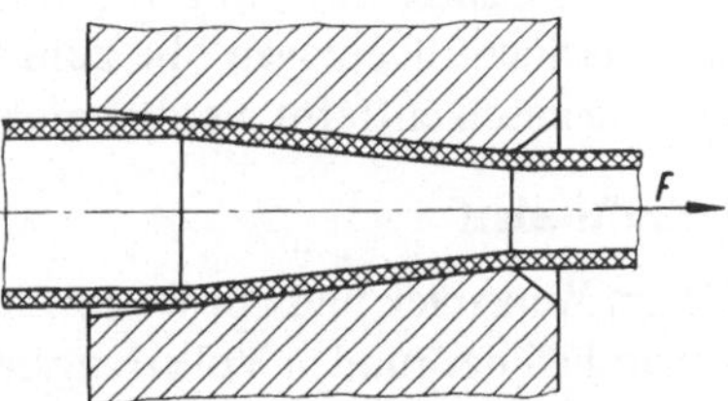

Bild D/2 Hohlstrangziehen ohne Dorn

Bild D/3 Hohlstrangziehen ohne Matrize

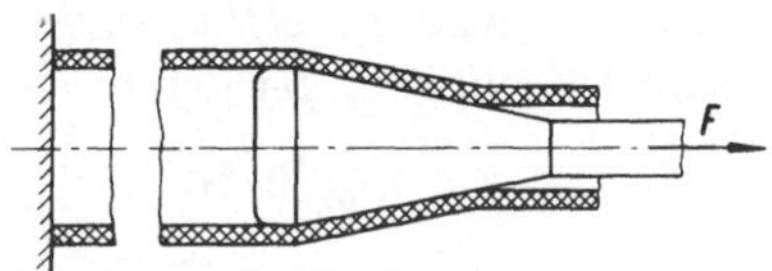

b) Hohlstrangziehen

Ähnlich dem Hohlstrangpressen können durch Ziehen über Dorne hohle Stränge erzeugt werden. Da die Ausgangsstangen beim Ziehen bereits ein vorgeformtes hohles Profil besitzen, kann man beim Ziehen auf den Dorn (Bild D/2) oder auf die Matrize (Bild D/3) verzichten, wenn keine genaue Einhaltung der Wanddicke verlangt wird. Das Rohrziehen mit Düse dient zur Herstellung von Rohren mit sehr kleinen Innendurchmessern; das Ziehen des Rohres über einen Dorn wird zum Aufweiten verwendet. Dabei werden in Abhängigkeit von der Genauigkeit des kegeligen Dornes und der Schmierung genaue Innendurchmesser mit glatten Wänden erzielt. Beim Aufweiteziehen (Bild D/3) muß das Rohrende vor dem Einführen des Dornes aufgeweitet werden. Das aufgeweitete Rohr wird am Ende festgehalten, und der Dorn wird nach rechts durchgezogen.

Genaue Wanddicken können nur durch gemeinsame Anwendung von Matrize und Dorn erreicht werden. In Bild D/4 wird der Dorn im Innern mit dem Rohr durch die Düse gezogen; dabei werden Dorn und Rohr gemeinsam in die Zange gespannt (*Stangenzug*). Bei diesem Verfahren entfällt die Reibkraft zwischen Dorn und Rohrinnenwand; bei einem ortsfesten Dorn (Bild D/5) ist sie vorhanden (*Stopfenzug*).

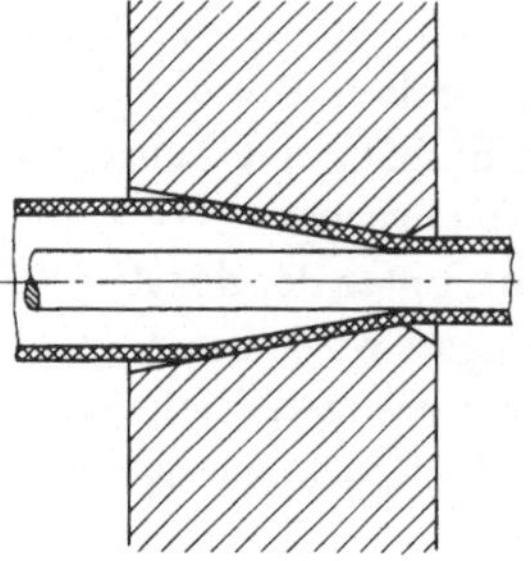

Bild D/4 Stangenzug

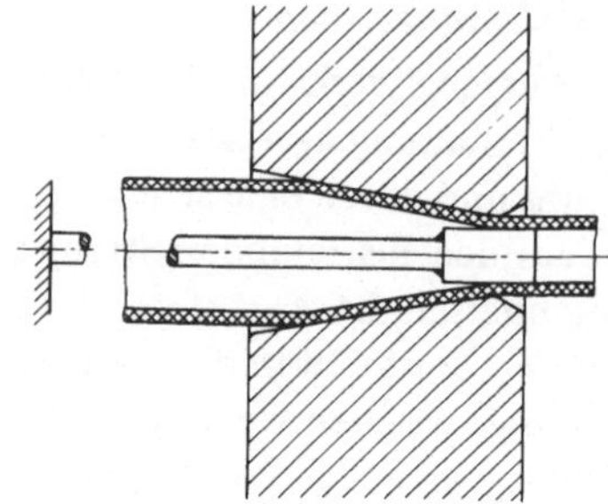

Bild D/5 Stopfenzug

Der Ausgangswerkstoff in Form von Stangen ist vom Warmwalzen noch mit einer spröden Zunderschicht überzogen, die zum Schutz der Ziehdüsen gegen Verschleiß mechanisch oder chemisch entfernt werden muß.

2 Kraftbedarf

Die am Werkstück und am Werkzeug auftretenden Kräfte sind in Bild D/1 für den einfachen Fall des runden Vollstrangziehens dargestellt. Die Zugkraft F erzeugt im Endquerschnitt A_1 die Zugspannung $\sigma_1 = F/A_1$. Diese nimmt entgegen der Ziehrichtung bis auf $\sigma_0 = 0$ im Anfangsquerschnitt A_0 ab. Durch die Reaktionskraft F werden gleichzeitig in der Umformzone Druckspannungen erzeugt. Ein Volumenelement in der Umformzone wird demnach in Ziehrichtung gereckt und in radialer Richtung gestaucht. Gemäß Gleichung (C/21) wird die *erforderliche Umformkraft* bei verlustfreier Umformung, d.h. ohne Berücksichtigung der Reibung

$$F_{id} = A_1 \cdot \varphi \cdot k_{fm} \text{ in N.}$$

Da die Formänderungen in Ziehrichtung stetig zunimmt, findet man in den einzelnen Querschnitten der Umformzone eine zunehmende Verfestigung. Im Querschnitt A_0 ist die Formänderungsfestigkeit k_{f0} und im Endquerschnitt A_1 die Formänderungsfestigkeit k_{f1} zu überwinden. In der Berechnung muß daher der *mittlere Wert* k_{fm} eingesetzt werden. Er ergibt sich aus der spezifischen Formänderungsarbeit und dem Formänderungsverhältnis aus der jeweiligen Fließkurve:

$$k_{fm} = \frac{w}{\varphi} \text{ in N/mm}^2.$$

Das größte Formänderungsverhältnis findet man in der Streckung des Werkstoffes bzw. in der Querschnittsverringerung:

$$\varphi = \ln \frac{A_0}{A_1} = 2 \cdot \ln \frac{d_0}{d_1}.$$

Der Anteil der *Reibung* zwischen Werkstück und der kegeligen Düsenwand ist:

$$\boxed{F_R = \mu \cdot F_N \approx \mu \cdot k_{fm} \cdot A_1 \cdot \varphi \text{ in N}}$$

(D/1)

Die Normalkraft F_N auf die Druckfläche der Düse hängt mit der Formänderungsfestigkeit zusammen. Die *axiale Komponente der Reibkraft* beträgt

$$F'_R = \mu \cdot F_N \cdot \frac{1}{\tan \alpha} = \mu \cdot k_{fm} \cdot A_1 \cdot \varphi \cdot \frac{1}{\tan \alpha} \text{ in N} \qquad (D/2)$$

Darin ist α der Neigungswinkel der Ziehdüse. Außer durch Reibung entstehen Verluste für die innere Schiebung des Werkstoffes. Dieser *Kraftanteil* wird nach *Siebel* durch folgende Gleichung bestimmt:

$$F_S = k_{fm} \cdot A_1 \cdot \frac{2}{3} \cdot \tan \alpha \text{ in N} \qquad (D/3)$$

Die *gesamte Umformkraft* beträgt demnach:

$$F_{ges} = F_{id} + F'_R + F_S = k_{fm} \cdot A_1 \left[\varphi \cdot \left(1 + \frac{\mu}{\tan \alpha} \right) + \frac{2}{3} \cdot \tan \alpha \right] \text{ in N} \qquad (D/4)$$

Da die Winkel an Ziehdüsen verhältnismäßig klein sind, wird vielfach der $\tan \alpha$ näherungsweise durch α im Bogenmaß ersetzt. Die Reibungszahl μ kann aus Gleichung (D/4) berechnet werden, wenn betriebliche Messungen über die gesamte Ziehkraft F_{ges} vorliegen. Als Richtwerte dienen folgende von *Geleji* angegebenen Zahlenwerte:

Werkstückstoff	Werkzeugstoff	Schmierstoff	Reibwert μ
MS 63	Stahl	Rüböl	0,1
(weichgeglüht)	Hartmetall	Rüböl	0,06
St	Hartmetall	Rüböl	0,04 ... 0,06
(weichgeglüht)		oder Seife	
Al	Stahl	Maschinenöl	0,15

Die Ziehkraft F_{ges} wird durch den Neigungswinkel α in starkem Maße beeinflußt. Mit zunehmendem Winkel α wird die zur Überwindung der Reibung erforderliche axiale Komponente F'_R kleiner, dafür nimmt jedoch der Anteil der Schiebungskraft F_S zu. Den Verlauf der Ziehkraft über dem Neigungswinkel α zeigt Bild D/6. Nach diesem Schaubild ergibt sich bei einem bestimmten Neigungswinkel ein Minimum für die erforderliche Ziehkraft. Zur Berechnung der Ziehkraft muß der *günstigste Neigungswinkel* α bekannt sein, der nach *Siebel* aus Gleichung (D/4) zu

$$\alpha_g = \sqrt{\frac{3}{2} \cdot \mu \cdot \varphi} \qquad (D/5)$$

für $\tan \alpha \approx \alpha$

berechnet wird. Nimmt man für das Ziehen von Stahl einen mittleren Reibbeiwert von $\mu = 0,05$ an, ergeben sich die in Bild D/7 dargestellten günstigsten Neigungswinkel der Düse. Die Größe der Formänderung bei einem Zug ist begrenzt. Da der austretende Strang

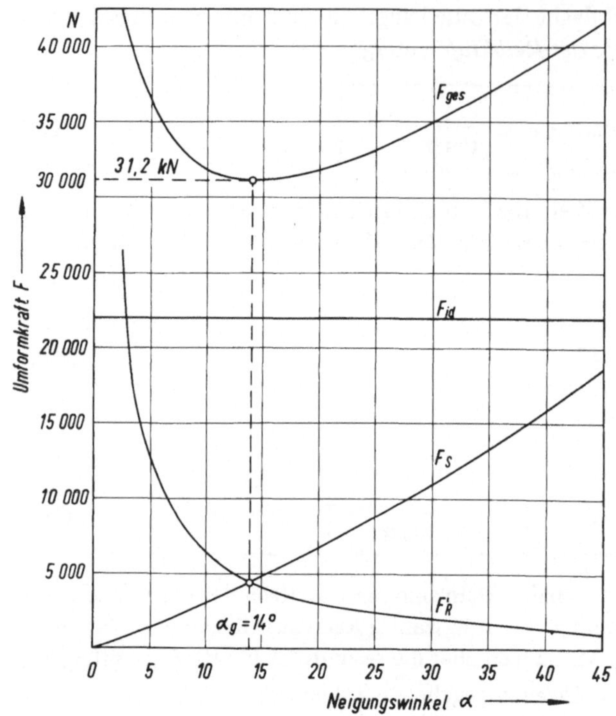

Bild D/6

Umformkraft in Abhängigkeit vom
Neigungswinkel für Beispiel D/1

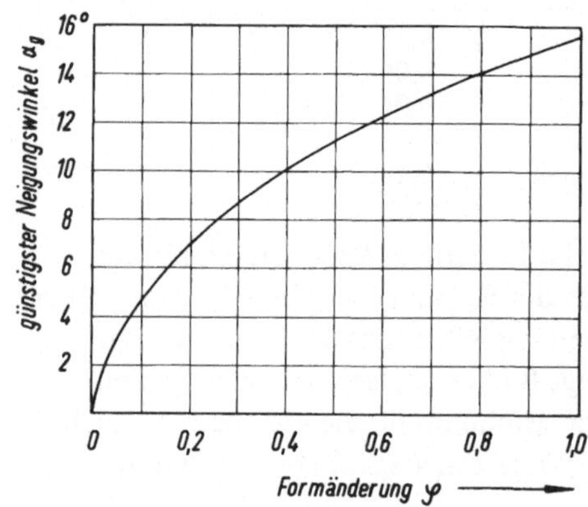

Bild D/7

Günstigster Neigungswinkel in Abhängigkeit von
der Formänderung

die Zugkraft F_{ges} zu übertragen hat, muß die Zugspannung σ_z im Endquerschnitt A_1
kleiner sein als die Zugfestigkeit σ_B, da sonst der Strang abreißt. Die größte Formänderung, die in einem Zug erreicht werden kann, liegt bei

$$\varphi_{\text{max}} = \left[\sqrt{\frac{\sigma_B}{k_{\text{fm}}} + \frac{2}{3} \cdot \mu} + \sqrt{\frac{2}{3} \cdot \mu} \right]^2 \qquad\qquad (D/6)$$

Beim ersten Zug liegen die Verhältnisse σ_B/k_{fm} im Mittel bei 1,25. Werden weitere Züge ohne Zwischenglühung durchgeführt, nähert sich infolge der Verfestigung das Spannungsverhältnis immer mehr dem Wert $\sigma_B/k_{fm} = 1$. Die Grenzformänderung wurde für den 1. Zug nach einer Zwischenglühung und für alle Züge ohne Zwischenglühung im Diagramm (Bild D/8) dargestellt; dabei wurden die genannten Reibbeiwerte von 0,04 ... 0,15 und der jeweils günstigste Neigungswinkel zugrunde gelegt. Weicht man vom günstigsten Neigungswinkel ab, wird auch die Grenzformänderung geringer. In diesem Fall ist sie gemäß Gl. (D/6) gesondert zu berechnen. Im allgemeinen wird man Formänderungen φ zwischen 0,35 und 0,60 wählen [43].

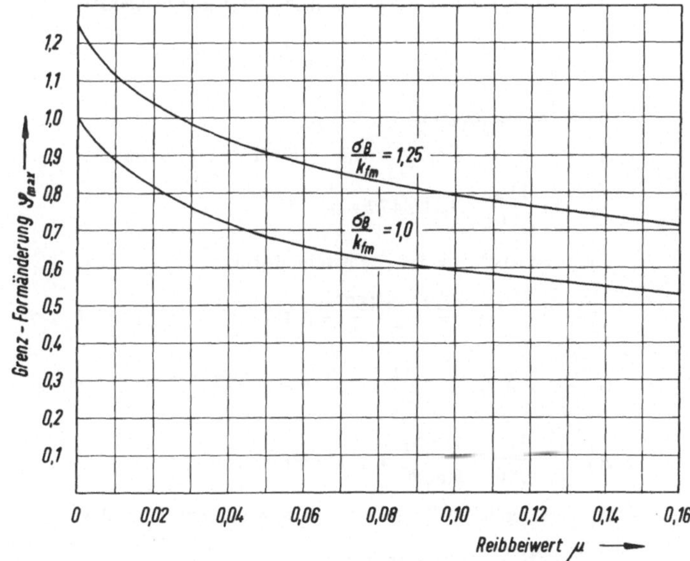

Bild D/8

Grenzformänderung in Abhängigkeit vom Reibbeiwert

- *Beispiel D/1:*
  Stahlrohr aus Ck 10, mit den Abmessungen 20 × 2 mm, wird auf 12 × 0,8 mm gezogen. Zu berechnen sind die Anzahl der erforderlichen Züge und die Umformkräfte der einzelnen Züge.

  Gegeben sind: Durchmesser des Rohres D_0 = 20 mm; Wanddicke s_0 = 2 mm; Durchmesser nach dem Ziehen D_n = 12 mm; Wanddicke nach dem Ziehen s_n = 0,8 mm; Reibbeiwert μ = 0,05 (angenommen). Die Formänderung je Zug soll φ = 0,6 nicht überschreiten.

- *Lösung:*
  Querschnittsfläche vor dem Ziehen:

  $$A_0 = \pi \cdot (D_0 - s_0) \cdot s_0 = 113 \text{ mm}^2$$

  Querschnittsfläche nach dem Ziehen:

  $$A_n = \pi \cdot (D_n - s_n) \cdot s_n = 28,2 \text{ mm}^2$$

  Gesamtformänderungsverhältnis:

  $$\varphi = \ln \frac{A_0}{A_n} = \ln \frac{113}{28,2} = \ln 4 = 1,39$$

  Die Abmessung 12 × 0,8 muß in 3 Zügen hergestellt werden, weil

  $$n > \frac{1,39}{0,6} = 2,32 \sim 3$$

ist. Die Gesamtformänderung wird daher auf 3 Züge aufgeteilt:

$$\varphi_1' = \frac{1,39}{3} = 0,46$$

Querschnittsfläche der 1. Zwischenform:

$$\varphi_1' = \ln \frac{A_0}{A_1'} = 0,46 \qquad \frac{A_0}{A_1'} = e^{0,46} = 1,5841$$

$$A_1' = \frac{A_0}{1,58} = \frac{113}{1,58} = 71,5 \ \text{mm}^2$$

Abmessung der 1. Zwischenform $s_1 = 1,4$ mm (gewählt)

$$D_1' = \frac{A_1'}{\pi \cdot s_1} + s_1 = \frac{71,5}{\pi \cdot 1,4} + 1,4 = 17,66$$

$D_1 = 18$ mm (gewählt)

$$A_1 = \pi \cdot s_1 (D_1 - s_1) = \pi \cdot 1,4 \cdot (18 - 1,4) = 73,01 \ \text{mm}^2$$

$$\varphi_1 = \ln \frac{113}{73,01} = \ln 1,5477 = 0,437$$

Querschnittsfläche der 2. Zwischenform

$$\varphi_2' = \frac{\varphi_g - \varphi_1}{2} = \frac{1,39 - 0,437}{2} = 0,476$$

$$\ln \frac{A_1}{A_2'} = 0,476 \qquad \frac{A_1}{A_2'} = e^{0,476} = 1,6096$$

$$A_2' = \frac{A_1}{1,6096} = \frac{73,01}{1,6096} = 45,36 \ \text{mm}^2$$

Abmessung der 2. Zwischenform $s_2 = 1,0$ mm (gewählt)

$$D_2' = \frac{A_2'}{\pi \cdot s_2} + s_2 = \frac{45,36}{\pi \cdot 1} + 1 = 15,44 \ \text{mm}$$

$D_2 = 15$ mm (gewählt)

$$A_2 = \pi \cdot s_2 (D_2 - s_2) = \pi \cdot 1 (15 - 1) = 43,98 \ \text{mm}^2$$

$$\varphi_2 = \ln \frac{73,01}{43,98} = \ln 1,6601 = 0,506$$

Formänderungsfestigkeit aus Bild I/9 für

$$\varphi_1 = 0,437 \qquad k_{fm} = \frac{w}{\varphi_1} = \frac{200}{0,437} = 457 \ \text{N/mm}^2$$

Neigungswinkel $\alpha = 11°$ aus Bild D/7
Umformkraft 1. Zug

$$F_{ges} = 457 \cdot 73,01 \left[0,437 \left(1 + \frac{0,05}{\text{tg } 11} \right) + \frac{2}{3} \cdot \text{tg } 11° \right] \ \text{N}$$

$$F_{ges} = 33365,57 \ (0,437 \cdot 1,2572 + 0,1296) = 22\,655,2 \ \text{N}$$

Die 2. Zwischenform wird ohne vorherige Zwischenglühung hergestellt. Daher muß die Verfestigung beim 1. Zug berücksichtigt werden. Die mittlere Formänderungsfestigkeit wird deshalb im Bereich $\varphi_1 = 0,437$ und $\varphi = \varphi_1 + \varphi_2 = 0,943$ eingesetzt:

$$k_{f1} = 565 \ \text{N/mm}^2 \qquad k_{f2} = 640 \ \text{N/mm}^2$$

$$k_{fm} = \frac{k_{f1} + k_{f2}}{2} = \frac{565 + 640}{2} = 602,5 \ \text{N/mm}^2$$

Umformkraft 2. Zug:

$$F_{ges} = 602,5 \cdot 43,98 \ (0,506 \cdot 1,2572 + 0,1296) = 20\,290,6 \ \text{N}$$

Die Endform wird mit Zwischenglühung vor dem 3. Zug hergestellt:

$$\varphi_3 = \varphi - \varphi_1 - \varphi_2 = 1,39 - 0,437 - 0,506 = 0,447$$

$$k_{f3} = 570 \ \text{N/mm}^2$$

Umformkraft 3. Zug

$$F_{ges} = 570 \cdot 28,2 \ (0,447 \cdot 1,2572 + 0,1296) = 11\,116,2 \ \text{N}$$

- *Ergebnis:*
  Umformkraft 1. Zug $F_{ges} = 22,2$ kN
             2. Zug $F_{ges} = 20,3$ kN
             3. Zug $F_{ges} = 11,1$ kN

3 Werkzeuge

Zum Ziehen von Draht verwendet man *Einloch-* und *Mehrlochwerkzeuge* [2]. In *Mehrlochwerkzeugen* oder *Zieheisen*, die meist aus chromlegierten Stahlplatten bestehen, werden die Ziehdüsen gitterförmig angeordnet (Bild D/9). Der verwendete Cr-Stahl läßt wegen seiner geringen Warmhärte und der damit verbundenen Neigung zur Kantenabstumpfung nur geringe Standmengen zu. Bei Drahtdurchmessern unter 5 mm liegt die Standmenge je nach der geforderten Maß- und Formgenauigkeit zwischen 500 N und 2000 N Drahtgewicht. Je nach dem Werkstückstoff und den Umformbedingungen kann bei Hartmetall die 30 ... 200fache Standmenge erreicht werden. Die Verwendung von Hartmetall schließt Mehrlochwerkzeuge aus. In *Einlochwerkzeugen* oder *Ziehsteinen* (Bild D/10) aus Hartmetall kann mit größerer Ziehgeschwindigkeit und größerem Umformgrad gezogen werden. Die auftretende Beanspruchung in der Düse (1) wird durch Armierung mit einem Futterring (2) ähnlich wie bei Fließpreßwerkzeugen aufgenommen.

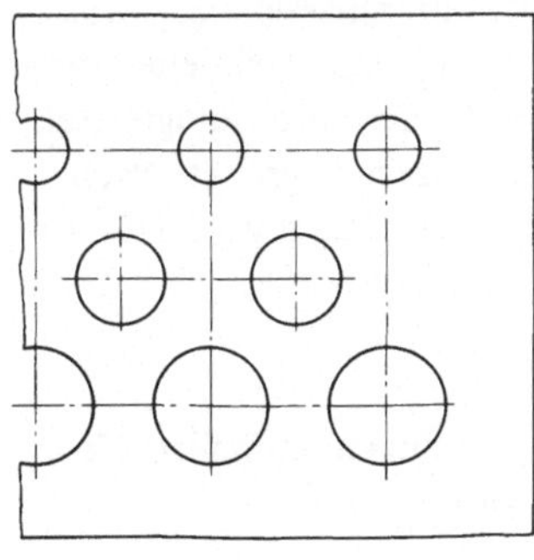
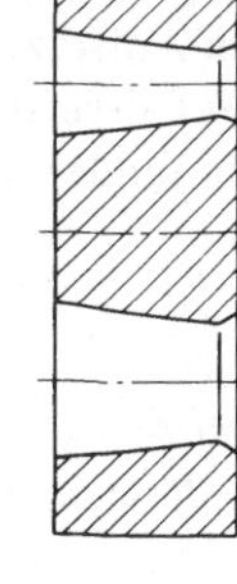

Bild D/9 Zieheisen

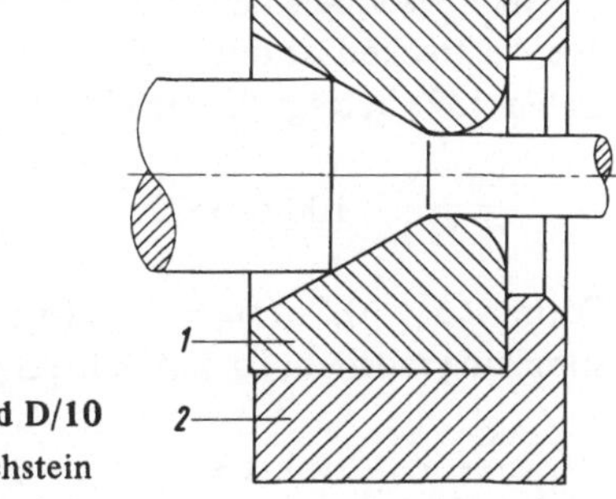

Bild D/10
Ziehstein

E Abstreckziehen

Das *Abstreckziehen*, das zu den Fertigungsverfahren Zugdruckumformen gehört, stellt einen Übergang zum Tiefziehen dar. Durch einen Ziehspalt zwischen Stempel und Abstreckring, der kleiner als die Wanddicke des hohlen Werkstückes ist, wird seine Wanddicke verringert.

Häufig wird das Ziehteil in üblichen Tiefziehverfahren zu einem Hohlteil vorgeformt und erst in einem abschließenden Abstreckzug auf das genaue Wanddicken- bzw. Außendurchmessermaß gezogen. Bild E/1 veranschaulicht den Abstreckvorgang. Das vorgeformte Hohlteil besitzt bereits den fertigen Innendurchmesser. Während des Durchzuges wird der Werkstoff in der Zarge gestreckt, so daß sich seine Wanddicke s_0 auf s_1 verringert. Die Dicke b des Bodens bleibt erhalten. Gleichzeitig wird durch die Streckung das Hohlteil tiefer.

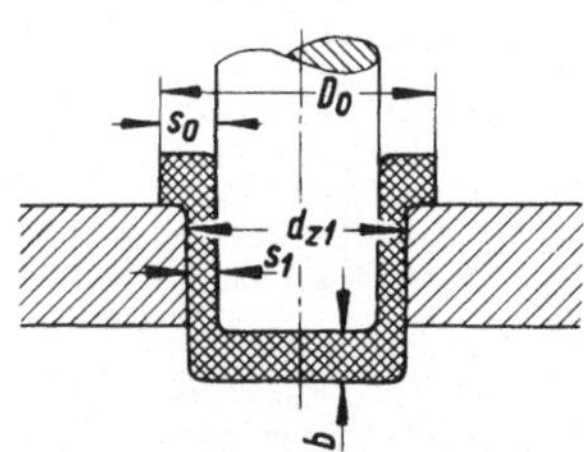

Bild E/1   Abstreckvorgang

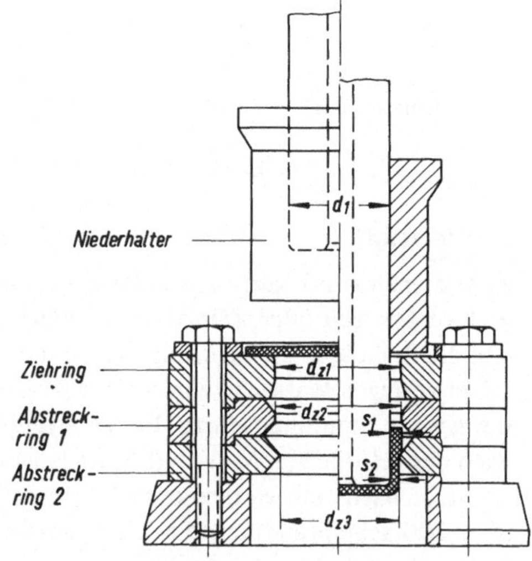

Bild E/2

Verbundwerkzeug zum Tief- und Abstreckziehen [32]

Oehler zeigt, daß die Herstellung eines solchen Hohlteiles aus der ebenen Blechronde mit einem kombinierten Tiefzieh- und Abstreckwerzeug in einem Hub möglich ist (Bild E/2). In diesem Werkzeug befinden sich unter dem eigentlichen Ziehring weitere Ringe mit geringeren Durchmessern, durch die unter Verringerung des Außendurchmessers $d_{z3} < d_{z2} < d_{z1}$ die Ronde getrieben wird. Der Umformvorgang wird beim üblichen Tiefziehen durch den hier besonders langen Ziehstempel nach dem Aufsetzen des Niederhalters eingeleitet. Das Abstrecken ist durch die Zugfestigkeit in der kaltverfestigten Zarge begrenzt. Nach *Oehler* [32] beträgt die erzielbare Wanddickenverminderung in einem Zug etwa 35 %, d.h.

$$\frac{s_0 - s_2}{s_0} \cdot 100 \leqslant 35\,\%.$$

Darin ist $s_2 = 0{,}5 \cdot (D_0 - d_{z2})$. Durch den unteren Abstreckring ist eine nochmalige Abstreckung möglich, so daß sich ein gesamtes Wanddickenverhältnis

$$\frac{s_0 - s_2}{s_0} \cdot 100 \leqslant 55\,\% \qquad \text{mit } s_3 = 0{,}5 \cdot (D_0 - d_{z3}) \text{ ergibt.}$$

Die zur Abstreckung erforderliche Kraft setzt sich aus der eigentlichen Umformkraft und den Reibverlusten zusammen, die überschlägig im Formänderungswirkungsgrad η_F zusammengefaßt werden. Danach wird die Stempelkraft zu

$$F_Z = \frac{k_{fm}}{\eta_F} \cdot A_2 \cdot \ln \frac{A_1}{A_2}$$

berechnet. Der Formänderungswirkungsgrad liegt zwischen 32 % und 40 %. Das Formänderungsverhältnis A_1/A_2 wird aus den Abmessungen vor und nach dem Abstreckziehen errechnet. Darin sind A_1 die Querschnittfläche der Zarge vor dem Abstrecken und A_2 die Querschnittsfläche nach der Umformung.

Bezogen auf die Ringfläche des Zargenquerschnittes werden bei Stahlblech im 1. Abstreckenzug bis zu 64 % und im 2. Zug bis zu 55 % Querschnittsverminderung erzielt.

$$\frac{A_1 - A_2}{A_1} = 0{,}64 \quad \text{und} \quad \frac{A_2 - A_3}{A_2} = 0{,}55$$

- *Beispiel E/1:*
  Die Wanddicke eines Napfes aus Ck 10 von 2,5 mm wird durch Abstrecken auf 1,6 mm Dicke verringert. Zu berechnen ist die Stößelkraft.

  Gegeben sind: Napfdurchmesser $d_1 = 100$ mm; Wanddicke $s_1 = 2{,}5$ mm; Formänderungswirkungsgrad $\eta_F = 0{,}4$ (angenommen).

- *Lösung:*
  Querschnittsfläche vor der Umformung:

  $A_1 = \pi \cdot 2{,}5 \text{ mm} \cdot 102{,}5 \text{ mm} \approx 805 \text{ mm}^2$

  Querschnittsfläche nach dem Abstreckzug:

  $A_2 = \pi \cdot 1{,}6 \text{ mm} \cdot 101{,}6 \text{ mm} \approx 510 \text{ mm}^2$

  Formänderungsverhältnis:

  $$\varphi = \ln \frac{A_1}{A_2} = \ln \frac{805}{510} = \ln 1{,}58 = 0{,}458$$

  mittlere Formänderungsfestigkeit: aus Diagramm Bild I/9

  $$k_{fm} = \frac{w}{\varphi} = \frac{200}{0{,}458} \text{ N/mm}^2 \approx 437 \text{ N/mm}^2$$

  Stößelkraft:

  $$F_Z = \frac{437}{0{,}4} \cdot 510 \cdot 0{,}458 \text{ N} \approx 255 \text{ kN}$$

- *Ergebnis:*
  Stößelkraft: $F_Z = 255$ kN

Nach der Umformung hat der Werkstoff in Beispiel E/1 infolge Kaltverfestigung eine Streckgrenze von 570 N/mm^2 (Bild I/9) erhalten, die durch F_Z im Zargenquerschnitt nicht überschritten wird. Die Spannung in der Zarge beträgt $\sigma = F_Z/A_2 = 500$ N/mm^2.

F Tiefziehen

Das *Tiefziehen* zählt zu den wichtigsten Verfahren der Blechumformung. Der bildsame Zustand wird in der Umformzone durch eine zusammengesetzte Zug- und Druckspannung herbeigeführt. Es gehört daher zu den Zugdruckumform-Verfahren nach DIN 8584.

1 Verfahren

Aus dem ebenen Ausgangswerkstoff, einer Blechscheibe, wird durch die gemeinsame Anwendung von Druck- und Zugspannungen ein dreidimensionales Gebilde, ein Hohlteil (Bild F/1), gezogen. Die Blechscheibe (1) mit dem Durchmesser D_0 wird zwischen Ziehring (2) und Niederhalter (3) eingelegt. Niederhalter und Stempel (4) gehen nach unten; der Niederhalter trifft auf die Blechscheibe und hält sie am äußeren Rand fest, während der Stempel die Blechscheibe durch die Öffnung des Ziehringes zieht. Der Werkstoff fließt dabei über die Ziehkante aus dem Rand nach; der äußere Randdurchmesser D_0 verringert sich. In der tiefsten Lage des Stempels ist die Umformung beendet; Stempel und Niederhalter kehren in die Ausgangslage zurück. Der Boden des Gefäßes behält seine Ausgangsblechdicke bei, die Gefäßwand wird gedehnt und der Flansch wird gestaucht.

Als *Kenngröße für die Umformung* wird das Verhältnis der Durchmesser

$$\frac{D_0}{d_1} = \beta \qquad\qquad\qquad (F/1)$$

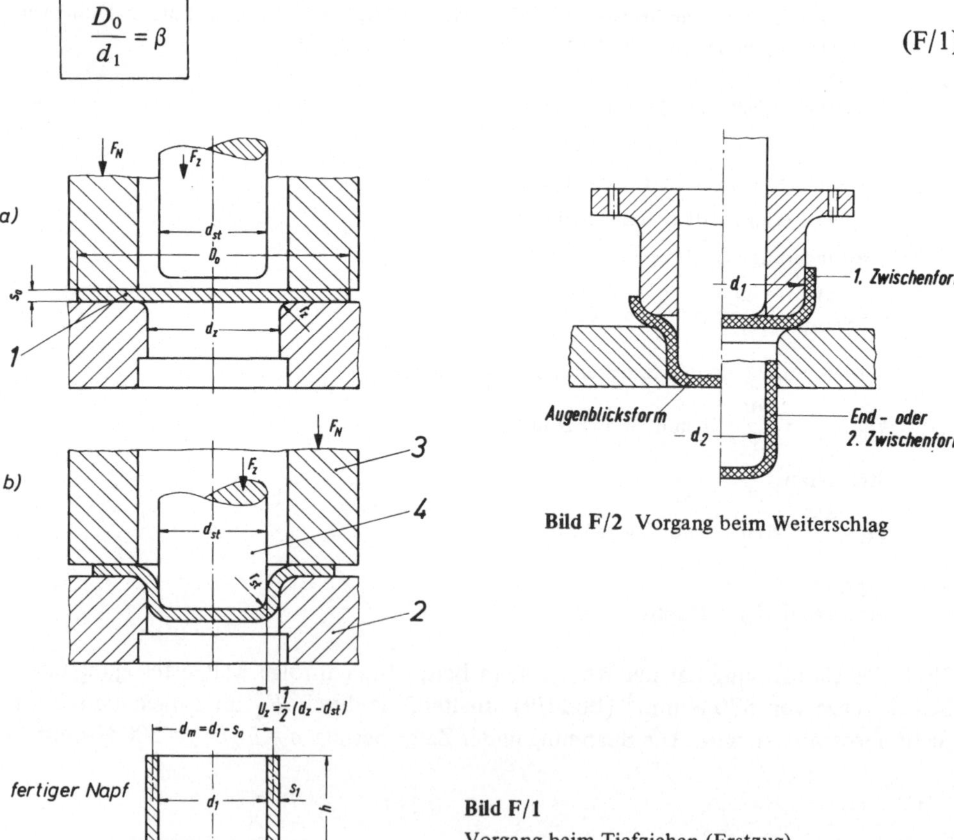

Bild F/2 Vorgang beim Weiterschlag

Bild F/1
Vorgang beim Tiefziehen (Erstzug)

als das *Ziehverhältnis* bezeichnet. Wird ein Hohlkörper in einem Zug aus dem ebenen
Blech umgeformt, spricht man vom *Erstzug* (Bild F/1). Häufig erreicht man den fertigen
Durchmesser bzw. die Tiefe nicht in einem Hub; man muß dann einen zweiten Zug oder
einen *Weiterschlag*, notfalls auch mehr, ausführen. Beim Weiterschlag wird ein Niederhalter nach Bild F/2 benutzt. Die im Erstzug erzeugte Form dient also beim Weiterschlag als
1. Zwischenform; man gelangt über die Augenblicksform während der Umformung zur
End- oder 2. Zwischenform. Für jeden Zug gilt ein bestimmtes Ziehverhältnis, so daß man
mit n Hüben ein Gesamtziehverhältnis von

$$\beta_{ges} = \beta_1 \cdot \beta_2 \dots \beta_n$$

erhält.

- *Beispiel F/1:*
  Blechscheibe $D_0 = 200$ mm wird im Erstzug auf $d_1 = 100$ mm und in zwei Weiterschlägen auf
  $d_2 = 63$ mm und $d_3 = 45$ mm gezogen. Wie groß ist das Gesamtziehverhältnis?

- *Lösung:*
  Erstzug $\beta_1 = \dfrac{200}{100} = 2$;   1. Weiterschlag $\beta_2 = \dfrac{100}{63} \approx 1,6$;   2. Weiterschlag $\beta_3 = \dfrac{63}{45} = 1,4$;

  $\beta_{ges} = 2 \cdot 1,6 \cdot 1,4 = 4,5$

- *Ergebnis:*
  Gesamtziehverhältnis $\beta_{ges} = 4,5$

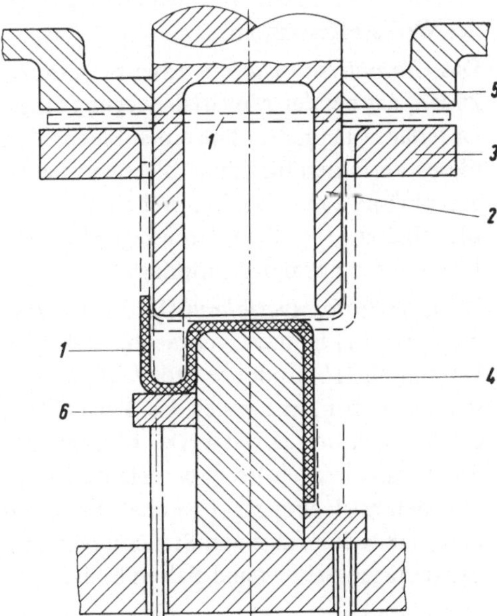

Bild F/3
Tiefziehen durch Umstülpen

Der Weiterschlag kann auch nach dem *Umstülpverfahren* (Bild F/3) durchgeführt werden.
In diesem Fall wird die Blechscheibe (1) von dem hohlen Stempel (2) in den Ziehring
(3) gezogen. Der Stempel wirkt im Weiterschlag als Ziehring. In ihm wird der Becher
durch den Stempel (4) gezogen, wobei sich die nach dem Erstzug äußere Fläche nun
nach innen kehrt, nämlich umstülpt. Die Teile (5) und (6) wirken dabei jeweils als Niederhalter. Da die tatsächlichen Formänderungen beim Umstülpen höher sind als beim üblichen Weiterschlag, können mit ihm nicht so große Ziehverhältnisse erreicht werden wie
beim Weiterschlag.

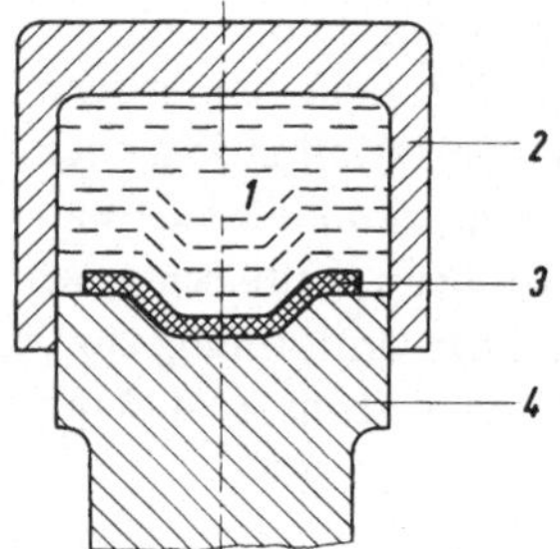

Bild F/4 Gummiziehverfahren

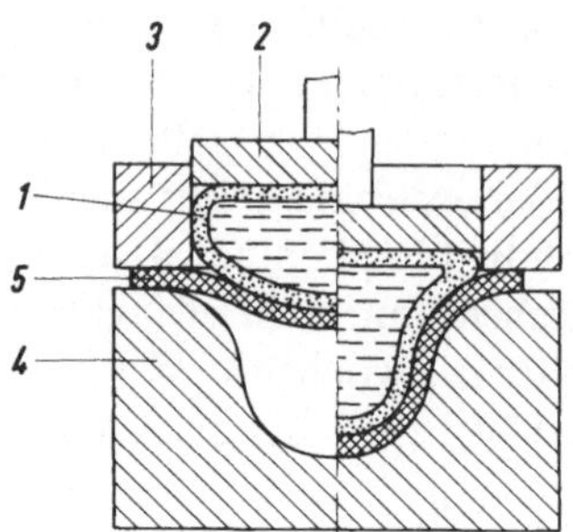

Bild F/5 Tiefziehen mit einem Gummibeutel

Neben diesen klassischen Tiefziehverfahren sind weitere Verfahren zu einer gewissen Bedeutung gelangt; dabei werden der Ziehstempel und der Niederhalter wahlweise durch
elastische (z.B. Gummi) oder hydraulische Druckmittel ersetzt. Mit diesen Verfahren
können höhere Ziehverhältnisse erreicht werden, weil teilweise die Reibung in den Berührflächen entfällt oder weil gleichmäßiger, allseitiger Druck das Formänderungsvermögen
des Werkstoffes erhöht.

Das *Gummiziehverfahren* arbeitet in seiner ältesten Form (Bild F/4) mit einem Gummi-
kissen, das bei der Abwärtsbewegung eines Stößels (2) ein Blech (3) in die Form einer
Unterlage (4) preßt, ohne einen Blechhalter zu verwenden. In abgewandelter Form wird
dieses Verfahren für dünne Bleche mit einem flüssigkeitsgefüllten Gummibeutel (1) angewandt (Bild F/5). Der Gummibeutel wird durch einen Stößel (2) auf das zwischen dem
Blechhalter (3) und der Unterlage (4) eingespannte Blech (5) gedrückt; dabei zieht er das
Blech in die Form der Unterlage.

Beim *Hydroformverfahren* (Bild F/6) wird statt eines Gummikissens nur eine Gummimembran (1) benutzt, hinter der sich Wasser (2) als Druckmittel befindet. Der in der
Unterlage (3) befindliche Stößel (4) bewegt
sich nach oben, wobei sich das Blech (5) auf
der Stempelform abwälzt. Der Flüssigkeitsdruck kann je nach Form des Ziehteiles verschieden hoch eingestellt werden. Er verhindert, daß sich infolge von Stauchungen in
der schrägen Seitenwand Falten bilden.

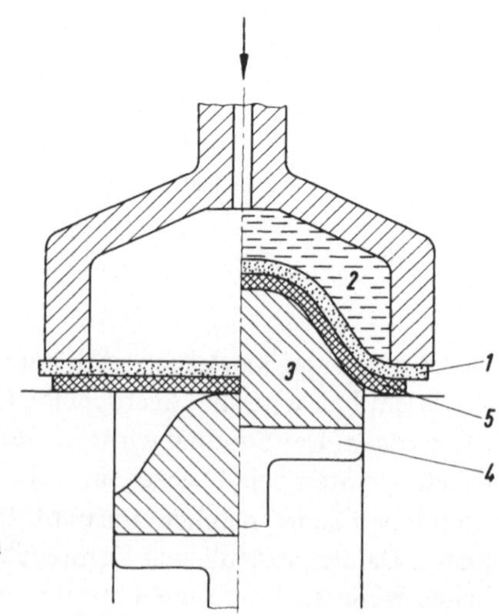

Bild F/6
Hydroformverfahren

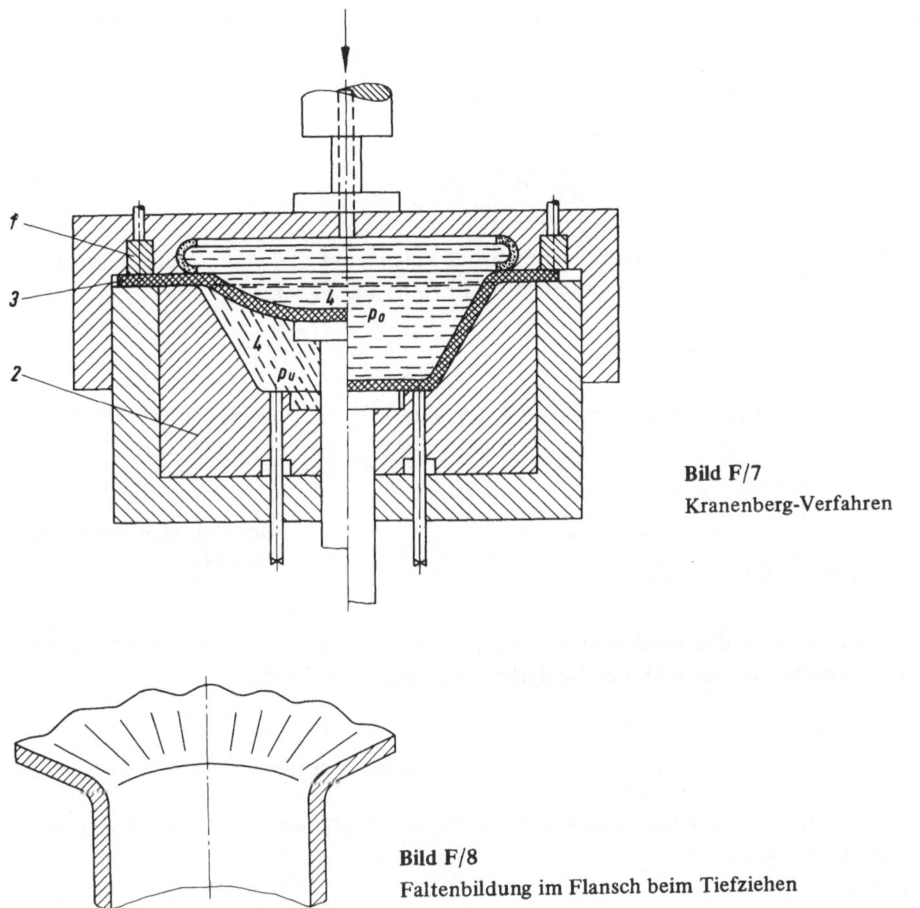

Bild F/7
Kranenberg-Verfahren

Bild F/8
Faltenbildung im Flansch beim Tiefziehen

Beim *Kranenberg-Verfahren* (Bild F/7) entfällt schließlich auch die Gummimembran; statt dessen wird ein allseitiger Flüssigkeitsdruck zur Umformung benutzt. Auf beiden Seiten des zwischen dem Niederhalter (1) und dem Werkzeug (2) mit der Hohlform eingespannten Bleches (3) befindet sich Druckwasser (4). Im oberen Teil wird der Druck in der Flüssigkeit gesteigert, so daß eine Druckdifferenz $p = p_o - p_u$ entsteht. Erreicht diese Druckdifferenz die Formänderungsfestigkeit des Werkstoffes, setzt Fließen ein und das Blech wird gegen den Druck des im Unterteil befindlichen Wassers in die Hohlform gezogen.

2 Niederhalterdruck

Im Flansch des Werkstückes entstehen hohe tangentiale Druckspannungen, unter denen er auszuknicken versucht und dabei im Rand unerwünschte Falten bildet (Bild F/8). Dieser Faltenbildung begegnet man wirksam mit dem Niederhalter, indem man den Rand mit einem bestimmten Druck festhält. Falten bilden sich dann nur noch bei zu geringem Niederhalterdruck. Stellt man ihn jedoch zu hoch ein, ist eine große Kraft zur Überwindung der Reibung in den Berührflächen zwischen Blechscheibe, Ziehring und Niederhalter erforderlich. Im Grenzfall kann sogar das Nachfließen des Werkstoffes in den Ziehspalt verhindert werden, so daß der Werkstoff am Einlauf in den Ziehspalt reißt.

Nach *Siebel* [36] kann der *erforderliche Niederhalterdruck* berechnet werden:

$$p = \left[(\beta_1 - 1)^3 + \frac{d_1}{200 \cdot s} \right] \cdot \frac{\sigma_B}{400} \text{ in N/mm}^2 \qquad\qquad \text{(F/2)}$$

Die gesamte Niederhalterkraft ergibt sich aus der Fläche, auf die dieser Druck ausgeübt werden muß. Mit den Bezeichnungen nach Bild F/9 ist die *Fläche*

$$A = \frac{\pi}{4} \cdot (D_0^2 - d_N^2) \text{ in mm}^2$$

so daß für den gesamten Niederhalter eine *Kraft* von

$$F_N = \frac{\pi}{4} \cdot (D_0^2 - d_N^2) \cdot p \ \text{ in N} \qquad\qquad \text{(F/3)}$$

erforderlich wird. Dabei ist $d_N = d_z + 2 \cdot r_z$.

Bild F/9 Abmessungen beim Tiefziehen

Aus der Gleichung für den Niederhalterdruck geht hervor, daß die Faltenbildung bei dünnen Blechen größer ist, da auch der Niederhalterdruck größer wird.

- *Beispiel F/2:*
  Rostfreies Stahlblech mit σ_B = 600 N/mm^2 Festigkeit wird mit einem Ziehverhältnis β_1 = 2 gezogen. Wie groß ist die Niederhalterkraft?
  Gegeben sind: Blechrondendurchmesser D_0 = 200 mm; Napfdurchmesser d_1 = 100 mm; Blechdicke s = 1mm; $d_N \approx d_1$.

- *Lösung:*
  Niederhalterdruck:

$$p_N = \left[(2 - 1)^3 + \frac{100}{200 \cdot 1} \right] \cdot \frac{600}{400} \text{ N/mm}^2 \approx 2{,}25 \text{ N/mm}^2$$

  Niederhalterkraft:

$$F_N = p_N \cdot \frac{\pi}{4} \cdot (D_0^2 - d_1^2) = 2{,}45 \cdot \frac{\pi}{4} \cdot (200^2 - 100^2) \text{ N} \approx 48{,}63 \text{ kN}$$

- *Ergebnis:*
  Die erforderliche Niederhalterkraft beträgt 48,63 kN

Praktisch empfiehlt es sich, den errechneten Niederhalterdruck im Versuch, gegebenenfalls mit einem modellmäßig verkleinerten Werkstück zu überprüfen. Dabei ist es zweckmäßig, den Druck langsam zu steigern. Am Aussehen des Ziehteiles erkennt man, ob der richtige Niederhalterdruck erreicht ist. Bildet sich trotz glatter Wand ein gezackter Rand aus, war der Druck zu gering; die Zacken sind Falten, die beim Eintritt in die Ziehöffnung geglättet werden, wenn der Ziehspalt gleich der Blechdicke ist. War der Niederhalterdruck zu hoch eingestellt, wird der Boden des Ziehteiles durchstoßen, bevor das ganze Werkstück in die Öffnung gezogen wurde; die Gefäßwand bleibt dabei faltenfrei. Es kann vorkommen, daß Niederhalter und Auflagefläche des Werkstückes nicht parallel sind oder daß die Blechscheibe unterschiedlich dick ist. Dann ist der Gefäßrand an einer Stelle bedeutend höher. An den dicken Stellen des Bleches stellt sich ein höherer Niederhalterdruck ein, der das Blech am Eintritt in die Ziehöffnung hindert.

3 Stempelkraft

Die Festigkeit des umzuformenden Werkstoffes begrenzt die größte Stempelkraft. Wenn man beim Tiefziehen eines Hohlteiles die Stempelkraft allmählich steigert und den Niederhalterdruck entsprechend zu hoch einstellt, wird die Zugfestigkeit σ_B in der Zarge (Bild F/10) überschritten. Der Boden reißt an der Wandung auf. Die Ziehkraft muß daher stets kleiner als die Bodenreißkraft sein. Die *Querschnittfläche des Hohlteiles* (Bild F/10) beträgt:

$$A = \pi \cdot (d_1 + s) \cdot s \ \text{in mm}^2,$$

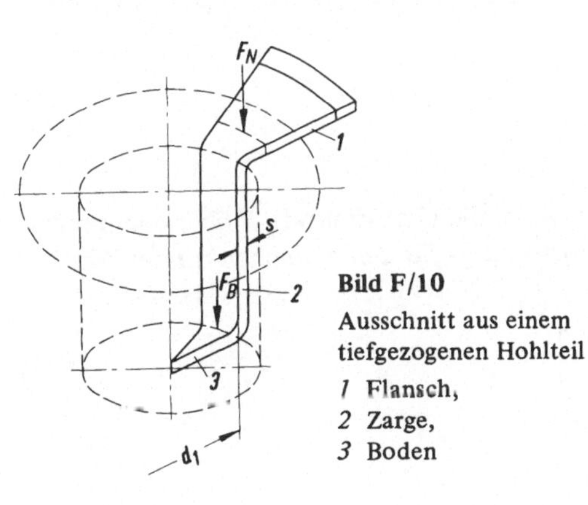

Bild F/10

Ausschnitt aus einem tiefgezogenen Hohlteil

1 Flansch,
2 Zarge,
3 Boden

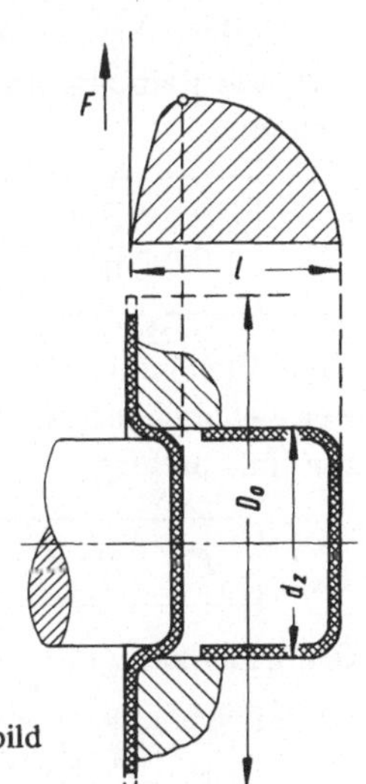

Bild F/11
Kraft-Weg-Schaubild beim Tiefziehen

so daß man für die *Bodenreißkraft*

$$F_B = \pi \cdot (d_1 + s) \cdot s \cdot \sigma_B \ \text{in N} \qquad\qquad (F/4)$$

erhält. Mit dieser Gleichung ist die obere Grenze der Ziehkraft bestimmt, über der ein einwandfreies Ziehen nicht mehr möglich ist. Für die *Ziehkraft* gilt demnach:

$$F_z < F_B = \pi \cdot (d_1 + s) \cdot s \cdot \sigma_B \ \text{in N} \qquad\qquad (F/5)$$

Die tatsächliche Ziehkraft liegt unter der Bodenreißkraft und ist von verschiedenen Einflüssen abhängig:

1.   Reibung zwischen Werkstück und Werkzeug an der Ziehkante,
2.   Reibung zwischen Werkstück und Niederhalter und Ziehring,
3.   Rückbiegungskraft.

Die zur Umformung erforderliche Kraft ist während des Ziehens nicht gleichbleibend. Sie steigt bei Beginn des Hubes steil an (Bild F/11) und erreicht im allgemeinen ihren Höchstwert, wenn der Ziehstempel in den Ziehring bis zu einer Tiefe eingedrungen ist, die der Summe der Halbmesser an der Ziehkante und der Stempelrundung entspricht. Nach Überschreiten des Höchstwertes wird das Augenblicksziehverhältnis stetig kleiner, so daß auch die Ziehkraft geringer wird.

Die *Gesamtstempelkraft* F_Z ergibt sich aus der Summe der reinen Umformkraft F_{id}, der durch die Reibungsverluste zwischen Ziehring und Niederhalter bedingten Stempelkraft F_{NR}, der Reibungskraft an der Ziehringkante F_{RZ} und der Rückbiegungskraft F_N, die infolge der Krümmung der aus der Ziehringrundung auslaufenden Werkstoffes zum Zurückbiegen benötigt wird:

$$F_Z = F_{id} + F_{RN} + F_{RZ} + F_B \text{ in N} \tag{F/6}$$

Die Verluste bei der Umformung und alle sonstigen dabei auftretenden Widerstände, wie etwa die Reibung, können überschlägig durch den Formänderungswirkungsgrad erfaßt werden:

$$F_Z = \frac{F_{id}}{\eta_F} \text{ in N} \tag{F/7}$$

Diese Gleichung stimmt strenggenommen nur, wenn die Umformkraft F über dem Preßweg gleich bleibt. Nach *Siebel* beträgt die *Umformkraft für den einfachen runden Napfzug* im Anschlag:

$$F_{id} = \pi \cdot d_1 \cdot s \cdot k_{fm} \cdot (\ln \beta_1 - c) \text{ in N} \tag{F/8}$$

Demnach beträgt die Stempelkraft

$$F_Z = \frac{\pi \cdot d_1 \cdot s \cdot k_{fm}}{\eta_F} \cdot (\ln \beta_1 - c) \text{ in N} \tag{F/9}$$

Der Formänderungswirkungsgrad liegt zwischen 0,5 und 0,7, wobei die niedrigen Werte für dünnwandige Näpfe und die hohen für dickwandige gelten. Für die Reibung an der Ringrundung werden 10–20 % und für die Reibung am Flansch bis zu 10 % der aufgewendeten Umformarbeit [25] erforderlich. Der Beiwert c wird meist zu 0,25 angenommen. Er kann bei vielen Kraftberechnungen vernachlässigt werden. Nimmt man den Formänderungswirkungsgrad der Einfachheit halber und zwecks Kürzung gegen π zu $\eta_F = 0,628$ an [32], ergibt sich für die vom Stempel aufzubringende *Ziehkraft für runde Teile* die einfache Gleichung

$$F_Z = 5 \cdot d_1 \cdot s \cdot k_{fm} \cdot \ln \beta_1 \text{ in N} \tag{F/10}$$

Für unrunde Ziehformen muß für $5 \cdot d_1$ der jeweilige Umfang U_1 des Werkzeuges eingesetzt werden.

Für *runde Napfweiterschläge* gilt eine ähnliche Berechnung der Ziehkraft. Anstelle von $\beta_1 = D_0/d_1$ wird dann lediglich das jeweilige Ziehverhältnis $\beta_2 = d_1/d_2$ und $\beta_3 = d_2/d_3$

eingesetzt. Im Hinblick auf die richtungsmäßige Umkehrung der im vorhergehenden Zieharbeitsgang aufgewendeten Kraft wird 0,5 derselben als Biege- und Umformanteil hinzuaddiert. Demnach gilt für den *2. Zug:*

$$\boxed{F_{Z2} = 0,5 \cdot F_{Z1} + 5\,d_2 \cdot s \cdot k_{\text{fm}2} \cdot \ln \beta_2 \text{ in N}} \qquad\qquad \text{(F/11)}$$

und für den *3. Zug:*

$$\boxed{F_{Z3} = 0,5 \cdot F_{Z2} + 5\,d_3 \cdot s \cdot k_{\text{fm}3} \cdot \ln \beta_3 \text{ in N}} \qquad\qquad \text{(F/12)}$$

Die Werkzeugmaschine muß zusätzlich zur Ziehkraft F_Z die Niederhalterkraft aufbringen. Bei der Auswahl einer geeigneten Tiefziehpresse ist daher darauf zu achten, daß insgesamt eine *Preßkraft* von

$$\boxed{F = F_Z + F_N \text{ in N}} \qquad\qquad \text{(F/13)}$$

zur Verfügung steht. Die vorstehenden Gleichungen dienen zur überschlägigen Kraftberechnung; sie sind durch eine Reihe von vereinfachenden Annahmen entstanden und geben die tatsächlichen Verhältnisse daher nicht genau wieder.

Beim Tiefziehen muß dem Werkstoff Zeit zum Fließen gelassen werden. Das gilt besonders für tiefe Züge, also für hohe Ziehverhältnisse β, damit sich der Werkstoff gleichmäßig dehnt und im ganzen Querschnitt gleiche Verfestigungen erreicht werden. Kann der Werkstoff nicht schnell genug nachfließen, so vollzieht sich die Fließbewegung nicht gleichmäßig, und im Ziehspalt bildet sich eine örtliche Einschnürung. Dadurch wird in der hoch beanspruchten Zarge die Wanddicke geschwächt; das Ziehteil reißt sofort oder spätestens beim Weiterschlag.

Je geringer die Geschwindigkeit der Presse, um so größere Ziehverhältnisse β können erreicht werden. Aus wirtschaftlichen Gründen ist man jedoch bestrebt, mit nicht zu geringen Geschwindigkeiten zu ziehen. Als Richtwerte für Ziehgeschwindigkeiten gelten daher folgende Angaben:

Werkstoff	Ziehgeschwindigkeit
Aluminium	30 m/min
Messingblech	45 m/min
rostfreies Stahlblech	12 m/min
Stahlblech	18 m/min
Zinkblech	22 m/min

● *Beispiel F/3:*
Zu berechnen sind die Stempelkraft für den Erstzug und den Weiterschlag.

Gegeben sind: Stahlblechronde $D_0 = 200$ mm; Durchmesser nach den Erstzug $d_1 = 125$ mm; Durchmesser nach dem Weiterschlag $d_2 = 100$ mm; Blechdicke $s = 1$ mm. Es wird die Fließkurve gemäß Diagramm I/9 zugrunde gelegt. Die Festigkeit des Werkstoffes beträgt $\sigma_B = 380$ N/mm^2.

● *Lösung:*
Ziehverhältnis:

$$\beta_1 = \frac{200}{125} = 1,6; \qquad \beta_2 = \frac{125}{100} = 1,25$$

Formänderungsverhältnis:

$$\varphi_1 = \ln \beta_1 = 0,47; \qquad \varphi_2 = \ln \beta_2 = 0,223$$

mittlere Formänderungsfestigkeit aus Diagramm Bild I/9:
für $\varphi_1 = 0,47$

$$k_{fm1} = \frac{w}{\varphi} = \frac{210}{0,47} \text{ N/mm}^2 \approx 447 \text{ N/mm}^2$$

Der Weiterschlag soll ohne Zwischenglühung erfolgen, daher gilt

$$k_{fm2} = \frac{k_{f1} + k_{f2}}{2}$$

Formänderungsfestigkeit
für $\varphi_1 = 0,47$; $\qquad\qquad k_{f1} = 580 \text{ N/mm}^2$
für $\varphi = \varphi_1 + \varphi_2 = 0,693$; $\quad k_{f2} = 610 \text{ N/mm}^2$

$$k_{fm2} = \frac{580 + 610}{2} \text{ N/mm}^2 = 595 \text{ N/mm}^2$$

Stempelkraft für den Erstzug:

$$F_{Z1} = 5 \cdot 125 \cdot 1 \cdot 447 \cdot 0,47 \text{ N} = 131,5 \text{ kN}$$

Stempelkraft für den Weiterzug:

$$F_{Z2} = (0,5 \cdot 131,5 + 5 \cdot 100 \cdot 0,595 \cdot 0,223) \text{ kN} = 132,25 \text{ kN}$$

Bodenreißkraft für den Erstzug:

$$F_{B1} = \pi (125 + 1) \cdot 1 \cdot 380 \text{ N} = 150,5 \text{ kN} > F_{Z1}$$

für den Weiterzug:

$$F_{B2} = \pi (100 + 1) \cdot 1 \cdot 380 \text{ N} = 120,5 \text{ kN} < F_{Z2}$$

Für den Weiterzug ist $F_B < F_{Z2}$, so daß doch eine Zwischenglühung zur Entfestigung vorgenommen werden muß. Formänderungsfestigkeit nach Zwischenglühung für $\varphi_2 = 0,223$

$$k_{fm2} = \frac{w}{\varphi} = \frac{80}{0,223} \cdot \text{N/mm}^2 = 359 \text{ N/mm}^2$$

Stempelkraft:

$$F_{Z2} = (0,5 \cdot 131,5 + 5 \cdot 100 \cdot 0,359 \cdot 0,223) \text{ kN} = 105,75 \text{ kN} < F_{B2}$$

● *Ergebnis:*
Stempelkraft für den Erstzug: $F_{Z1} = 131,5 \text{ kN}$
Stempelkraft für den Weiterzug: $F_{Z2} = 105,75 \text{ kN}$

4 Werkzeuggestaltung

Das erreichbare Ziehverhältnis hängt wesentlich von der Ausführung der Werkzeuge[1] ab.
Der Rundungsradius r_z (Bild F/12) am Ziehring ist von den Abmessungen des Werkstückes

---

[1] *Semlinger,* Stanztechnik, Viewegs Fachbücher der Technik, Verlag Vieweg, Braunschweig

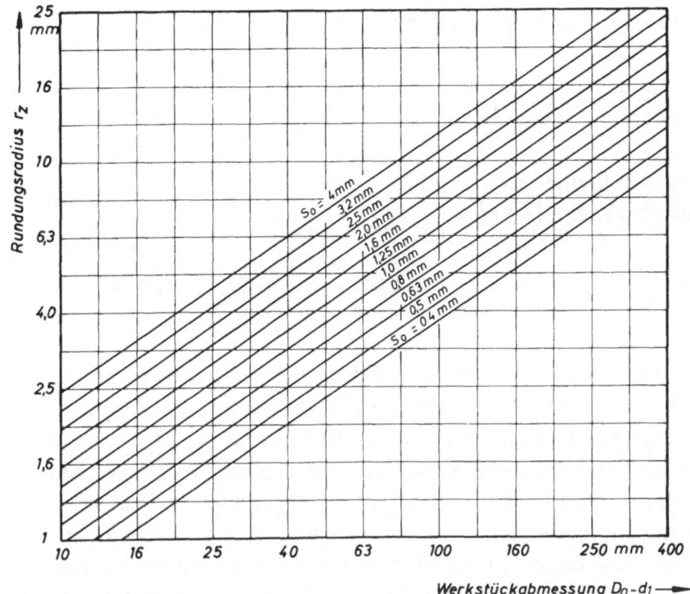

Bild F/12
Ziehkantenradius in
Abhängigkeit von
der Werkstück-
abmessung

und seiner Dicke abhängig. Möglichst geringe Ziehkraft und hohes Ziehverhältnis bedingen einen großen Rundungsradius. Mit zunehmendem Rundungsradius wird aber die vom Niederhalter bedeckte Zuschnittfläche kleiner und damit die Gefahr der Faltenbildung im Bereich der Ziehkante vergrößert. Nach *Oehler* und *Kaiser* [32] wird der Rundungsradius nach

$$r_z = 0,035 \cdot [50 + (D_0 - d_1)] \cdot \sqrt{s_0} \text{ in mm} \tag{F/14}$$

berechnet. Für die Weiterzüge werden die Abrundungsradien allmählich verkleinert. Es hat sich als günstig erwiesen, bei jedem Weiterzug etwa den (0,6–0,8)-fachen Rundungsradius des vorangegangenen Zugs zu nehmen. Aus Gl. (F/14) ist das Diagramm in Bild F/12 entstanden. Sind Scheibendurchmesser und Hohlteildurchmesser bekannt, so kann der Ziehkantenradius aus Bild F/12 entnommen werden. Bei $D_0 = 200$ mm, $d_1 = 100$ mm, $s_0 = 1$ mm wird aus Bild F/12 $r_z = 6,1$ mm.

Für den Weiterschlag wird der Ziehring meist statt mit einer Rundung, mit einem schrägen Einlauf unter einem bestimmten Winkel ausgebildet. Dieser liegt üblicherweise zwischen 35 ... 45° (s. Bild F/16).

Der Ziehstempel bestimmt die innere Form des gezogenen Teiles. Seine zylindrischen Seiten gehen mit einer Abrundung in die Stirnseite über. Der Radius darf nicht zu klein sein, weil der Stempel sonst leicht wie ein Schneidstempel wirkt und den Boden von der Wandung trennt. Bei zu großer Abrundung besteht hingegen besonders bei dünnen Blechen und am Ende des Ziehvorganges die Gefahr der Faltenbildung. Ist ein großer Stempelradius unumgänglich, muß der Niederhalterdruck erhöht werden, um ein Werfen der Werkstücke zu vermeiden.

Der Rundungsradius am Stempel r_{St} sollte gleich dem (4–5)-fachen Wert der Blechdicke sein, also

$$\boxed{r_{St} = (4 \dots 5) \cdot s \text{ in mm}} \qquad \text{(F/15)}$$

Er sollte unter keinen Umständen kleiner als der Rundungsradius des Ziehringes sein. Daher ist stets zu prüfen, daß

$$r_{St} < r_z$$

ist.

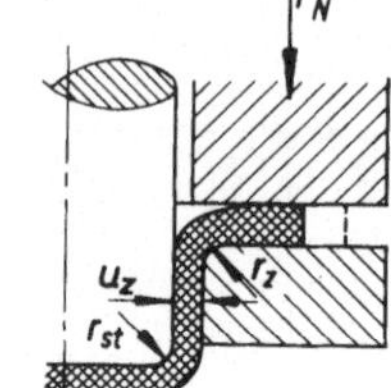

Bild F/13

Stempel- und Ziehkantenrundung

Der Ziehspalt beeinflußt die Wanddicke des gezogenen Teiles; theoretisch ist er gleich der Blechdicke. Praktisch tritt mit zunehmender Ziehtiefe eine wachsende Stauchung des Flanschwerkstoffes ein; dadurch entsteht eine Werkstoffanhäufung an der Ziehkante. Bei einem Ziehspalt von der Breite der Blechdicke kann der angestauchte Werkstoff nicht durch den Ziehring fließen und wird gestreckt. Das erhöht die Stempelkraft. Man sucht die Streckung zu verringern, indem man den Ziehspalt etwas größer als die Blechdicke ausführt. In diesem Fall ergibt die Stauchung eine zunehmende Wanddicke, die im oberen Teil (Bild F/13) erheblich über der Ausgangsblechdicke s_0 liegt. Wird der Ziehspalt zu groß gewählt, legt sich das Blech nicht genügend satt an den Stempel an, so daß die Ziehteile keine glatte zylindrische Oberfläche erhalten. Außerdem verschlechtert eine zu große Ziehspaltweite das mögliche Ziehverhältnis. Wählt man den Ziehspalt u_z zu groß, so wird der Napf nicht genau zylindrisch, sondern nach oben hin weiter. Bei zu engem Ziehspalt kann ein Gleitziehen mit Abstrecken erfolgen. Für das Tiefziehen kreisrunder Teile gelten folgende Ziehspalte [32]:

$$\boxed{\begin{aligned} u_z &= s_0 + 0{,}07 \sqrt{10 \cdot s_0} \ \text{ für Stahlblech} \\ u_z &= s_0 + 0{,}02 \sqrt{10 \cdot s_0} \ \text{ für Alu-Blech} \\ u_z &= s_0 + 0{,}04 \sqrt{10 \cdot s_0} \ \text{ für sonstige NE-Metalle} \\ u_z &= s_0 + 0{,}2 \sqrt{10 \cdot s_0} \ \text{ für hochwarmfeste Legierungen} \end{aligned}} \qquad \text{(F/16)}$$

Bei der richtigen Bemessung des Ziehspaltes muß man sich ein Bild vom Ausmaß der unvermeidlichen Blechdickentoleranz machen. Sie sollte nicht zu groß sein, da sonst Teile mit Bodenreißern (Blechdicke bei gegebenen Ziehspalt zu groß) oder mit Falten (Blechdicke bei gegebenem Ziehspalt zu klein) anzutreffen sind.

5 Ermittlung des Zuschnittes

Die Ermittlung der Abmessungen einer Blechscheibe geht von dem Satz von der Erhaltung des Volumens bei der Umformung aus. Danach ist das Volumen der Blechronde gleich dem Volumen, daß der Werkstoff des Hohlteiles nach der Umformung einnimmt. Für den einfachen Fall eines zylindrischen Hohlteils (Bild F/1) wird die Berechnung durchgeführt. Das Volumen der Blechronde ist

$$V_0 = \pi \cdot \frac{D_0^2}{4} \cdot s_0 .$$

Das Volumen des Hohlteiles setzt sich aus dem Boden und dem zylindrischen Mantel zusammen:

$$V_1 = \pi \cdot \frac{d_1^2}{4} \cdot s_0 + \pi \cdot (d_1 + s_1) \cdot s_1 \cdot h.$$

Da gemäß dem Satz von der Erhaltung des Volumens $V_1 = V_0$ ist, erhält man aus

$$\pi \cdot \frac{D_0^2}{4} \cdot s_0 = \pi \cdot \frac{d_1^2}{4} \cdot s_0 + \pi \cdot (d_1 + s_1) \cdot s_1 \cdot h$$

den *Durchmesser der Blechscheibe* mit $s_0 = s_1 = s$:

$$\boxed{D_0 = \sqrt{d_1^2 + 4 \cdot h \cdot (d_1 + s)}} \qquad\qquad (F/17)$$

Dabei wurde stillschweigend vorausgesetzt, daß die Blechdicke des Bodens und der Zarge gleich der Blechdicke der Ausgangsscheibe ist. Das trifft nicht genau zu. Der Werkstoff wird beim Ziehen immer mehr oder weniger gestreckt, d.h. die Wanddicke wird etwas kleiner. Die Gleichung schließt daher eine Sicherheit ein. Bei großen Werkstücken entstehen ungleiche Höhen des Ziehteiles, die nach der Walzrichtung des Werkstoffes orientiert sind. Eine Zugabe von 5 ... 15 mm kann hier den unsymmetrischen Einzug ausgleichen. Wird die Blechdicke s absichtlich durch die Dehnung wesentlich verändert, muß das in der Berechnung des Scheibendurchmessers berücksichtigt werden. In diesem Fall wird:

$$\boxed{D_0 = \sqrt{\frac{s_1}{s_0} \left[d_1^2 + 4 \cdot h \cdot (d_1 + s_1)\right]} \text{ in mm}} \qquad\qquad (F/18)$$

Da die Blechdicke s gebenüber dem Durchmesser d_1 klein ist, kann s_1 in $(d_1 + s_1)$ vernachlässigt werden. Im allgemeinen genügen die Gleichungen ohne Berücksichtigung der Blechdicken, da man ohnehin Zugaben für den ungleichmäßigen Einzug und für das Beschneiden berücksichtigt.

- *Beispiel F/4:*
  Berechnung des Zuschnittdurchmessers
  Gegeben sind: Napfhöhe $h = 75$ mm; Ziehdurchmesser $d_1 = 100$ mm; Blechdicke $s_0 = 1$ mm.

- *Lösung:*
  Zuschnittdurchmesser ohne nennenswerte Streckung:

  $$D_0 = \sqrt{100^2 \, \text{mm}^2 + 4 \cdot 75 \, \text{mm} \cdot (100 \, \text{mm} + 1 \, \text{mm})} \approx 200 \, \text{mm}$$

  Zuschnittdurchmesser mit 0,35 mm Streckung: $s_1 = 0,65$ mm:

  $$D_0 = \sqrt{\frac{0,65 \, \text{mm}}{1,0 \, \text{mm}} \cdot [100^2 \, \text{mm}^2 + 4 \cdot 75 \, \text{mm} \cdot (100 \, \text{mm} + 1 \, \text{mm})]} = \sqrt{2,6 \, \text{mm}^2 \cdot 10^4} \approx 161 \, \text{mm}$$

- *Ergebnis:*
  Durchmesser beim Ziehen ohne Streckung $D_0 = 200$ mm,
  Durchmesser beim Ziehen mit Streckung $D_0 = 161$ mm.

Sollen unregelmäßig geformte Hohlteile tiefgezogen werden, ist die Aufteilung in eine Vielzahl von gleichmäßigen Teilformen umständlich und mühselig. In diesem Fall führt

die zeichnerische Methode zum Ergebnis. Hierbei wird mit Hilfe des Seileckes der Schwer-
punktabstand r_m von der Rotationsachse ermittelt, mit dem sich der Scheibendurchmesser errechnen läßt. Anhand eines einfachen Beispieles soll dieses Verfahren veranschaulicht
werden.

In Bild F/14 ist links der Querschnitt eines symmetrischen Hohlteiles dargestellt, bei dem
der Einfachheit halber auf alle Übergangsradien verzichtet wurde. Man teilt ihn in Teilflächen mit bekannter Schwerpunktlage auf und verwendet die Teilflächen wie Kräfte, die
durch einen Pfeil bestimmter Länge im Schwerpunkt angreifend dargestellt werden. Die
Kräfte sind einander parallel nach unten gerichtet; ihre Resultierende findet man der
Größe und Stellung nach mit Hilfe des Seileckverfahrens[1]. Dabei werden die Pfeile der
Flächen 1 bis 6 auf einer beliebigen Parallelen (Bild F/14b) aneinandergereiht. Ein belie-
biger Punkt Null wird als Pol gewählt und die Strahlen 0 ... 6 gezogen. Die Richtungen
0 ... 6 geben die Richtungen der Seileckseiten an, während $\overline{AB}$ die Größe der ganzen
Querschnittsfläche A_{ges} darstellt.

Man zieht nun eine Parallele zum Strahl 0 durch die Flächenwirklinie (Bild F/14c). Durch
ihren Schnittpunkt mit der Richtung der Fläche 1 wird eine Parallele zu 1 gelegt; dann
folgt durch den Schnittpunkt mit der Parallelen zu 1 mit der Flächenwirklinie 2 eine Parallele zu 2, durch den Schnittpunkt mit der Parallelen zu 2 mit der Kraft 3 eine Parallele zu

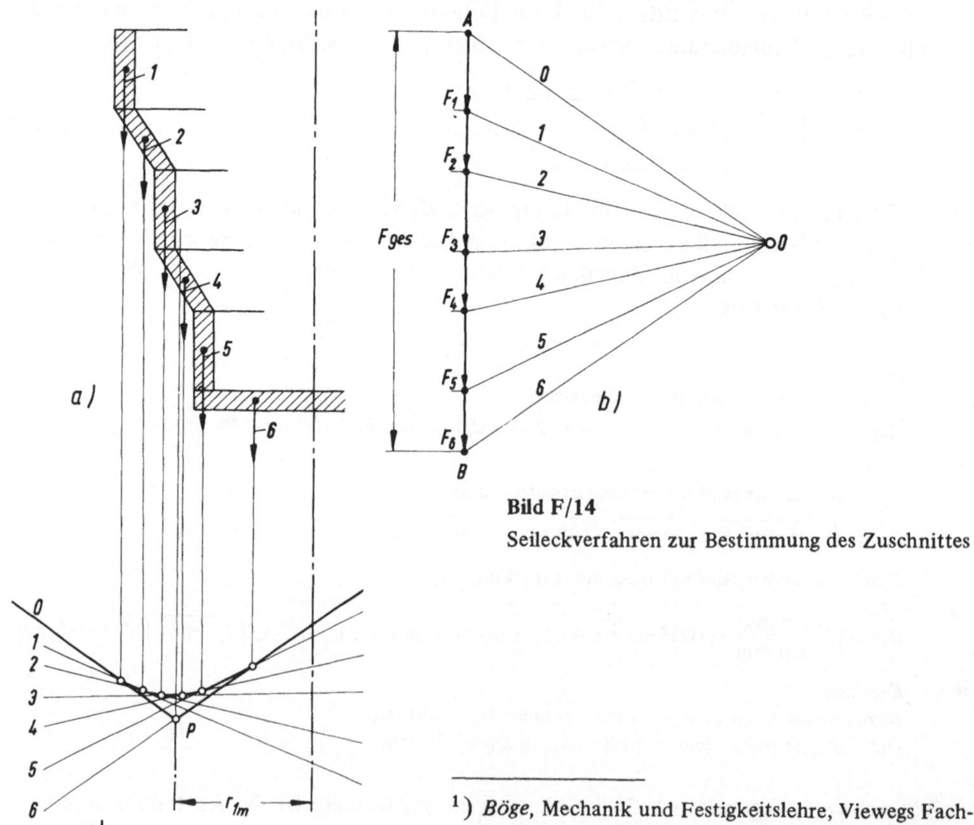

Bild F/14
Seileckverfahren zur Bestimmung des Zuschnittes

---

[1] *Böge*, Mechanik und Festigkeitslehre, Viewegs Fachbücher der Technik, Verlag Vieweg Braunschweig

3 usw., bis durch den Schnittpunkt der Parallelen zu 5 mit der Kraft 6 eine Parallele zu 6 gezogen wird. Durch Aneinanderreihung von Parallelen zu den Polstrahlen ist das Seileck entstanden. Die Parallelen zu 0 und zu 6 haben einen gemeinsamen Schnittpunkt P. In ihm greift die Resultierende an, deren Abstand von der Drechachse r_{1m} beträgt.

Nach der Guldinschen Regel[1] ist das Volumen eines Drehkörpers gleich seiner Querschnittfläche multipliziert mit dem Weg des Schwerpunktes bei einer Umdrehung.

$$\text{Schwerpunktweg:} \qquad s_p = 2 \cdot \pi \cdot r_{1m},$$
$$\text{Querschnittfläche:} \qquad A_{ges} = A_1 + A_2 + \dots + A_6,$$
$$\text{Volumen:} \qquad V_1 = \pi \cdot D_{1m} \cdot A_{ges}.$$

Das Volumen V_1 ist gleich dem Volumen V_0 der Ausgangsscheibe:

$$V_0 = \pi \cdot \frac{D_0^2}{4} \cdot s_0 .$$

Für den *erforderlichen Scheibendurchmesser* ergibt sich somit

$$\boxed{\; D_0 = 2 \cdot \sqrt{D_{1m} \cdot \frac{A_{ges}}{s_0}} \;\text{in mm} \;} \qquad\qquad (F/19)$$

Wenn die Blechdicke nach dem Zug die gleiche ist wie vorher, kann das Verhältnis A_{ges}/s_0 durch die Länge l_1 der Hohlteilumrißlinie ersetzt werden, so daß man

$$\boxed{\; D_0 = 2 \cdot \sqrt{D_{1m} \cdot l_1} \;\text{in mm} \;} \qquad\qquad (F/20)$$

erhält.

6 Abstufung der Züge

Liegen die Abmessungen der Blechscheibe fest, erfolgt die Ermittlung der Stufenzahl und der Abstufung der Züge. Mit größerem Ziehverhältnis wird die Anzahl der Züge kleiner, um einen Hohlkörper bestimmter Tiefe und Weite zu erhalten. Es besteht ein wirtschaftliches Interesse, mit möglichst wenig Zügen auszukommen und daher das Ziehverhältnis für den einzelnen Zug möglichst groß zu verwirklichen. Das Ziehverhältnis β hängt von folgenden Einflußgrößen ab:

1. Form des Ziehteiles (Zylinder, Kugelschale usw.),
2. Festigkeitseigenschaften des Ziehwerkstoffes,
3. Blechdicke und Toleranz,
4. Oberflächenbeschaffenheit von Werkzeug und Werkstück,
5. Geometrische Größen des Werkzeuges (Radien),
6. Ziehspaltweite,
7. Niederhalterdruck,
8. Ziehgeschwindigkeit und Arbeitstemperatur,
9. Schmierung.

---

[1] *Böge*, Mechanik und Festigkeitslehre, Viewegs Fachbücher der Technik, Verlag Vieweg, Braunschweig

Wegen der Vielzahl der Einflußgrößen ist es nicht möglich, für jeden Einzelfall das mögliche Ziehverhältnis anzugeben. Es ist daher zweckmäßig, für die einzelnen Werkstoffe *Grenzziehverhältnisse* auf bestimmte Blechabmessungen zu beziehen. Werden demnach für diese Grenzziehverhältnisse eine Blechdicke $s_0 = 1$ mm und ein Ziehstempeldurchmesser $d_1 = 100$ mm festgelegt, so wird für andere Ziehdurchmesser und Blechdicken das *Grenzziehverhältnis* näherungsweise nach

$$\beta' = (\beta_{100} + e) - \frac{e \cdot d_1}{100 \cdot s_0} \qquad\qquad\qquad \text{(F/21)}$$

berechnet. Diese Gleichung gilt bis zu einem bezogenen Stempeldurchmesser $d_1/s_0 = 300$. Die auf $s_0 = 1$ mm und $d_1 = 100$ mm bezogenen Grenzziehverhältnisse β_{100} sind für verschiedene Tiefziehwerkstoffe in Tabelle F/1 zusammengestellt [32]. Der Wert e hängt vom Umformvermögen, von der Oberflächenbeschaffenheit, der Schmierung u.a. ab. Für gut umformbare Werkstoffe mit geringer Reibung gilt etwa $e = 0,05$, während für schlecht umformbare und rauhe Bleche $e = 0,15$ gesetzt werden kann. Auch für Weiterzüge sind die entsprechenden Ziehverhältnisse in der Tafel zusammengestellt.

- *Beispiel F/5:*
  Gegeben sind: Werkstoff St III 23; Grenzziehverhältnis (aus Tabelle F/1) $\beta_{100} = 1,7$ für $d_1 = 100$ mm; $s_0 = 1$ mm; $e = 0,05$.
  Zu berechnen ist das Grenzziehverhältnis für $d_1 = 220$ mm und $s_0 = 1,8$ mm.

- *Lösung:*

$$\beta' = (1,7 + 0,05) - \frac{0,05 \cdot 220}{100 \cdot 1,8} \approx 1,81$$

- *Ergebnis:*
  $\beta' = 1,81$

Für rostfreie Stähle wird das Grenzziehverhältnis mit Hilfe von Bild F/15 ermittelt. Für Chromstahl von 0,5 mm Dicke, einem Zuschnittdurchmesser von $D_0 = 400$ mm und einem Enddurchmesser von $d_n = 200$ mm sind dem Linienzug $A-B-C-D-E-F-G$ folgend drei Züge mit dem Durchmesser $d_1 = 290$ mm und $d_2 = 240$ mm erforderlich.

Das Grenzziehverhältnis für die einzelnen Züge errechnet sich dann aus

$$\beta_1 = \frac{D_0}{d_1}\,; \qquad \beta_2 = \frac{d_1}{d_2}\,; \text{usw.}$$

In einigen Fällen ist es günstiger, nicht bis an die maximal mögliche Formänderung heranzugehen. Bei einer feineren Abstufung sind zwar mehr Züge erforderlich, u.U. kommt man aber mit weniger Zwischenglühungen aus.

Es gibt eine Reihe von Maßnahmen, um das Grenzziehverhältnis zu erhöhen. Neben den elastischen und hydraulischen Ziehverfahren ist die Ausbildung der Einzugskante des Ziehringes nach einer sogenannten *Tractrixkurve*[1]) zu erwähnen.

------

[1]) *Semlinger,* Stanztechnik, Viewegs Fachbücher der Technik, Verlag Vieweg, Braunschweig

Tabelle F/1 Kennwerte für das Tiefziehen und Biegen [32]

Werkstoff	Tiefziehen Ziehverhältnis β_{100} für den			Biegen Rundungsfaktor c für $r_{min} = c \cdot s_0$, s_0 (mm)			Rückfederungsfaktor k für $\frac{r_1}{s}$	
	1. Zug	2. Zug ohne Zwischenglühung	2. Zug mit Zwischenglühung	0,5	1,0	2,0	1	10
TSt 10 St 10 St III 23	1,7	1,2	1,5		0,6		0,99	0,97
WU St 12 USt 12 St VI, IX 23	1,8	1,2	1,6		0,5		0,99	0,97
USt 13, RSt 13 St VII 23	1,9	1,25	1,65		0,5		0,985	0,97
USt 14, RSt 14 St VIII 23	2,0	1,3	1,7		0,5		0,985	0,96
St 34 22 P	1,9	1,3	1,7		1,5		0,99	0,97
St 37.21	1,7	–	–		1,8		0,99	0,97
St 42.21	1,6	–	–		2,0		0,99	0,975
verkupferte Stahlbleche	1,5	–	–		0,8		–	–
Stahlbleche rostbeständig ferritisch					0,8		–	–
rostbeständig austenitisch					0,5		0,96	0,92
hitzebeständig ferritisch	1,7	1,2	1,6		1,6		0,99	0,97
hitzebeständig austenitisch	2,0	1,2	1,8		0,8		0,982	0,955
Kupfer	2,1	1,3	1,9		0,25		–	–
Zinnbronze Sn Bz 6 W	1,5	–	–		0,6		–	–
Al-Bronze Al Bz 4 W	1,7	1,2	–		0,5		–	–
Nimonic Ni 80 Cr	2,0	1,2	–		1,6		–	–
Nickel	2,3	1,7	–		1,0		0,99	0,96
Messing 63 W	2,1	1,4	2,0		0,35		–	–
$\frac{1}{2}$ H	1,9	1,2	1,7		0,40		–	–
Aluminium 99,5 W	2,1	1,6	2,0	1,2	0,6	0,4	0,99	0,98
$\frac{1}{2}$ H	1,9	1,4	1,8	1,2	0,7	0,45	0,98	0,93
AlMn und AlMg 1 W	1,85	1,3	1,75	1,3	0,9	0,6	0,99	0,97
$\frac{1}{2}$ H	1,6	–	–	1,4	0,9	0,65	0,98	0,90
AlMg 2 W	2,0	1,5	1,9	1,35	1,05	0,8	0,985	0,90
$\frac{1}{2}$ H	1,95	1,4	1,9	1,4	1,1	1,05	0,98	0,88
AlMgSiW	2,05	1,4	1,9	1,4	1,15	0,95	0,97	0,93
kaltausgehärtet	1,95	1,3	1,8	1,9	1,9	2,0	0,97	0,99
warmausgehärtet	1,85	1,35	–	2,45	2,5	2,55	0,96	0,82
AlCuMg 1 pl. W	2,0	1,5	1,8	1,4	1,2	1,2	0,985	0,92
kaltausgehärtet	1,8	1,3	1,5	2,45	2,5	2,55	0,91	0,67
AlCuMg 2 pl. W	1,95	1,4	1,7	1,4	1,25	1,2	0,98	0,92
kaltausgehärtet	1,7	1,3	1,5	3,3	3,35	3,55	0,91	0,65

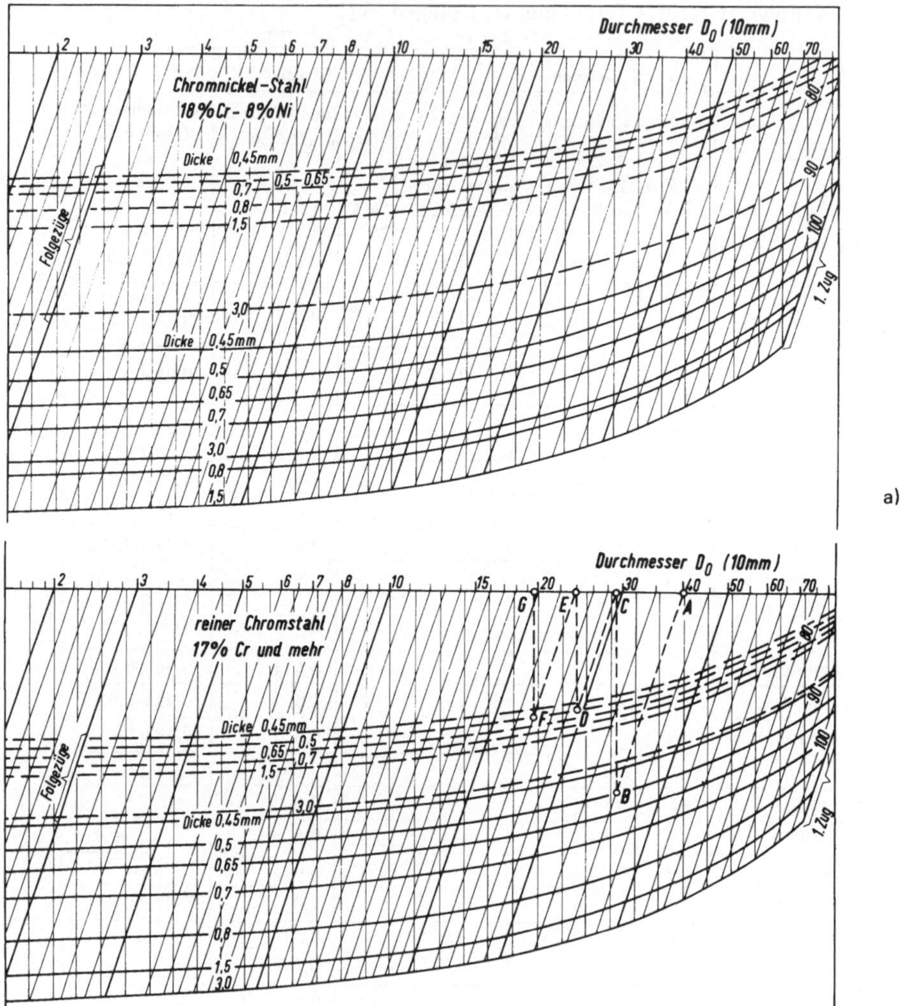

Bild F/15 Abstufung der Züge für rostfreien Stahl [32]

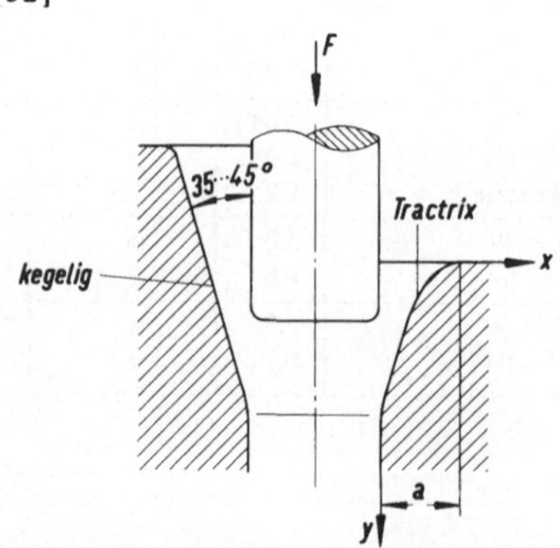

Bild F/16
Einzugsform des Ziehringes
links: kegelig; rechts: nach einer Tractrix-Kurve

Für die in Bild F/16 dargestellte Einzugskante wird der Umriß nach der Gleichung

$$y = a \cdot \ln \frac{a + \sqrt{a^2 - x^2}}{x} - \sqrt{a^2 - x^2}$$

(F/22)

berechnet. Mit einer solchen Einzugskante lassen sich für Tiefziehbleche $\beta = 2{,}25$ erreichen; das Werkzeug wird damit jedoch teurer. Es hängt daher von einer genauen Wirtschaftlichkeitsberechnung ab, ob man mit größerem Grenzziehverhältnis β, d.h. mit weniger Zügen und teuerem Werkzeug oder mit kleinerem Grenzziehverhältnis β, also mit mehr Zügen und billigerem Werkzeug eine Hohlform erzeugt.

7 Schmierung

Durch eine geeignete Schmierung mit verschiedenen Mitteln soll folgendes erreicht werden:

1.   Minderung der Reibung zwischen Werkstück und Werkzeug,
2.   Minderung des Verschleißes der Werkzeuge,
3.   Verhinderung des Kaltschweißens von Werkstück und Werkzeug,
4.   Kühlung des Werkzeuges und des Werkstückes, die infolge der Umformwärme teilweise erhebliche Temperaturen auszuhalten haben.

Dünnflüssige Schmiermittel sind in den meisten Fällen für das Tiefziehen ungeeignet, da sie bei der hohen Flächenpressung zu leicht weggedrückt werden und keinen beständigen Schmierfilm gewährleisten. In vielen Fällen greift man zu *Mischungen zäher Öle mit gleitfördernden Feststoffen*, z.B. Leinöl und Bleiweiß, gemahlene Kreide, Talkum, Graphit, Schwefel und Molybdändisulfid. Die Teilchengröße der festen Zusätze muß der Rauhigkeit der Blechoberfläche angepaßt sein. Für leichte Züge kann die Schmiermasse der besseren Handhabung wegen mit Petroleum verdünnt werden. Mineralöle werden zweckmäßig mit Schweröl und Stearaten verdickt. Außerdem sind Paraffinwachse und tierische Fette, beispielsweise Wachs, geeignet.

Günstige Gleiteigenschaften erzielt man auch durch Verkupfern der Oberflächen. Beim Reiben der verschiedenartigen Metalle Stahl und Kupfer tritt ein besseres Fließen des Werkstoffes und kein Kleben ein. Gleichzeitig nimmt die porige Oberfläche eines matt verkupferten Stahlteiles ausreichende Mengen von Schmiermitteln auf.

G Drücken

Je nachdem, ob beim Drücken die Werkstückdicke s_0 (Bild G/1) verändert wird, unterscheidet man die beiden Verfahren:

1.   Drücken bei *gleichbleibender Wanddicke* (Zugdruckumformen).
2.   Drücken mit *gestreckter Wanddicke* (Druckumformen: Walzen).

Die Herstellung von Hohlteilen durch Drücken ist mehr ein handwerkliches Verfahren. Als Ausgangsrohling dienen ebene Blechscheiben oder Werkstücke, die bereits durch Tiefziehen

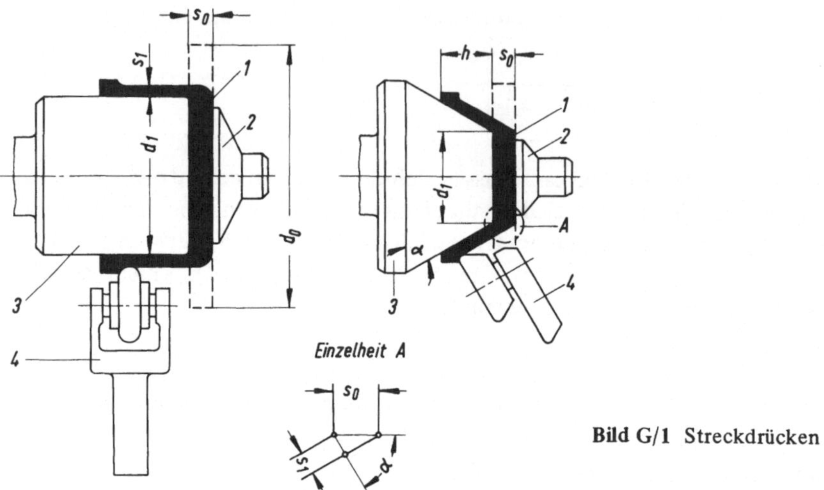

Einzelheit A

Bild G/1 Streckdrücken

eine hohle Gestalt erhalten haben. Man verwendet dieses Verfahren überall dort, wo sich bei geringer Stückzahl die Anfertigung von Tiefziehwerkzeugen nicht lohnt, oder wo z.B. Sicken und Ausbauchungen im fertigen Werkstück gar nicht oder nur schwer durch Tiefziehen hergestellt werden können. In der Drückmaschine oder in der Drückbank (Bild G/1) wird die ebene Blechscheibe (1) oder der vorgeformte Hohlkörper durch den Reitstockvorsatz (2) gegen das Drückfutter (3) aus Hartholz oder Stahl gepreßt. Anschließend wird das Werkstück durch den Drückstahl oder die Drückrolle (4) über das Futter gedrückt, wobei das Werkstück (1) in rasche Rotation versetzt wird. Das Futter besitzt in erhabener Form die fertige Gestalt des hohlen Fertigteiles.

Beim Drücken ohne Verringerung der Wanddicke wird der Drückstahl oder die Drückrolle meist von Hand geführt und auf einer entsprechenden Unterlage abgestützt. Da der Werkstoff in seiner Dicke nicht verändert wird, ähnelt der Vorgang dem Einzug beim Tiefziehen. Die Oberfläche wird daher durch das Drückwerkzeug nicht mehr geglättet, so daß schon beim Ausgangswerkstoff auf eine entsprechende Oberfläche Wert gelegt werden muß.

Für das Verfahren mit Blechstreckung sind höhere Umformdrücke erforderlich, so daß mechanisch betätigte Werkzeuge eingesetzt werden müssen.

Kegelige Formen sind am leichtesten zu drücken. Die Umformung geht zum Walzen über, wenn das Verhältnis der Wanddicken s_1/s_0 gleich dem $\cos \alpha$ des Kegelwinkels wird (Bild G/1). Kegelige Formen können häufig in einem Arbeitsgang gedrückt werden. Schwieriger sind zylindrische Gefäße herzustellen. Die kennzeichnende Größe ist der *Umformgrad*, der durch das Verhältnis von Scheibendurchmesser d_0 zum Gefäßdurchmesser d_1 bestimmt ist. Bei gleichzeitiger Blechstreckung hängt er außerdem vom Verhältnis der Blechdicken vor und nach der Umformung ab [34]:

$$\beta_{\text{ges}} = \frac{d_0}{d_1} \cdot \frac{s_0}{s_1} = \beta_{\text{d}} \cdot \beta_{\text{s}}$$

β_{d} Drückgrad
β_{s} Streckgrad

(G/1)

Als Erfahrungswerte für die höchsten Umformverhältnisse bei verschiedenen Werkstoffen gelten die von *Sellin* zusammengestellten Werte in Tabelle G/1 für das Drücken ohne Blechstreckung.

Das Streckdrücken hat den Vorteil, daß bestimmte Wanddicken hergestellt werden können; dies erfolgt durch Veränderung der Drückrollen. Tabelle G/2 gibt die erreichbaren Drückverhältnisse bei der Umformung mit Werkstoffstreckung an.

Bei der Umformung durch Drücken können sämtliche Metalle verwendet werden. Ihre Eignung für das Drücken ist jedoch unterschiedlich. Sie wird durch die Festigkeitseigenschaften wesentlich beeinflußt: Stähle mit guten Tiefzieheigenschaften lassen sich allgemein auch gut durch Drücken umformen. Bei Stählen mit großer Kaltverfestigung kann nicht in einer Stufe fertiggedrückt werden. Eine Zwischenglühung beseitigt die Verfestigung. Spröde Legierungen und Metalle mit geringer Zähigkeit werden im angewärmten Zustand gedrückt, wobei eine Erwärmung auf 100 °C oder 200 °C oft schon ausreicht.

Die Drehzahlen des Werkstückes liegen während der Umformung zwischen 200 U/min und 3000 U/min, wobei Umfangsgeschwindigkeiten bis zu 30 m/s auftreten. Diese Größen hängen aber in starkem Maße von der Festigkeit des Werkstoffes, von der Form und der

Tabelle G/1 Erreichbare Drückverhältnisse beim Drücken ohne Streckung [34]

Werkstoff	Druckverhältnisse		Glühen erforderlich nach Gesamtumformung
	1. Stufe $\beta_1 = \dfrac{d_0}{d_1}$	2. u. folg. Stufen $\beta_2 = \dfrac{d_1}{d_2}$	$\beta_{ges} = \dfrac{d_0}{d_n}$
Nickel und nichtrostender Stahl	1,27	1,10	$\leqslant 1,27$
Al 99,5	1,55	1,33	nicht erforderlich
Messing und Tiefziehblech	1,55	1,33	2,0

Tabelle G/2 Erreichbare Umformverhältnisse beim Drücken mit Streckung [34]

Werkstoff	Drückscheibe		Topfmaße 1. Streckung			
	Dicke mm	Durchmesser mm	Durchmesser d_1 mm	Drückgrad $\dfrac{d_0}{d_1}$	Höhe h mm	Wanddicke mm
nichtrostender Stahl	3,5	280	220	1,27	135	0,8
Al 99,5	8	240	160	1,5	175	2,0
St V 23	3,5	340	220	1,55	145	1,2

Werkstoff	Streckgrad $\dfrac{s_0}{s_1}$	Umformgrad $\dfrac{d_0 s_0}{d_1 s_1}$	Drückgeschwindigkeit m/min	Vorschub je Spindeldrehung mm
nichtrostender Stahl	4,4	5,55	180	0,28
Al 99,5	4,0	6,0	250	0,4
St V 23	2,4	4,5	180	0,325

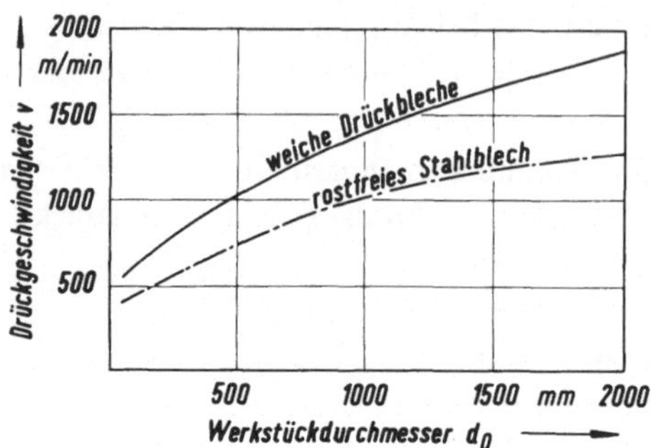

Bild G/2 Drückgeschwindigkeit in Abhängigkeit vom Werkstückdurchmesser [34]

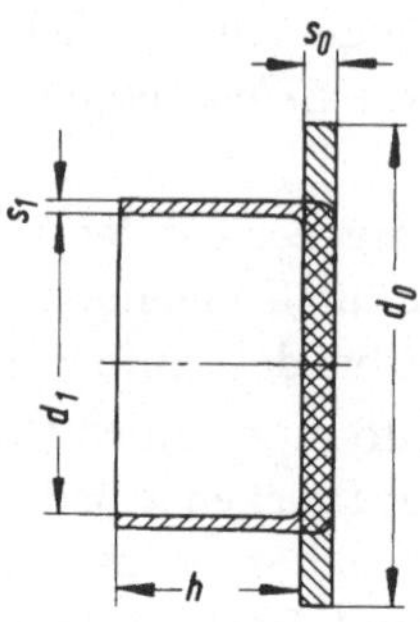

Bild G/3 Abmessungen an einem gedrückten Hohlteil

Größe des Werkstückes ab. Den Zusammenhang zwischen dem Werkstückdurchmesser und der Drückgeschwindigkeit zeigt Bild G/2 für weiche Drückbleche und rostfreies Stahlblech. Weiche Drückbleche werden mit einer höheren Geschwindigkeit gedrückt als rostfreies Stahlblech. Je größer der Drückteildurchmesser ist, mit desto höherer Drückgeschwindigkeit kann die Umformung ablaufen. So wird z. B. ein Drückteil aus weichem Drückblech, Durchmesser 500 mm, mit einer Drückgeschwindigkeit von etwa 1000 m/min umgeformt; ein Teil aus dem gleichen Werkstoff, aber mit einem Durchmesser von 1500 mm, kann hingegen mit der 1,7fachen Geschwindigkeit, nämlich 1700 m/min gedrückt werden.

Drückfutter werden häufig aus Holz hergestellt. Nur wenn es die Genauigkeit der Abmessungen und die Umformdrücke erfordern, werden sie aus Stahl gefertigt. Bei Drückblechen mit unterschiedlicher Rückfederung können nicht die gleichen Formen verwendet werden. Zum Drücken rostbeständiger Stähle sind tiefere und schärfere Konturen im Futter erforderlich.

Die Größe des Zuschnittes kann ungefähr errechnet werden. Bei großen Stückzahlen spielen die Abgratverluste schon eine erhebliche Rolle. Es ist daher zweckmäßig, die Größe des Zuschnittes durch Versuche genauer zu bestimmen, bevor man eine große Anzahl von Zuschnitten herstellt. Zur überschlägigen Berechnung der Zuschnittgröße geht man vom Satz von der Volumengleichheit vor und nach der Umformung aus. Nach Bild G/3 ist das umgeformte Volumen:

$$V = \pi \cdot \frac{d_0^2 - d_1^2}{4} \cdot s_0 = \pi \cdot (d_1 + s_1) \cdot s_1 \cdot h.$$

Daraus kann die *Rondengröße* errechnet werden:

$$d_0 = \sqrt{d_1^2 + 4 \cdot (d_1 + s_1) \cdot h \cdot \frac{s_1}{s_0}} \text{ in mm} \qquad (G/2)$$

Für das Drücken ohne Verringerung der Wanddicke wird die *Rondengröße*:

$$d_0 = \sqrt{d_1^2 + 4 \cdot (d_1 + s_1) \cdot h} \text{ in mm} \qquad (G/3)$$

- *Beispiel G/1:*
  Gegegeben sind Hohlkörperdurchmesser d_1 = 200 mm; Wanddicke s_1 = 1,6 mm; Bodendicke s_0 = 2,5 mm; Höhe h = 120 mm.
  Zu berechnen ist der Zuschnittdurchmesser.

- *Lösung:*

$$d_0 = \sqrt{200^2 + 4 \cdot (200 + 1{,}6)\,120 \cdot \frac{1{,}6}{2{,}5}}\ \text{mm} \approx 320\ \text{mm}$$

- *Ergebnis:*
  Zuschnittdurchmesser d_0 = 320 mm.

Dem errechneten Rondendurchmesser d_0 fügt man einen kleinen Zuschlag von wenigen Millimetern hinzu und stellt im Versuch fest, ob der entstehende Grat gerade noch groß genug ist, daß der Hohlkörper sauber beschnitten werden kann.

Die Abmessungen der größten Zuschnitte richten sich nach der Größe der verfügbaren Einrichtungen. Diese werden für Bleche mit einer Dicke bis 35 mm gebaut; nach unten wird die Blechdicke nicht begrenzt. Die größten Rondendurchmesser reichen bis etwa 3000 mm.

Leichte Drückarbeiten können mit einfachen Stabwerkzeugen ausgeführt werden. Schwere Arbeiten erfordern Werkzeuge mit Kraftantrieb. Die Werkzeugspitzen und Rollen, für die zweckmäßig gehärtete Stähle eingesetzt werden, sollen nicht zu spitz ausgeführt sein, damit die tragende Oberfläche groß genug ist. Beim Drücken entsteht infolge Reibung an den Berührflächen und durch die Umformung im Werkstück Wärme, die das Werkstück auf 80 ... 100 °C erwärmt. Die verwendeten Schmiermittel müssen daher bei diesen Temperaturen noch wirksam sein. Schwere Schmiermittel werden durch die Fliehkraft abgeschleudert. Gelbe Schmierseife oder ein Gemisch aus Öl und Seife haben sich gut bewährt. Die Wirtschaftlichkeit des Metalldrückens gegenüber der Herstellung durch Zerspanung wird am Beispiel in Bild G/4 deutlich [31]. Für die Herstellung durch Zerspanung eines Teiles mit einem Fertiggewicht von G_1 = 84 N muß ein Schmiederohling mit einem Einsatzgewicht von G = 1700 N, also dem 20fachen Fertiggewicht, verwendet werden (Bild G/4a).

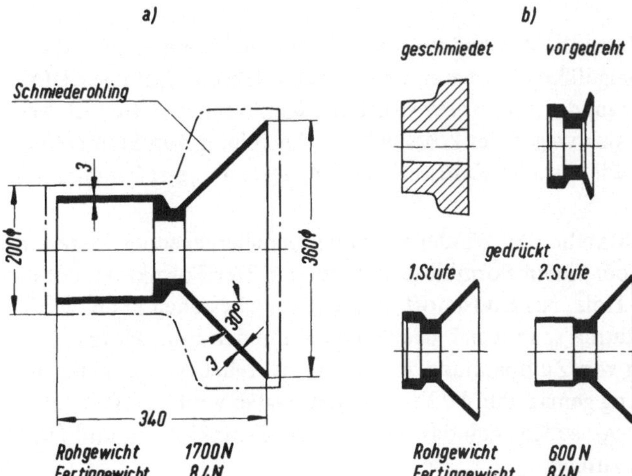

Bild G/4
Herstellung eines Werkstückes durch Drehen (a) und durch Drücken (b) [31]

Bei kombinierter Anwendung von Zerspanen und Umformen wiegt der geschmiedete Ausgangsrohling nur noch $G = 600$ N, so daß 65 % oder 1100 N Werkstoff eingespart werden (Bild G/4b). Durch Zerspanung wird eine für das Drücken günstige Ausgangsform erhalten; aus ihr wird das fertige Teil in zwei Drückoperationen hergestellt. Bild G/5 zeigt im Diagramm die relativen Kosten für die Herstellung nach Bild G/4a und durch die kombinierte Herstellung nach Bild G/4b. Als Basis wurden die Kosten gewählt, die bei gleicher Stückzahl gleiche Kosten ergeben (100 %). Die Grenzstückzahl, bei der beide Verfahren gleiche Kosten verursachen, beträgt schon zwei Stück. Ein Teil wird daher billiger durch Drehen hergestellt; bei zwei Teilen besteht schon Kostengleichheit, während drei Teile bereits wirtschaftlicher durch Drehen und Drücken gefertigt werden.

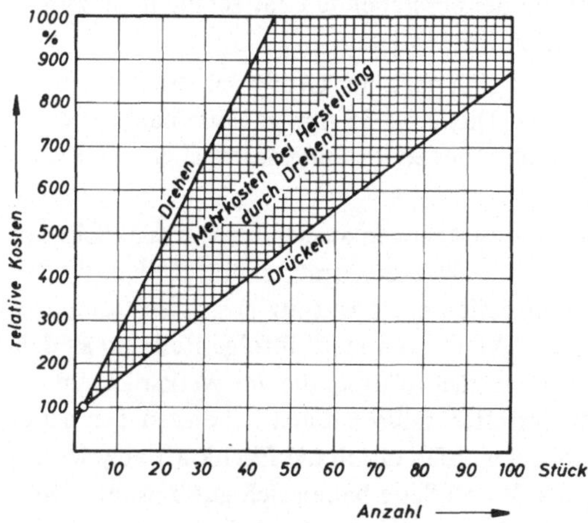

Bild G/5

Kosten in Abhängigkeit von der Stückzahl aus [34] abgeleitet

H Streckziehen

Beim Zugumformen wird der plastische Zustand im wesentlichen durch ein- oder mehrachsige Zugbeanspruchung herbeigeführt. Zu diesen Fertigungsverfahren zählt nach DIN 8585 das *Tiefen*, zu dem wiederum das *Streckziehen* gehört. Man wendet es vielfach bei kleineren Stückzahlen an, wenn sich wegen der kostspieligen Herstellung von Stempel und Matrize bei großen Werkzeugen wie etwa im Karosseriebau der Aufwand erst bei größeren Stückzahlen lohnt.

Beim Streckziehen werden Blechtafeln oder Bänder an zwei gegenüberliegenden Seiten in einer oder in zwei Richtungen über einem Formklotz eingespannt. Der Formklotz, der aus Holz oder aus blechbeplanktem Holz, aus Kunststoff, Zement usw. bestehen kann, wird aufwärts bewegt (Bild H/1). Dadurch spannt sich das Blech (1) um den Formklotz (2) und wird unter der Einwirkung von Zugspannungen umgeformt. Für das Streckziehen flacher Teile wird eine Anordnung gemäß Bild H/2 verwendet. Dabei wird das Blech in waagerechter Lage zunächst bewegt, so legt sich das Blech an den Formklotz an und federt nach der Entlastung kaum noch zurück.

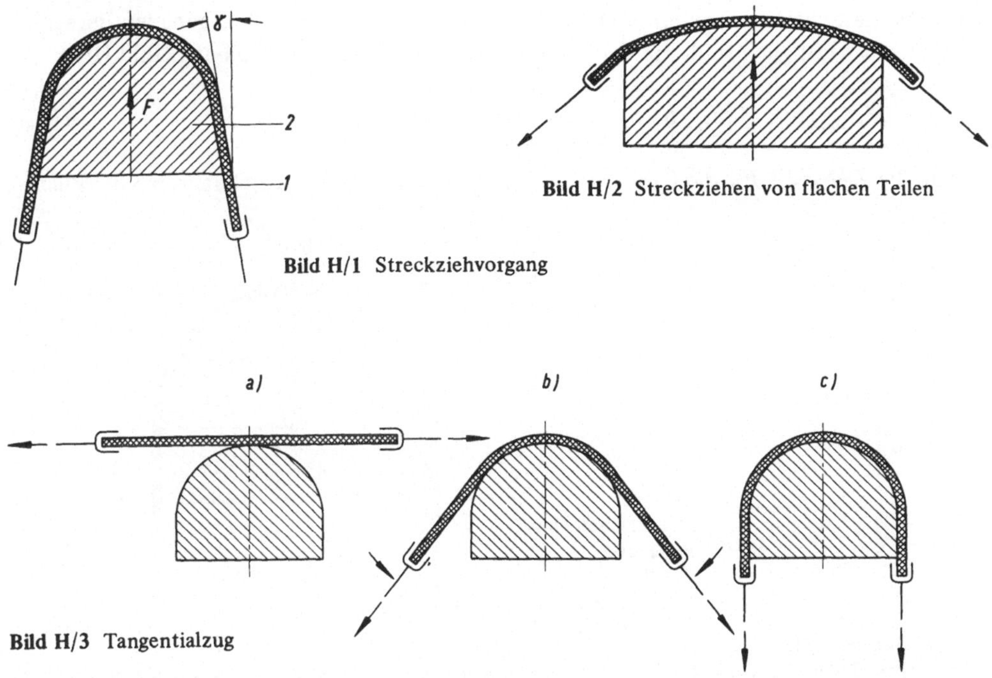

Bild H/1 Streckziehvorgang

Bild H/2 Streckziehen von flachen Teilen

Bild H/3 Tangentialzug

Bei der Anordnung in Bild H/2 wird die Umformung des Bleches auf der Kuppe des Formklotzes als Folge der zwischen Formklotz und Blech auftretenden Reibung behindert. Um das zu vermeiden, wird der Tangentialzug angewandt. In Bild H/3 sind drei Ziehstadien während der Umformung dargestellt. Das Blech wird zu Beginn des Ziehvorganges bis zur Fließgrenze vorgespannt (a), dann schwenken die Einspannbacken und legen das Blech an den Formklotz an (b). Gegen Ende des Umformvorganges, wenn sich die Einspannbacken in ihrer Endstellung befinden, erfolgt noch ein Nachzug (c).

Der Werkstoff beginnt beim Streckziehen unter dem Einfluß von Zugspannungen zu fließen. Druckspannungen, wie beim Tiefziehen, treten nicht auf, so daß auch keine Falten entstehen können.

Die zur Umformung notwendige Streckziehkraft, die durch den Formklotz aufgebracht wird, beträgt:

$$F_{st} = \frac{k_{fm}}{\eta_F} \cdot \ln \frac{A_1}{A_0} \cdot 2 \cdot b \cdot s_1 \text{ in N} \tag{H/1}$$

Hierin stellt A_1 die durch das Streckziehen vergrößerte Fläche des Bleches zwischen den Einspannstellen dar, während A_0 die ursprüngliche Fläche der Blechtafel oder des Blechbandes bedeutet. Die Reibverluste sind wieder im Formänderungswirkungsgrad zusammengefaßt. Strenggenommen gilt das nur, wenn die Kraft über dem Umformweg gleich bleibt; der Formänderungswirkungsgrad ist ja als Verhältnis der ideellen zur tatsächlichen Arbeit definiert. Zur überschlägigen Kraftberechnung kann der Formänderungswirkungsgrad aber auch an dieser Stelle eingeführt werden, wenn die Umformgrößen einer genauen Berechnung nicht zugänglich sind. Für die Grenzziehkraft gilt folgende Gleichung (Bild H/1):

$$F_{st\,max} = 1,2 \cdot \sigma_B \cdot b \cdot s_1 \cdot \cos \gamma \quad \text{in N} \tag{H/2}$$

Wenn die Ziehkraft F_{st} die Größe von $F_{st\,max}$ erreicht, besteht die Gefahr, daß die Blechtafel reißt.

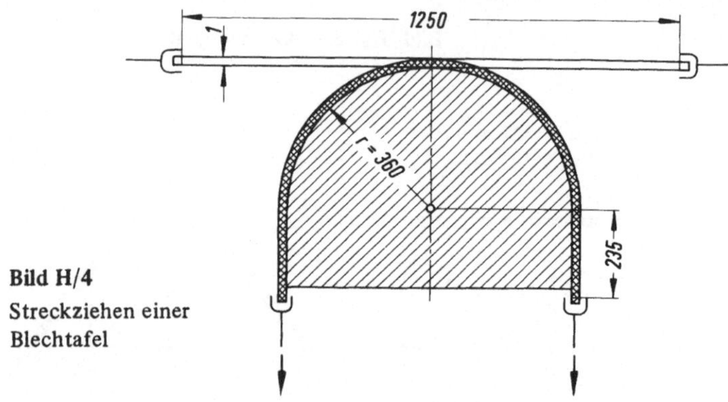

Bild H/4
Streckziehen einer
Blechtafel

- *Beispiel H/1:*
  Eine Blechtafel wird gemäß Bild H/4 über einen Formklotz gezogen. Zu berechnen ist die Ziehkraft.

  Gegeben sind: Tafellänge l_0 = 1250 mm; Tafelbreite b = 800 mm; Blechdicke s_0 = 1mm; Festigkeit σ_B = 380 N/mm^2; Wirkungsgrad η_F = 0,7 (angenommen); gewünschte Streckung $l_1 - l_0$ = 350 mm; Fließkurve nach Diagramm Bild I/9.

- *Lösung:*
  Gestreckte Länge: l_1 = 350 mm + 1250 mm = 1600 mm
  Querschnittfläche: A_0 = 800 mm · 1250 mm = 1 · 10^6 mm^2
  Querschnittfläche: A_1 = 800 mm · 1600 mm ≈ 1,25 · 10^6 mm^2

  Formänderungsverhältnis: $\varphi = \ln \dfrac{A_1}{A_0} = \ln 1{,}25 = 0{,}223$

  mittlere Formänderungsfestigkeit aus Diagramm Bild I/9:

  $$k_{fm} = \frac{w}{\varphi} = \frac{80}{0{,}223} \text{ N/mm}^2 \approx 359 \text{ N/mm}^2$$

  gestreckte Blechdicke

  $$s_1 = \frac{1250}{1600} \text{ mm} = 0{,}8 \text{ mm}$$

  Stempelkraft:

  $$F_{st} = \frac{359}{0{,}7} \cdot 2 \cdot 800 \cdot 0{,}8 \cdot 0{,}223 \text{ N} \approx 146\,000 \text{ N}$$

  Grenzziehkraft: mit $\cos \gamma = 1$, da $\gamma = 0°$

  $$F_{st\,max} = 1{,}2 \cdot 380 \cdot 800 \cdot 0{,}8 \cdot 1 \text{ N} \approx 292\,000 \text{ N}$$

- *Ergebnis:*
  Die Streckziehkraft F_{st} beträgt 146 kN und ist somit kleiner als die Grenzziehkraft von 292 kN.

I Biegen

Eine Definition und Einteilung der Biegeverfahren gibt DIN 8586. Danach ist *Biegeumformen* die Umformung eines festen Körpers, wobei der plastische Zustand im wesentlichen durch eine Biegebeanspruchung herbeigeführt wird.

Das Biegen ist eines der am häufigsten angewendeten Umformverfahren. Außer Blechen werden vor allem Rohre, Bänder, Drähte und Stäbe meist in kaltem Zustand umgeformt. Warmgebogen wird bei großen Querschnitten oder sehr kleinen Biegeradien, um die notwendigen Kräfte in Grenzen zuhalten oder eine unerwünschte Verfestigung zu vermeiden. Das Biegen von Blech ist am ausführlichsten untersucht worden. Die wichtigsten Verfahren sollen daher näher beschrieben werden.

1 Verfahren

Man unterscheidet nach DIN 8586 das Biegeumformen mit

a) *gradliniger* und

b) *drehender*

Werkzeugbewegung. In einem Fall führt das die Formgebung bewirkende Werkzeug eine gradlinige Bewegung aus; im anderen Fall drehen sich die Werkzeugteile um eine Achse.

a) Biegeumformen mit gradliniger Werkzeugbewegung

1. Ein auf den beiden Rändern eines V-förmigen Biegegesenkes ruhender Blechstreifen wird durch die geradlinige Bewegung eines Stempels in das V-Gesenk gedrückt (Bild I/1). Der Stempel belastet das Blech mit einer Kraft F_1. Unter dem Biegemoment $M_b = \frac{1}{4} \cdot F_1 \cdot l$ beginnt der Werkstoff zu fließen, bis das Blech an der Gesenkwand anliegt. Dieses Verfahren wird auf der *Abkantpresse* benutzt. Der Krümmungsradius wird durch das Gesenk bestimmt.

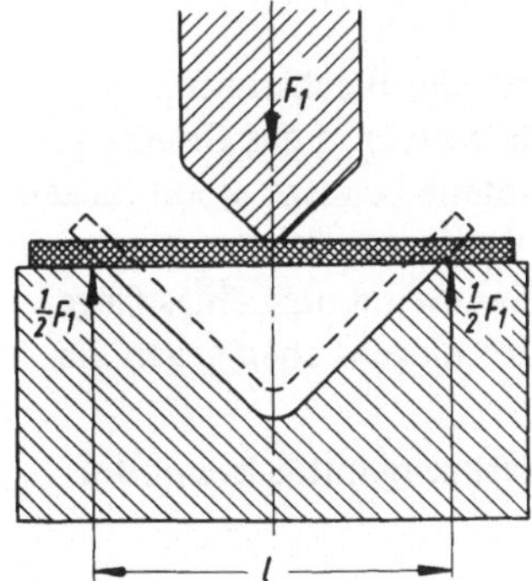

Bild I/1 Biegen im V-Gesenk

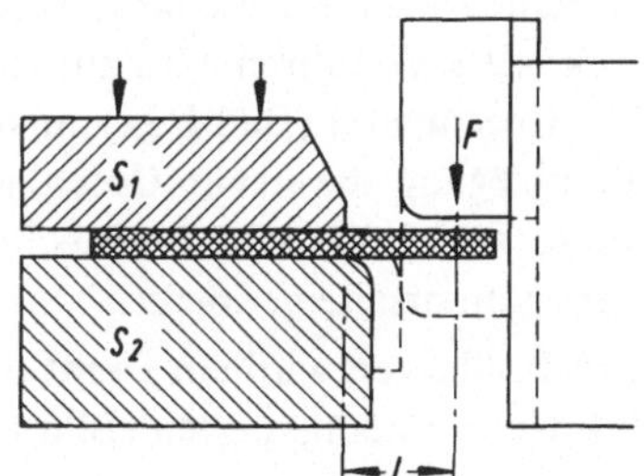

Bild I/2 Abwärtsbiegen (Abkantpresse)

2. Der zu biegende Blechstreifen (Bild I/2) wird zwischen den Backen S_1 und S_2 einer Abkantpresse eingespannt und durch die Bewegung eines Stempels um die Biegekante gebogen. Der Stempel bewegt sich senkrecht zur Ebene des eingespannten Bleches und erzeugt ein Moment von der Größe $M_b = F \cdot l$ (*Abwärtsbiegen*).

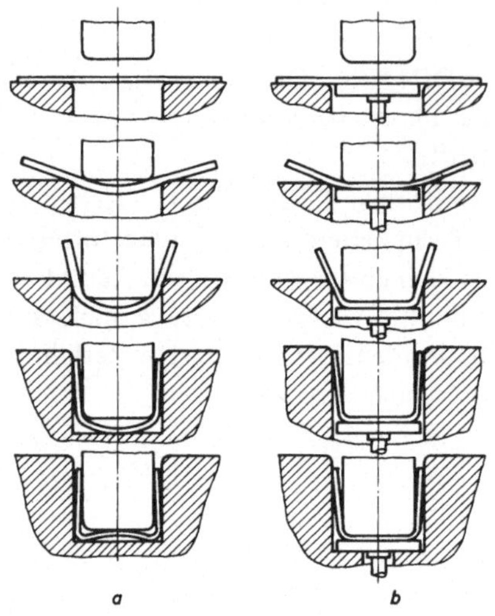

Bild I/3 U-Biegen im Gesenk

Bild I/4 Rollbiegen

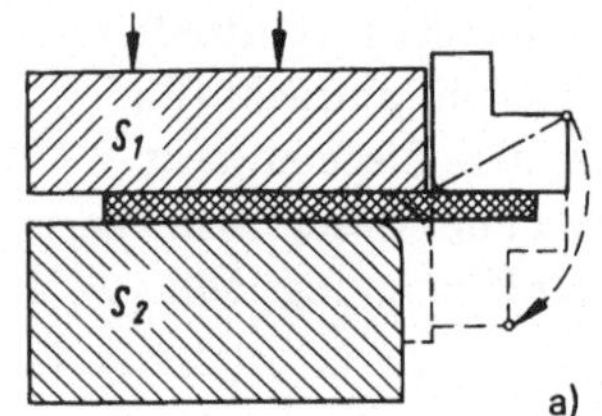

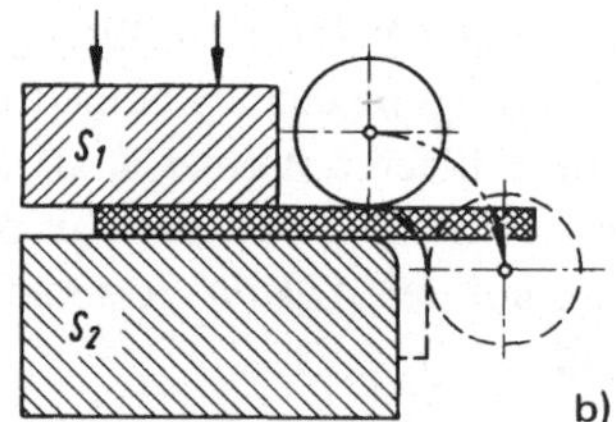

Bild I/5
Schwenkbiegen

3. Ähnlich dem V-förmigen Biegen liegt beim U-förmigen Biegen der Blechstreifen auf den Rändern eines Gesenkes. Durch die gradlinige Bewegung wird er in das Gesenk gedrückt. Das Verfahren wird zur Herstellung U-förmiger Biegeteile benutzt. Beim Biegen ohne Gegenhalter (Bild I/3a) entsteht nach dem Aufsetzen des Stempels eine elastische Durchbiegung, die erst im Gesenkgrund eben gedrückt wird. Bei Benutzung eines Gegenhalters (Bild I/3b) wird der Blechboden in jedem Stadium des Biegens eben gegen die Stempelunterseite gedrückt.

4. Beim Rollbiegen wird ein Draht oder Blechstreifen in ein Werkzeug mit gekrümmter Wirkfläche hineingestoßen (Bild I/4).

b) Biegeumformen mit drehender Werkzeugbewegung

1. Die geradlinige Bewegung des Stempels vom Verfahren nach Bild I/2 kann durch eine schwenkbare *Biegewange* ersetzt werden (Bild I/5a). Dabei legt sich ein Werkzeug, eine Wange oder Walze, an den aus seiner Einspannung herausragenden Teil eines Bleches und dreht sich mit dem Blech um eine Biegekante. Die Biegewange greift in einem Abstand von der Biegekante an, der sich aus der Blechdicke und dem zweifachen Biegeradius zusammensetzt. Eine *Biegewalze* (Bild I/5b) greift in einem Abstand vom Krümmungsmittelpunkt an, der aus dem Biegeradius und der Blechdicke gebildet wird.

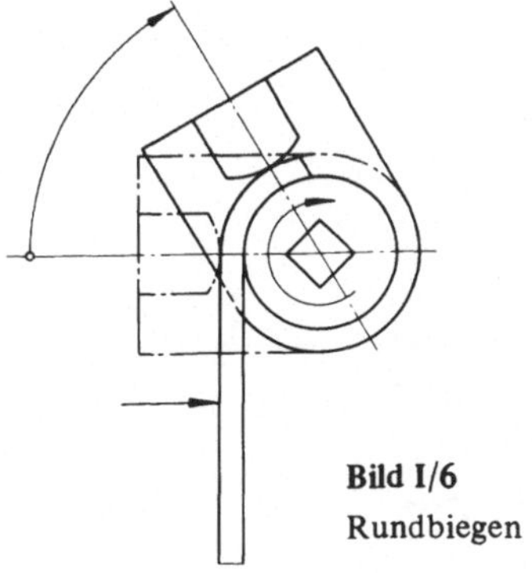

Bild I/6
Rundbiegen

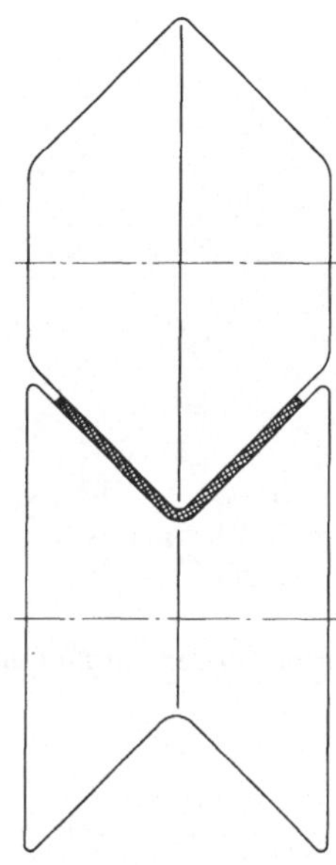

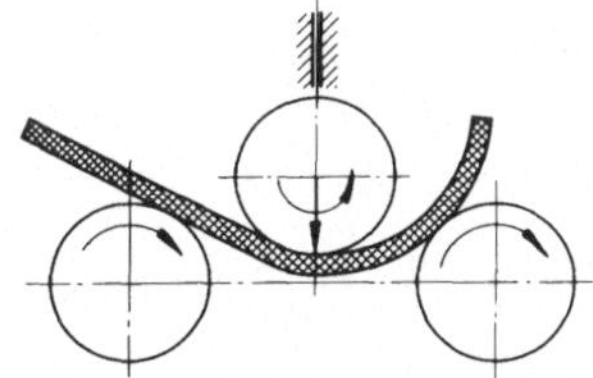

Bild I/7 Biegen mit drei Walzen

Bild I/8 Biegen durch Profilwalzen

2. Dem Schwenkbiegen ähnlich ist das Rundbiegen (Bild I/6), bei dem das Werkstück zwischen einer Backe und einer drehbaren *Biegerolle* eingespannt wird. An einer anderen Backe wird es lose geführt. Das zur Umformung erforderliche Biegemoment wird durch Schwenken aufgebracht.

3. Beim Walzrunden (Bild I/7) wird das zur Umformung erforderliche Biegemoment durch Walzen aufgebracht. Bei diesem Verfahren wird das Werkstück zwischen drei sich drehenden *Walzen* hindurchgeschoben, deren Achsen parallel zur Biegeachse liegen. Die mittlere Walze ist verschiebbar und bestimmt die Krümmung. Das Verfahren dient zur Herstellung von zylindrischen oder kegeligen Werkstücken aus ebenem Blech.

4. Das Walzprofilieren arbeitet mit zwei Walzen (Bild I/8), deren Achsen die Biegeachse kreuzen. Meist werden mehrere Walzenpaare hintereinander angeordnet, wenn die Geometrie oder die Größe der Formänderung des zu biegenden Profiles nicht mit einem Walzenpaar erreicht werden kann (Bild I/9).

2 Biegevorgang

Das Werkstück aus Blech oder aus einer Stange erhält beim Biegen zwischen den Werkzeugen eine bogenförmige Gestalt, während die aus den Werkzeugen herausragenden Schenkel eben bzw. gerade bleiben.

Im Gesenk durchläuft das Blech verschiedene Krümmungsfiguren, die einander ähnlich sind, bis es die Gesenkform annimmt. Bild I/10 zeigt einen beliebig herausgegriffenen Biegezustand während der Umformung. Das Biegemoment $M_b = F \cdot x$ ist längs der Biegelinie veränderlich, so daß sich eine über die Biegelänge unterschiedliche Krümmung ergibt. Bricht man einen solchen Biegevorgang vor Vollendung ab, nennt man ihn *freies Biegen* im Gegen-

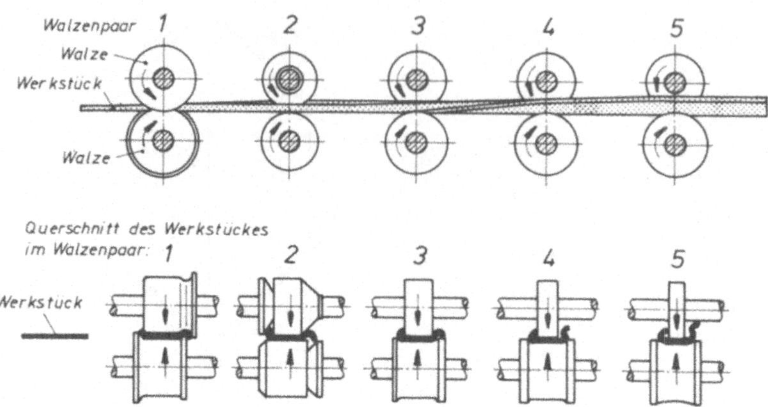

Bild I/9 Walzprofilieren mit fünf hintereinander angeordneten Walzenpaaren

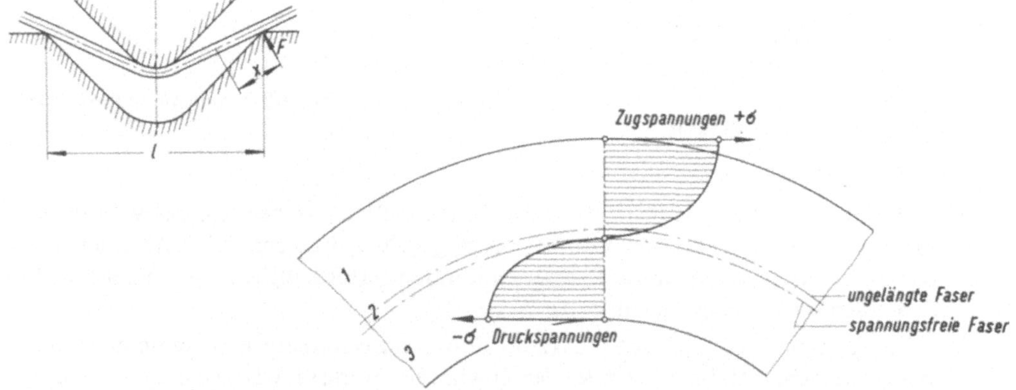

Bild I/11 Spannungen beim Biegen vor der Entlastung

satz zum *formschlüssigen Biegen*. Der hierbei erzeugte Bogen und der Winkel, den die ebenen Schenkel miteinander bilden, hängen von der Blechdicke, der Gesenkweite und von der Tiefstlage des Stempels ab. Dabei muß die Spitzenkrümmung des Stempels kleiner als die zu erzeugende Krümmung des Bleches sein.

Man unterscheidet im Umformgebiet beim Biegen drei Zonen (Bild I/11):

1. *reine Zugzone:* Zone zwischen ursprünglich mittlerer Faser und äußerer Randfaser,
2. *Druck-Zug-Zone:* Zone zwischen ursprünglich mittlerer Faser und der Grenzdehnungsfaser, gekennzeichnet durch anfängliche Stauchungen und anschließende Dehnungen. In dieser Zone liegen die ungelängte und die spannungsfreie Faser.
3. *reine Druckzone:* Zone zwischen Grenzdehnungsfaser und innerer Randfaser.

Die Spannungsverteilung ist bei scharfkantigen Biegungen nicht mehr symmetrisch zur Werkstückmitte. Die innen auftretende größte Druckspannung ist nicht mehr ebenso groß wie die außen auftretende größte Zugspannung. Die größte Randspannung ist beim Biegen größer als die Druckfestigkeit des gleichen Werkstoffes.

Bei kleinen Biegeradien gibt es noch die neutrale Faser, die weder Längung nach Stauchung erfährt und auch spannungsfrei ist. Bei scharfkantigen Biegungen gibt es die neutrale Faser im ursprünglichen Sinne nicht mehr. Hier wird die ursprünglich mittlere Schicht (r_{mo} in Bild I/12) nach außen gedrängt, da die inneren Schichten gestaucht und daher dicker werden [32]. Die äußeren Zonen werden unter den Zugspannungen gelängt und damit dünner. Zwischen ursprünglich mittlerer Faser r_{mo} und äußerer Randschicht r_a erfolgt nur eine Längung.

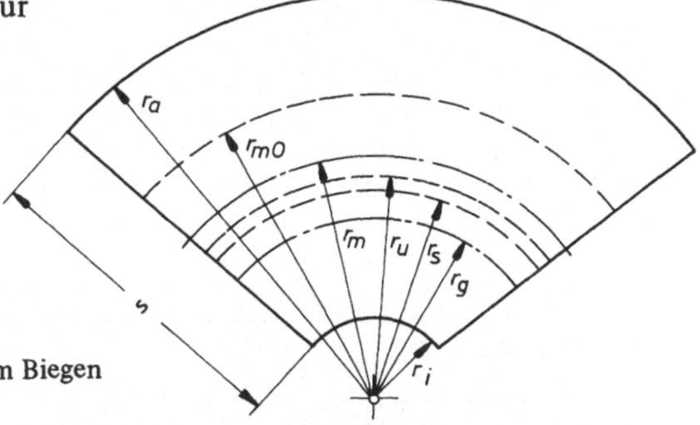

Bild I/12

Verhalten der Werkstück-Fasern beim Biegen

Zwischen der ursprünglich mittleren Faser r_{mo} und der ungelängten Faser r_u werden die Schichten zunächst gestaucht und dann mehr gedehnt als sie gestaucht wurden. Die Schicht r_u wurde um den gleichen Betrag gestaucht und gedehnt; sie ist am Ende des Biegevorganges gleich lang wie am Anfang; deshalb nennt man sie die ungelängte Faser. Die Schichten zwischen r_u und der Grenzdehnungsschicht r_g wurden zunächst gestaucht und dann weniger gedehnt als sie zuerst gestaucht wurden. Bei r_g ist die Stauchung gerade beendet, eine Dehnung findet noch nicht statt. Zwischen r_g und der inneren Randschicht r_i wurden die Schichten nur gestaucht.

3 Rückfederung

Entsprechend dem Spannungsverlauf in Bild I/11 wird die Fließgrenze des Werkstoffes zu beiden Seiten der spannungsfreien Faser überschritten. Im Übergang von der Zug- zur Druckfließgrenze bleibt die Spannung im elastischen Bereich; der Werkstoff wird hier nur elastisch gedehnt bzw. gestaucht. Sobald die äußeren Biegekräfte nicht mehr wirken, suchen die elastischen Spannungen im Innern das Werkstück in seine Ausgangslage zurückzubringen. Dabei federt das gebogene Werkstück zurück, bis ein inneres Gleichgewicht eintritt. Die Außenfaser befindet sich dann unter einer Druckspannung (Bild I/13) und die Innenfaser unter einer Zugspannung.

Die *Rückfederung* hängt von der Fließgrenze des umgeformten Werkstoffes und von der Biegeart durch freies oder formschlüssiges Biegen ab. Je kleiner der Biegeradius ist, desto größer ist die plastische Umformzone. Die elastischen Kräfte sind hier geringer; die Rückfederung ist bei kleinerem Biegeradius kleiner.

In Bild I/14 wird der Biegehalbmesser beim Biegen im Gesenk mit r_1' und nach dem Herausnehmen nach der Rückfederung mit r_1 bezeichnet. In dem *Verhältniswert* [32]

$$K = \frac{2 \cdot r_1' + s}{2 \cdot r_1 + s} = \frac{\alpha_1}{\alpha_1'}$$

(I/1)

ist α_1' der Winkel, den die eben bleibenden Schenkel des Werkstückes vor der Rückfederung bilden, und α_1 der entsprechende Winkel nach der Rückfederung. Dieser Wert K ist in Bild I/14 (nach *Oehler*) in Abhängigkeit vom Verhältnis Biegeradius zu Blechdicke für verschiedene Werkstoffe dargestellt.

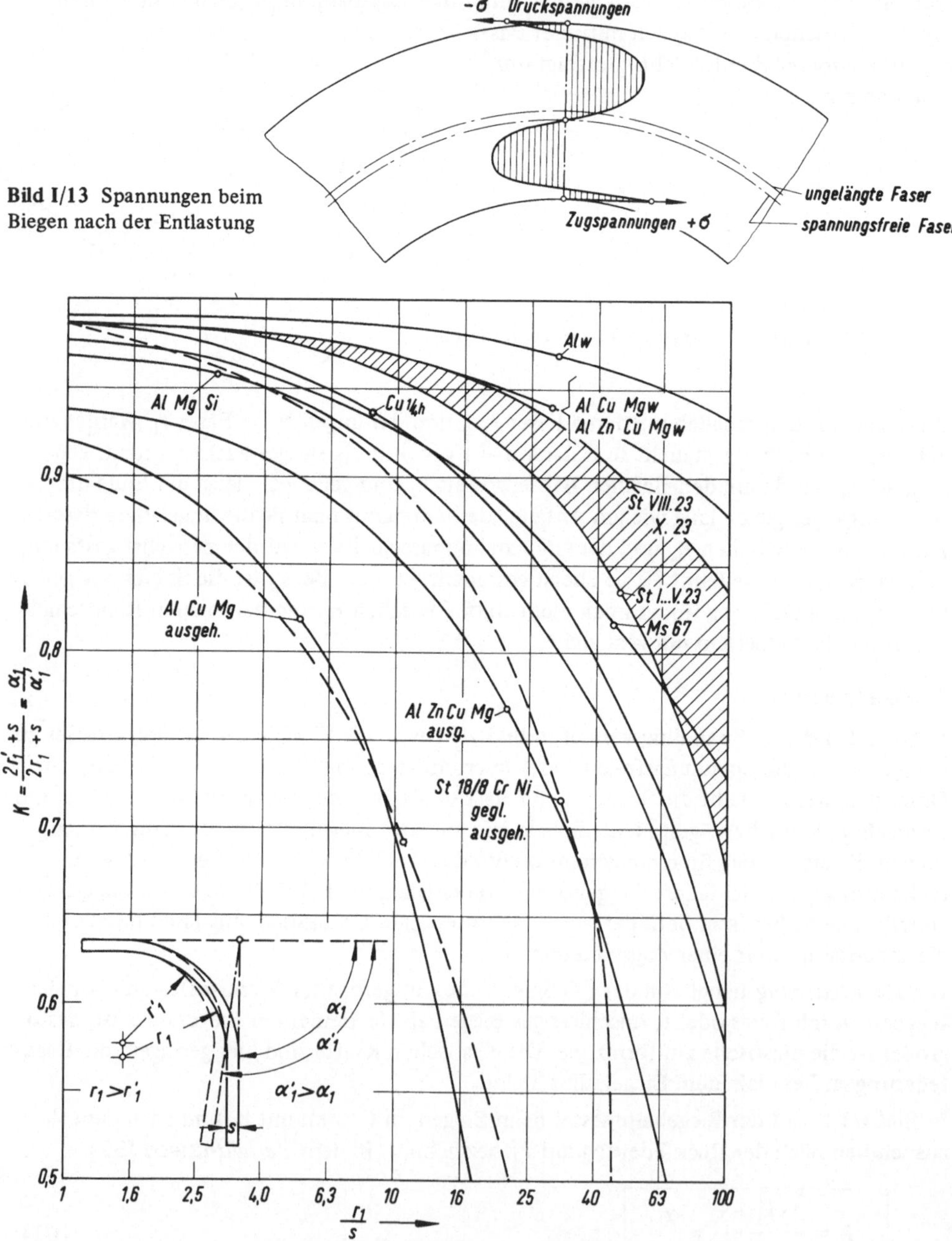

Bild I/13 Spannungen beim Biegen nach der Entlastung

Bild I/14 Rückfederungsfaktor K in Abhängigkeit vom bezogenen Biegeradius [32]

Bild I/14 enthält nicht alle Werkstoffe. Man kann sich aber behelfen, wenn man den K-Wert für ähnliche Werkstoffe zugrundelegt. Liegt keine Vergleichsmöglichkeit vor, ist es zweckmäßig, die Rückfederung nach folgender Gleichung zu berechnen:

$$K = 1 - \frac{12\,M_{\mathrm{b}}\,(r_1 + 0{,}5 \cdot s)}{E \cdot b \cdot s^3} \qquad\qquad (\mathrm{I}/2)$$

Darin bedeuten E den Elastizitätsmodul des Biegewerkstoffes, b die Breite des Blechstreifens und s die Blechdicke. Der Wert M_{b} stellt das Biegemoment dar, dessen Berechnung aus folgendem Beispiel hervorgeht.

- *Beispiel I/1:*
  Zu bestimmen ist der Rückfederungsfaktor.

  Gegeben sind: Blechbreite b = 60 mm; Blechdicke s = 2 mm; Biegekraft F_{b} = 4000 N (vgl. Beispiel I/5); Auflageweite l = 24 mm; Biegeradius r_1 = 8 mm. St 10

- *Lösung:*

  $$\text{Biegemoment} \quad M_{\mathrm{b}} = \frac{F_{\mathrm{b}} \cdot l}{4} = \frac{4000 \cdot 24}{4} \ \text{Nmm}$$

  $$M_{\mathrm{b}} = 24\,000 \ \text{Nmm}$$

  Rückfederungsfaktor:

  $$K = 1 - \frac{12 \cdot 24\,000\,(8 + 0{,}5 \cdot 2)}{200\,000 \cdot 60 \cdot 8} \approx 0{,}973$$

  den gleichen Wert erhält man aus dem Diagramm für St I ... V23 (Bild I/14).

- *Ergebnis:*
  Rückfederungsfaktor K = 0,973.

4 Berechnung der Abwicklungslänge und des Biegeradius

Durch die Biegeumformung ist die Zuschnitt- oder Abwicklungslänge des gebogenen Werkstückes nicht gleich der Länge der mittleren Faser. Die *neutrale Faser* wird weder gestaucht noch gedehnt; ihre Länge entspricht der Ausgangslänge vor dem Biegen. Ihre Lage wird nach *Oehler* durch den Koeffizienten ξ angegeben, der in Bild I/15 in Abhängigkeit vom bezogenen Biegeradius r_1/s aufgetragen wurde. Näherungsweise wird dann die *gestreckte Länge* durch folgende Gleichung bestimmt:

$$l_0 = l_1 + \frac{\pi \cdot \varphi}{180} \cdot \left[r_1 + \frac{s}{2} \cdot \xi \right] + l_2 \ \ \text{in mm} \qquad\qquad (\mathrm{I}/3)$$

Darin bedeuten l_1 und l_2 die Länge der geraden Schenkel, φ den Biegungswinkel und r_1 den inneren Biegeradius (Bild I/16).

- *Beispiel I/2:*
  Ein Blechstreifen wird zu einem rechten Winkel gebogen (Bild I/16). Zu bestimmen ist die abgewickelte Werkstücklänge.

  Gegeben sind: Blechdicke s = 2 mm; Schenkellänge l_1 = 40 mm; l_2 = 60 mm; Biegewinkel φ = 90°; Biegeradius r_1 = 8 mm.

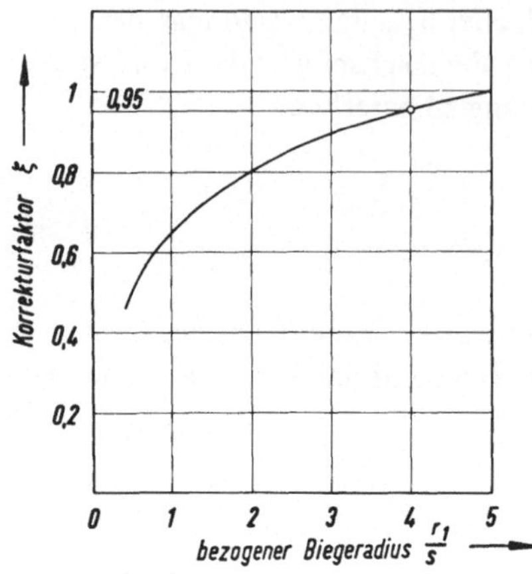

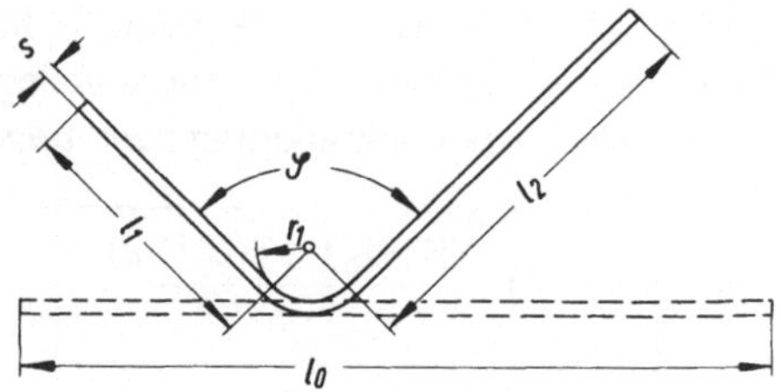

Bild I/16 Abmessungen an einem Biegeteil

Bild I/15
Korrekturfaktor zur Ermittlung der Abwicklungslänge

- *Lösung:*
  Korrekturfaktor: $\xi = 0{,}95$ aus Diagramm (Bild I/15) für $r_1/s = 4$ Abwicklung des gebogenen Werkstückes:

$$l_0 = 40 \text{ mm} + \frac{\pi \cdot 90}{180} \cdot \left[8 \text{ mm} + \frac{2 \text{ mm}}{2} \cdot 0{,}95 \right] + 60 \text{ mm} = 114 \text{ mm}$$

- *Ergebnis:*
  $l_0 = 114 \text{ mm}$

Unter der nicht ganz zutreffenden Annahme, daß die spannungsfreie Faser in der Mitte verläuft, gilt für die *Dehnung am äußeren Rand:*

$$\boxed{\epsilon = \frac{s}{2 \cdot r_1 + s}} \tag{I/4}$$

Bei sehr großen Radien, bei denen die spannungsfreie Faser ziemlich genau in der Mitte liegt, kann man in dieser Gleichung die Blechdicke s im Nenner vernachlässigen und erhält dann:

$$\boxed{\epsilon = \frac{s}{2 \cdot r_1}} \tag{I/5}$$

Bei diesen großen Biegeradien kann die Biegung allein elastisch sein, so daß sie nicht hält. Es muß daher mindestens in den Randzonen die Streckgrenze überschritten werden. Nach dem Hookeschen Gesetz[1] gilt dann

$$\epsilon \geqslant \frac{\sigma_s}{E} \; .$$

---

[1] *Böge,* Mechanik und Festigkeitslehre, Viewegs Fachbücher der Technik, Verlag Vieweg, Braunschweig

Damit wird der *größte Biegehalbmesser* für eine haltbare Biegung mit Gleichung (I/5):

$$r_{1\,\text{max}} = \frac{s \cdot E}{2 \cdot \sigma_s} \text{ in mm} \qquad\qquad (I/6)$$

Die äußeren Zonen reißen mit Erreichen der Zerreißfestigkeit bzw. der Zerreißdehnung noch nicht auf. Für den *kleinsten inneren Biegeradius*, der ohne Reißen der Randfaser gebogen werden kann, gilt folgende Gleichung:

$$r_{1\,\text{min}} = c \cdot s \text{ in mm} \qquad\qquad (I/7)$$

Darin ist c ein Faktor, der in Tabelle F/1 für verschiedene Werkstoffe zusammengestellt ist.

- *Beispiel I/3:*
  Zu bestimmen sind der größte und kleinste Biegeradius.
  Gegeben sind: Blechdicke $s = 2$ mm; Werkstoff St 10; Streckgrenze $\sigma_s = 280$ N/mm^2;
  Elastizitätsmodul $E = 200\,000$ N/mm^2.

- *Lösung:*
  Größter Biegeradius für eine haltbare Biegung:

$$r_{1\,\text{max}} = \frac{2 \cdot 200\,000}{2 \cdot 280} \text{ mm} \approx 715 \text{ mm}$$

  Faktor c aus Tabelle F/1 für St 10 $c = 0,6$ kleinster Biegeradius ohne Bruch der Randfaser:

$$r_{1\,\text{min}} = c \cdot s = 0,6 \cdot 2 \text{ mm} = 1,2 \text{ mm}$$

- *Ergebnis:*
  $r_{1\,\text{max}} = 715$ mm; / $r_{1\,\text{min}} = 1,2$ mm

5 Kraftbedarf

Während des Biegens wirkt auf das Werkstück ein Biegemoment. Die Grundgleichung für den Biegevorgang gibt den Zusammenhang zwischen dem Biegemoment, der Biegekraft und den Biegespannungen an [32], [33]:

$$M_b = \frac{F \cdot l}{4} = \sigma_B \cdot W.$$

Darin bedeutet W das Widerstandsmoment für den Werkstückquerschnitt; für den rechteckigen Querschnitt eines Blechstreifens gilt:

$$W = \frac{s_0^2 \cdot b}{6}.$$

Damit wird die *Umformkraft für das freie Biegen:*

$$F_b = \frac{2}{3} \cdot \frac{s_0^2 \cdot b}{l} \cdot \sigma_B \approx 0,7 \cdot \frac{s_0^2 \cdot b \cdot \sigma_B}{l} \text{ in N} \qquad\qquad (I/8)$$

Diese Gleichung hat in der Praxis für das freie Biegen zu nicht ganz zutreffenden Ergebnissen geführt. Aus Versuchen wurde daher für Bleche mit einer Dicke unter 3 mm folgende Beziehung gefunden:

$$F_b = \frac{2{,}2}{\sqrt{l}} \cdot \frac{s^2 \cdot b \cdot \sigma_B}{l} \quad \text{in N} \tag{I/9}$$

Für dickere Bleche setzt man

$$F_b = \frac{3}{4} \cdot \frac{s^2 \cdot b \cdot \sigma_B}{l} \quad \text{in N} \tag{I/10}$$

Beim V-Freibiegen ist die Wahl der zweckmäßigen Auflageweite l wichtig. Sie ist von der Krümmung des Biegestempels, von der Blechdicke s und von der Festigkeit des Werkstückes σ_B abhängig. Bild I/17 zeigt die Auflageweite in Abhängigkeit von der Blechdicke für verschiedene Krümmungshalbmesser. Die gestrichelten Kurven gelten für Leichtmetallbleche mit geringer Festigkeit von 100 ... 200 N/mm², während die ausgezogenen Linien für Stahlbleche zwischen 300 N/mm² und 500 N/mm² angewendet werden.

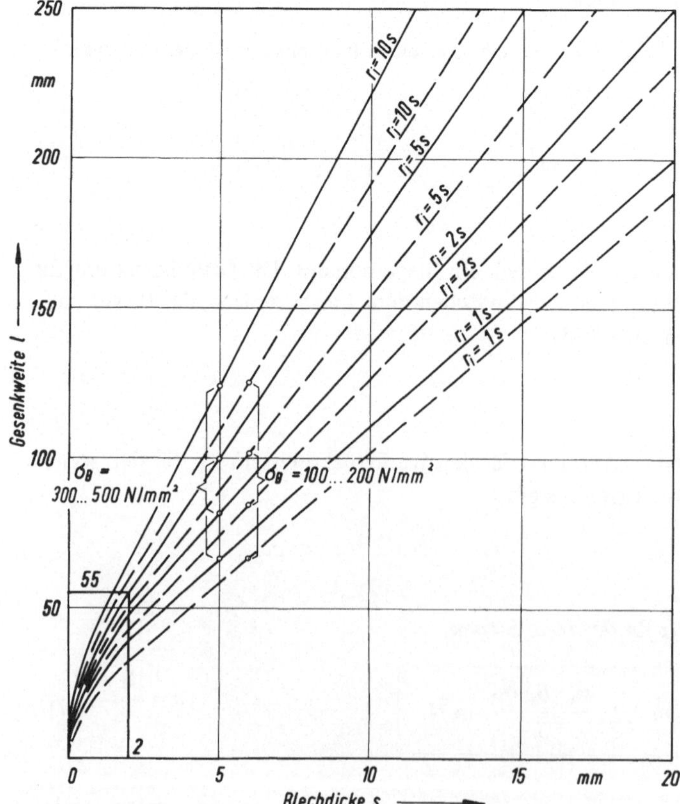

Bild I/17
Ermittlung der Gesenkweite [32]

● *Beispiel I/4:*
Ein Blechstreifen aus St 10 wird V-förmig frei gebogen. Zu bestimmen ist die Biegekraft.
Gegeben sind: Blechbreite b = 60 mm; Blechdicke s = 2 mm; Zugfestigkeit σ_B = 300 N/mm^2;
Stempelrundung r_1 = 10 mm.

● *Lösung:*
Auflageweite nach Diagramm Bild I/17 für r_1 = 10 mm = 5 · s mm und σ_B = 300 N/mm^2:
l = 55 mm.

Biegekraft nach Gleichung (I/9):

$$F_b = \frac{2,2}{\sqrt{55}} \cdot \frac{4 \cdot 60 \cdot 300}{55} \text{ N} = 389 \text{ N}$$

● *Ergebnis:*
Biegekraft F_b = 389 N

Beim formschlüssigen Biegen im V-Gesenk ist eine Biegekraft

$$\boxed{F_b = \left(1 + \frac{4 \cdot s}{l} \right) \cdot \frac{s^2 \cdot b \cdot \sigma_B}{l} \text{ in N}} \qquad\qquad (I/11)$$

erforderlich. Wird mit hartaufsitzendem Stempel gearbeitet, erhöht sich die Biegekraft auf
das zwei- bis dreifache.

Für die Auflageweite gilt bei einem Gesenkwinkel von 90°:

Blechdicke	Auflageweite
$s_0 \leqslant 0{,}05$ mm	$l = 20 \cdot s$
$0{,}5 \leqslant s_0 \leqslant 1$ mm	$l = 16 \cdot s$
$1 < s_0 \leqslant 3$ mm	$l = 12 \cdot s$
$3 < s_0 \leqslant 5$ mm	$l = 10 \cdot s$
$s_0 > 5$ mm	$l = 8 \cdot s$

● *Beispiel I/5:*
Ein Blechstreifen aus St 10 wird im V-Gesenk gebogen. Zu bestimmen ist die Biegekraft.
Gegeben sind: Blechbreite b = 60 mm; Blechdicke s_0 = 2 mm; Zugfestigkeit σ_B = 300 N/mm^2.

● *Lösung:*
Auflageweite l = 12 · s_0 = 24 mm
Biegekraft:

$$F_b = \left(1 + \frac{4 \cdot 2}{24} \right) \cdot \frac{4 \cdot 60 \cdot 300}{24} \text{ N} = 4000 \text{ N}$$

Im Vergleich zu Beispiel I/4 wird bei einer Auflageweite von l = 55 mm eine Biegekraft von

$$F_b = \left(1 + \frac{4 \cdot 2}{55} \right) \cdot \frac{4 \cdot 60 \cdot 300}{55} = 1500 \text{ N}$$

erforderlich.

● *Ergebnis:*
Biegekraft F_b = 4000 N

Beim U-förmigen Biegen kann nicht mit der vollen Auflageweite gerechnet werden. Die zum Hochstellen der Schenkel *erforderliche Biegekraft* beträgt:

$$F_b = 0,4 \cdot s_0 \cdot b \cdot \sigma_B \quad \text{in N} \tag{I/12}$$

Auf der Unterseite des Biegestempels bleibt das Blech nicht eben (Bild I/3). Das Durchhängen des mittleren Stegs kann verhindert werden, wenn das freie U-Gesenk mit einem Gegenhalter versehen wird (Bild I/3b). Der Auswerfer muß dazu eine Gegenkraft von der Größe $0,3 \cdot F_b$ aufbringen, so daß der Biegestempel eine *Gesamtkraft* von

$$F = 1,3\, F_b = 0,5 \cdot s_0 \cdot b \cdot \sigma_B \quad \text{in N} \tag{I/13}$$

überwinden muß. Dem an sich geringen Kraftbedarf steht das teure Werkzeug gegenüber. Unter Umständen ist es zweckmäßig, den gewölbten Steg auf dem Gesenkboden auszuprägen (Bild I/3a). Dazu ist jedoch etwa die dreifache Kraft erforderlich:

$$F = 3 \cdot F_b = 1,2 \cdot s_0 \cdot b \cdot \sigma_B \quad \text{in N} \tag{I/14}$$

- *Beispiel I/6:*
  Ein Blechstreifen aus St 10 wird U-förmig gebogen. Zu bestimmen sind die Biegekräfte beim U-Freibiegen, beim U-Biegen mit Gegenhalter und beim U-Biegen im Gesenk.
  Gegeben sind: Blechbreite $b = 60$ mm; Blechdicke $s_0 = 2$ mm; Zugfestigkeit $\sigma_B = 300$ N/mm².

- *Lösung:*
  Biegekraft beim U-Freibiegen:

  $F_b = 0,4 \cdot 2 \cdot 60 \cdot 300 \text{ N} = 14\ 400 \text{ N}$

  Biegekraft beim U-Biegen mit Gegenhalter:

  $F_b = 0,5 \cdot 2 \cdot 60 \cdot 300 \text{ N} = 18\ 000 \text{ N}$

  Biegekraft beim U-Biegen im Gesenk:

  $F_b = 1,2 \cdot 2 \cdot 60 \cdot 300 \text{ N} = 43\ 200 \text{ N}$

Für das Abwärtsbiegen (Bild I/2) beträgt die Biegekraft:

$$F_b = (0,2 \ldots 0,25) \cdot s_0 \cdot b \cdot \sigma_B \quad \text{in N} \tag{I/15}$$

Das Rollbiegen (Bild I/4) erfordert eine Biegekraft von

$$F_b = 0,7 \cdot \frac{s_0^2 \cdot b \cdot \sigma_B}{d_1} \quad \text{in N} \tag{I/16}$$

Die Biegekraft hängt in starkem Maße von der Form des Werkzeuges ab. Erhält die Einzugskante eine größere Abrundung, kann man die Biegekräfte verringern. Mit einer größeren Abrundung werden der Hebelarm und die Biegekraft entsprechend kleiner.

III Hochleistungsumformung

Die durch Hochleistungsumformung [13] ausführbaren Umformverfahren entsprechen den Ordnungsgesichtspunkten hinsichtlich der überwiegenden Art der Beanspruchung in der Umformzone. Im Hinblick auf Verfahren stellt diese Art der Umformung eine Besonderheit dar, da sich bei ihnen die herkömmlichen Umformvorgänge in extrem kurzen Zeiten abspielen. Einige Verfahren werden schon seit Jahren in der Fertigung erfolgreich eingesetzt, eine weite Verbreitung haben sie jedoch noch nicht gefunden. Die Hochleistungsumformung kann in folgende Verfahren eingeteilt werden:

1. Explosivumformung,
2. pneumatisch-mechanische Umformung,
3. hydro-elektrische Umformung,
4. elektro-magnetische Umformung.

Die Vorteile der Hochleistungsumformung bestehen darin, daß durch die hohen Geschwindigkeiten auch hochfeste Werkstoffe aus der Luft- und Raumfahrt umgeformt werden können, bei denen die herkömmlichen Verfahren versagen. Außerdem sind die Werkzeuge meist billiger herzustellen und die Werkzeugmaschinen können leichter gebaut werden. Ein Zahlenbeispiel macht dies deutlich [13]: Mit einer Explosivstoffmenge von nur 35 g wird theoretisch eine Werkstoffumformung erzielt, für die bei den herkömmlichen Verfahren ein Hammer mit einem Arbeitsvermögen von 73 kNm notwendig ist. Dafür reicht ein Fallhammer[1]) schon nicht mehr aus, da sie nur bis zu einem Arbeitsvermögen von 40 kNm [26] gebaut werden. Das verlangte Arbeitsmögen wird von einem Oberdruckhammer bereitgestellt, der für Arbeitsvermögen von 10 ... 250 kNm gebaut werden kann.

Im Vergleich zu den herkömmlichen Verfahren verursachen Explosivstoffe und andere Möglichkeiten zur Hochleistungsumformung im Verhältnis zum Aufwand für Werkzeuge und Maschinen eine große Umformwirkung.

1 Explosivumformung

Das älteste Verfahren der Hochleistungsumformung ist die Umformung mit Hilfe von Explosivstoffen. Es wurde bereits um die Jahrhundertwende in England durch ein Patent geschützt.

Bei der Explosion eines Explosivstoffes erzeugt eine expandierende Gasmenge eine Schockwelle, die sich mit Überschallgeschwindigkeit allseitig ausbreitet und dabei auf das Werkstück trifft.

Die Umformung kann in offenen oder geschlossenen Werkzeugen vorgenommen werden, wobei Luft, Wasser oder ähnliche Medien zur Druckübertragung verwendet werden. Die einfachste Anordnung zur Umformung mit Explosivstoff besteht aus einem offenen Unterwerkzeug (Bild III/1), das die hohle Werkstückform enthält, dem Werkstück und dem Explosivstoff.

---

[1]) *Mayer*, Werkzeugmaschinen, Viewegs Fachbücher der Technik, Verlag Vieweg, Braunschweig

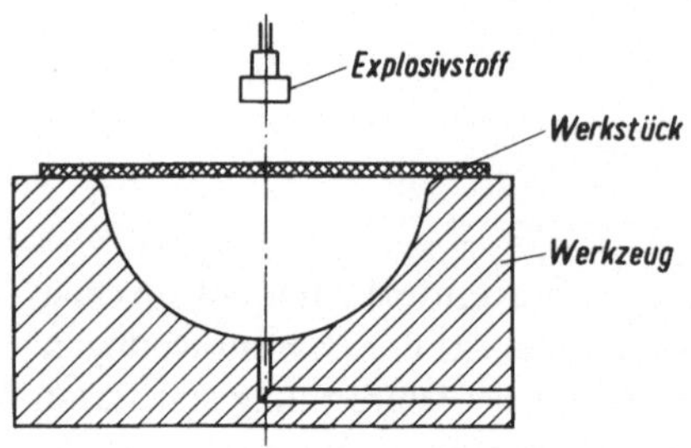

Bild III/1 Umformung mit Explosivstoff

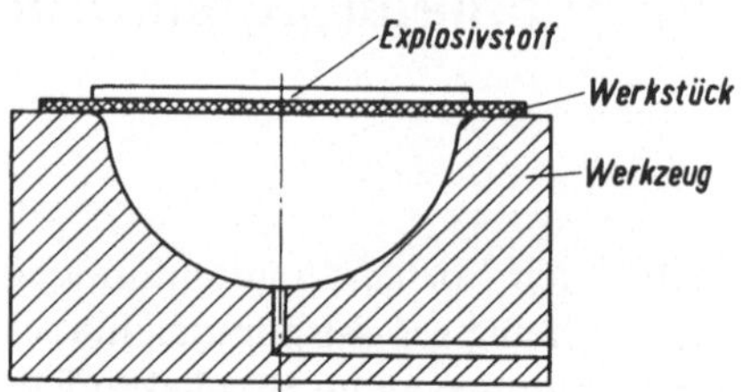

Bild III/2 Umformung mit dem Werkstück angepaßtem Explosivstoff

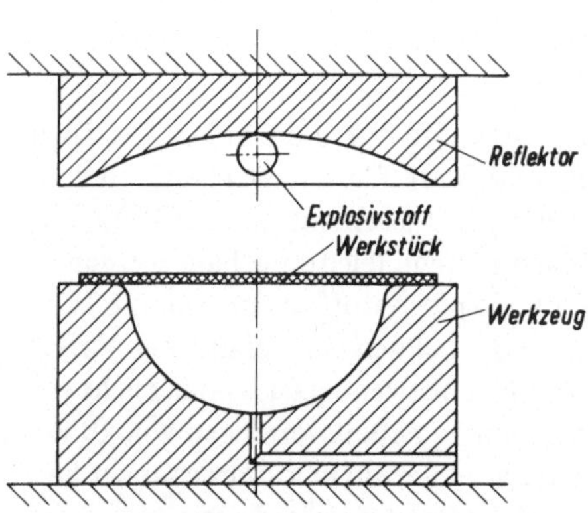

Bild III/3 Umformung mit Explosivstoff und Drucklenkung

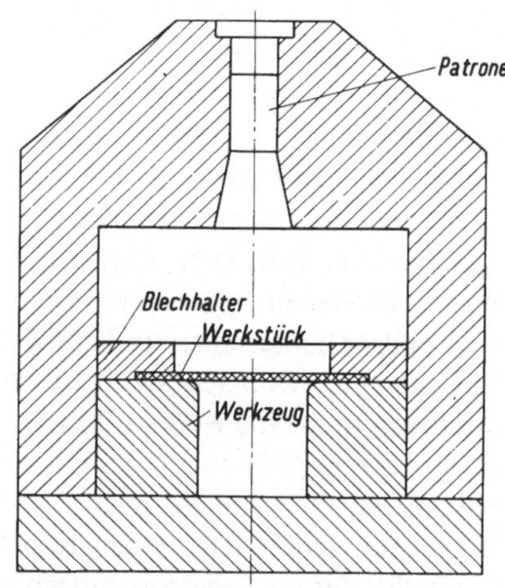

Bild III/4 Umformung durch Kartuschenexplosion

Der Umformgrad hängt von der Menge des Explosivstoffes, von seinem Abstand zum Werkstück und vom übertragenden Medium ab. In der Anordnung des Bildes III/1 ist der Wirkungsgrad gering; der Druck breitet sich allseitig aus und trifft daher nur zu einem Bruchteil auf das Werkstück auf. Zur Verbesserung des Wirkungsgrades gibt es eine Reihe von verschiedenen Maßnahmen. Wenn der Explosivstoff in einer dem Werkstück angepaßten Form unmittelbar auf ihm aufliegt (Bild III/2), wird die Explosionsenergie in einem weit größeren Maße auf das Werkstück übertragen. Dieses Verfahren wird zum Plattieren unterschiedlicher Metalle verwandt. Die Energieverluste sind bei der Umformung in Wasser geringer; aus Sicherheitsgründen wird es ohnehin häufig als Druckmedium bevorzugt.

Zur Konzentration und Lenkung der Druckausbreitung kann man eine Anordnung nach Bild III/3 in eine Presse einbauen. Der Explosivstoff wird in einem Reflektor zur Detonation gebracht, so daß sich die Umformung unter einer Schock- und einer Druckwelle vollzieht. Die Luft im Unterwerkzeug unter dem Zuschnitt wird abgesaugt, da sie in der kurzen Zeit der Umformung nicht schnell genug entweichen kann.

Patronen können ebenfalls zur Umformung herangezogen werden. In Bild III/4 wird der Druck durch eine Patrone erzeugt. Der bei der Zündung entstehende Gasdruck wirkt unmittelbar auf das Rohr und treibt es in die Ausbauchung des Formwerkzeuges.

Die verwendeten Explosivstoffe werden in *Niederdruck-* und *Hochdruckexplosivstoffe* eingeteilt. Die brennenden, verpuffenden Pulversorten, z. B. Schwarzpulver, erzeugen geringere Drücke als die detonierenden Sprengstoffe, zu denen beispielsweise Dynamit zählt. Bei Niederdruckexplosivstoffen entstehen Verbrennungsgeschwindigkeiten von 100 m/s und Detonationsdrücke von 750 ... 2200 N/mm^2, bei Hochdruckexplosivstoffen beträgt die Verbrennungsgeschwindigkeit bis 8000 m/s; es wird ein Druck von mehr als 20 000 N/mm^2 erzeugt.

Die Konstruktion der Werkzeuge für die Umformung mit Explosivstoffen entspricht in ihren wesentlichen Bestandteilen häufig der Bauart der Werkzeuge für die herkömmlichen Umformverfahren. In den meisten Fällen sind die Werkzeuge für die Explosivumformung jedoch einfacher gestaltet. Die Rolle des Stempels bei herkömmlichen Verfahren übernimmt hier der Sprengstoff; für Unterwerkzeuge (Matrizen) werden neben Werkzeugstahl auch häufig Beton oder Kunststoffe, z. B. Epoxidharz verwendet. Diese Werkstoffe können durch Gießen leicht in die gewünschte Form gebracht werden. Hartholz wird ebenfalls oft verwendet und mit Blech oder Kunststoff armiert.

2 Pneumatisch-mechanische Umformung

Hierbei wird ebenfalls die Energie eines expandierenden Gases zur Umformung benutzt. Ähnlich wie bei der Explosivumformung, wo der Druck dex expandierenden Gases durch Zündung einer Patrone auch mittelbar über einen Stößel auf das Werkstück wirken kann, wird bei dem pneumatisch-mechanischen Verfahren der Explosivstoff durch Stickstoff ersetzt. Während bei der Explosivumformung die im Sprengstoff gespeicherte Energie durch die Zündung freigesetzt wird, kann bei Stickstoff keine Verbrennung stattfinden. Es wird vielmehr vor jedem Arbeitstakt erst verdichtet; für die Umformung wird die im komprimierten Gas gespeicherte Energie verwendet.

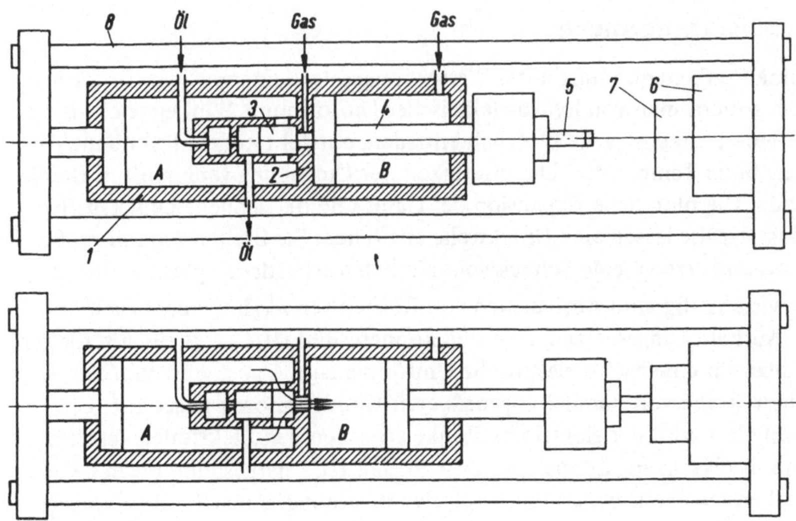

Bild III/5 Wirkungsweise der Dynapak-Maschine

Das *Dynapak-Verfahren* (Bild III/5) arbeitet nach folgendem Prinzip: Ein Zylinder (1) wird durch eine Platte (2) in die Kammern A und B geteilt. Die Platte besitzt in ihrer Mitte eine Bohrung, die in schußfertiger Stellung von einem Kolben (3) abgeschlossen wird. In der Kammer B befindet sich ein Stößel (4), der in schußfertiger Stellung durch einen geringen pneumatischen Überdruck gegen die Trennwand (2) gedrückt wird. Am Stößel wird der Preßstempel (5) befestigt. Gegenüber dem Stempel befindet sich die Aufspannplatte (6) mit Werkzeug und Werkstück (7). In die Kammer A wird Stickstoff aus Gasflaschen eingelassen und auf ≈ 1400 N/mm² verdichtet. Der Verschlußkolben (3) wird durch den Gasdruck zurückgeschoben und gibt die Überströmöffnung zur Kammer B frei. Der komprimierte Stickstoff entspannt sich schlagartig durch die Trennwandbohrung und treibt den Kolben in der Kammer B mit einer Geschwindigkeit bis zu 135 m/s auf das Werkstück. Durch die schlagartige Expansion des Gases entsteht entgegen der nach rechts gerichteten Stößelkraft eine nach links gerichtete Reaktionskraft. Diese wirkt auf den verschiebbaren Zylinder (1) und wird über die Anker (8) auf die Aufspannplatte übertragen, die sich unter dieser Reaktionskraft nach links bewegt. Der Stempel am Stößel und das Werkzeug auf der Aufspannplatte werden dadurch wie bei einem Gegenschlaghammer gegeneinander bewegt. Nach dem Arbeitstakt werden Zylinder und Kolben hydraulisch in ihre Ausgangsstellung geschoben, wobei der Stößelkolben den Stickstoff vor sich her in die Kammer A schiebt und ihn dabei verdichtet. Wenn der Kolben seinen oberen Totpunkt erreicht hat, wird die Bohrung in der Trennwand durch den Kolben (3) verschlossen, die Hydraulikflüssigkeit in der Kammer B wird durch Gas mit geringem Überdruck verdrängt und die Maschine ist wieder schußfertig.

Die größte Maschine dieser Art hat ein Arbeitsvermögen von etwa 500 000 Nm. Bei Gegenschlaghämmern, die mit einem Arbeitsvermögen von 63 000 ... 1 000 000 Nm gebaut werden, wird das Arbeitsvermögen bei geringer Geschwindigkeit (3 m/s) durch verhältnismäßig große Gewichte erzeugt. Bei der Dynapak-Maschine sind dagegen die Massen gering; dafür werden sie aber in extrem kurzer Zeit ($v = 135$ m/s) aufeinander zubewegt.

3 Hydro-elektrische Umformung

Wenn die durch eine Funkenentladung unter Wasser freigesetzte Energie zum Umformen herangezogen wird, spricht man von hydro-elektrischer Umformung. Wird ein elektrischer Kondensator über eine Funkenstrecke plötzlich entladen, entsteht kurzzeitig entlang der Funkenstrecke eine hohe Temperatur. Die Flüssigkeit der Umgebung verdampft in Bruchteilen einer Sekunde. Die plötzliche Expansion des Gases und der schnelle Druckanstieg nahe der Entladungsstrecke lassen eine Druckwelle entstehen. Sie breitet sich mit großer Geschwindigkeit aus und erzeugt eine Schockwelle ähnlich wie bei der Explosivumformung.

Dieses Verfahren wird häufig zum Ausbauchen von Rohren verwendet, wobei auch unrunde und eckige Ausbauchungen erzeugt werden können. Bild III/6 zeigt einen stark vereinfachten Schaltplan für eine hydro-elektrische Umformanlage. Dabei wird zunächst die Hochspannung einer Reihe von parallel angeordneten Kondensatoren zugeführt. Über einen Entladungsschalter wird der elektrische Funke zwischen den Elektroden ausgelöst. Das Werkstück und das Werkzeug können etwa die in Bild III/7 dargestellte Form haben. Es ähnelt entsprechenden Werkzeugen der Explosivumformung. Anstelle des Explosivstoffes wird hier eine elektrische Funkenstrecke angeordnet. Mit einer Anlage, deren Arbeitsvermögen 5400 Ws beträgt, kann z.B. ein Aluminiumrohr von 150 mm Durchmes-

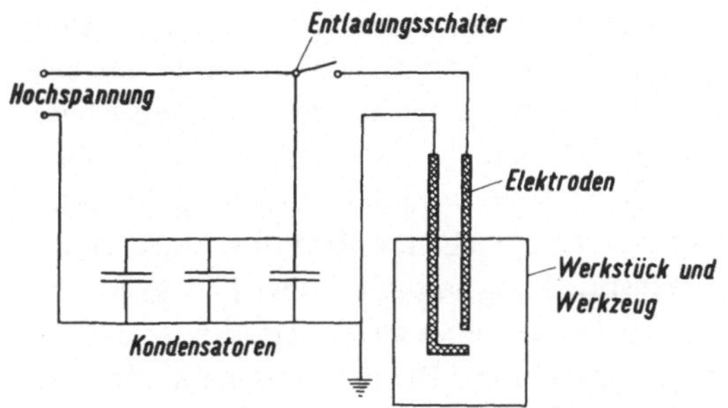

Bild III/6 Vereinfachte Darstellung der Schaltung
für die hydro-elektrische Umformung

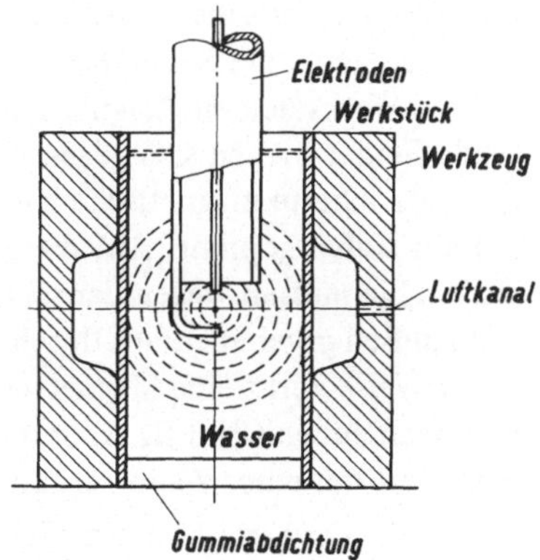

Bild III/7 Hydro-elektrische Umformung

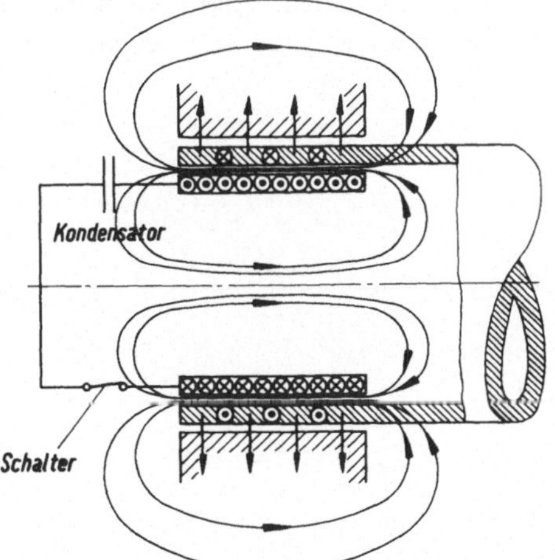

Bild III/8

Aufweiten eines Rohrendes durch
elektromagnetische Umformung

ser und einer Wanddicke von 5 mm bis zum Bruch umgeformt werden [13]. Die Umformung wird entweder in einem Werkzeug gemäß Bild III/7 vorgenommen, oder sie kann sich je nach der Werkstückform nach außen frei entfalten.

Gegenüber der Explosivumformung hat das hydro-elektrische Umformverfahren den Vorteil, daß ein Arbeitsspiel nur etwa eine halbe Minute dauert. Solange brauchen die Kondensatoren zum Aufladen, so daß in dieser Zeit das Werkstück gewechselt werden kann. Dieses Verfahren eignet sich daher auch für die Massenfertigung.

Die Werkzeuge für das hydro-elektrische Umformen können aus Werkzeugstahl, Gußeisen und Kunststoff hergestellt werden. Werkzeuge aus Kunststoff kommen den Druckverhältnissen beim Umformen am besten entgegen und sind in der Herstellung verhältnismäßig billig.

4 Elektro-magnetische Umformung

Bei diesem Verfahren entladen sich gewöhnlich Kondensatoren über eine Magnetspule, wobei in extrem kurzer Zeit um die Magnetspule ein Magnetfeld aufgebaut wird. Die Feldlinien haben dabei die in Bild III/8 gezeigte Gestalt und Richtung. Durch die Änderung des magnetischen Flusses in etwa 10 ... 20 μs[1]) wird im Werkstück, das z.B. als Rohr vorliegen kann, ein Sekundärstrom von entgegengesetzter Richtung induziert. Dieser baut um das Werkstück ein Magnetfeld auf, das die gleiche Richtung des primären Feldes hat. Beide Felder suchen sich gegenseitig abzustoßen und üben auf das Werkstück eine nach innen gerichtete magnetische Kraft aus. Unter dieser Kraft wird das Rohr beispielsweise auf ein Kabel gepreßt. Auf die Spulen wirkt eine entsprechende Reaktionskraft nach außen. Sie müssen wegen der schlagartigen Beanspruchung von sehr hoher Festigkeit und nach außen gegebenenfalls durch einen isolierten Trägerkörper abgestützt sein. In ähnlicher Weise wirkt eine Magnetspule im Innern eines Rohres. Die magnetische Kraft wirkt hier nach außen (Bild III/8) und braucht das Rohr auf, so daß es wie ein eingewalztes Rohr fest mit einer Wand verbunden wird.

Die Größe der erforderlichen Feldstärke hängt von den magnetischen Eigenschaften der zu bearbeitenden Werkstoffe ab. Es können Rohre und Bleche aus Aluminium, Messing, Kupfer, Stahl, Molybdän und anderen Werkstoffen bearbeitet werden. Sinkt die elektrische Leitfähigkeit mehr als 10 % unter diejenige von Kupfer, wird man das Werkstück vor der Umformung besser verkupfern.

---

[1]) 1 μs = 1 Mikrosekunde = 10^{-6} s

IV Fügen durch Umformung

Die Anwendung der Umformtechnik erstreckt sich nicht nur auf die Herstellung von massiven und hohlen Gebilden mit einem Minimum an Abfall; sie hilft oft, wenn es gilt, Teile miteinander form- oder kraftschlüssig zu verbinden. Gerade durch Umformung läßt sich eine Verbindung leicht dem Kraftfluß anpassen.

Eine einfache Verbindung durch Umformen ist durch das *Spreizen* des Werkstoffes zu erreichen. Beispielsweise wird auf einem dafür vorgesehenen Träger (1) eine Skala (Bild IV/1) befestigt. Der leicht gebogene Rand (2) der Skala wird lose in eine Schwalbenschwanznut eingeführt; durch den Druck einer Presse spreizt sich der Rand der Skala und wird in der Schwalbenschwanznut verankert. Man kann auch einen Bolzen (Bild IV/2) in einer Bohrung befestigen, wenn man den unten aufgebohrten Bolzen durch eine Kugel aufweitet. Dadurch wird der Werkstoff gegen die Bohrungswand gepreßt, so daß eine Preß*passung* entsteht. Dieses Verfahren wendet man an, wenn das Werkstück mit der Bohrung zu groß ist, um eine Querpassung durch Schrumpfen zu erzeugen oder wenn für das Unterkühlen des Bolzens kein Kältemittel zur Verfügung steht. Diese Verbindung stellt eine plastische Preßpassung dar, gegenüber anderen Preßpaßverbänden, bei denen nur elastische Kräfte wirken.

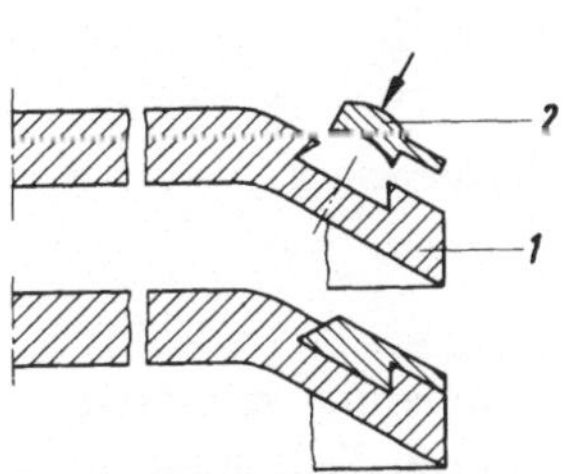

Bild IV/1 Fügen durch Pressen

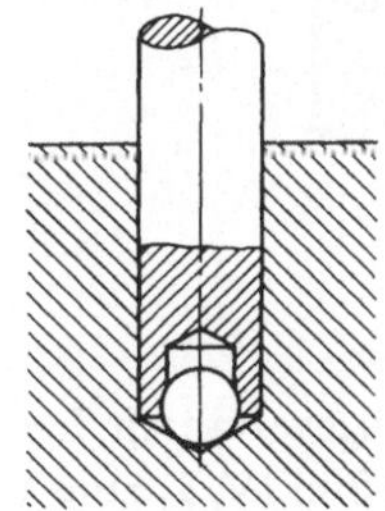

Bild IV/2 Fügen durch Spreizen

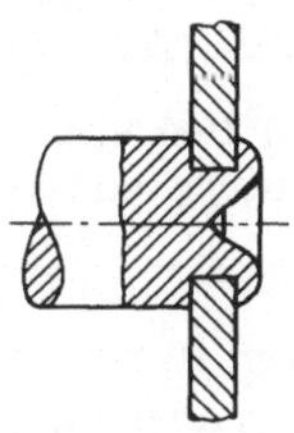

Bild IV/3 Fügen durch Nieten

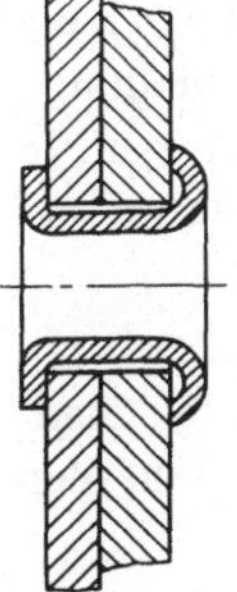

Bild IV/4 Hohlnieten

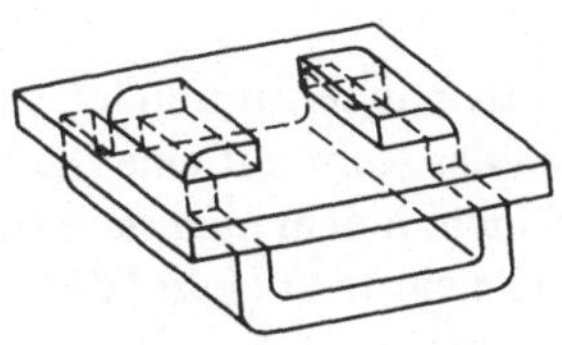

Bild IV/5 Fügen durch umgebogene Lappen

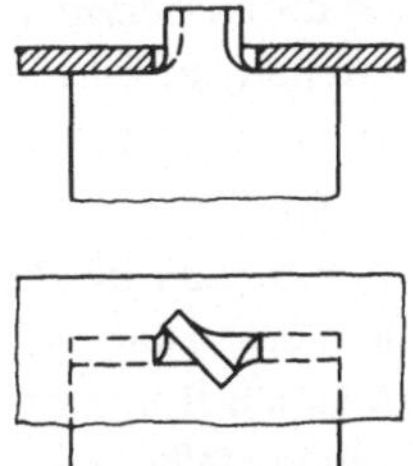

Bild IV/6 Fügen durch geschränkte Lappen

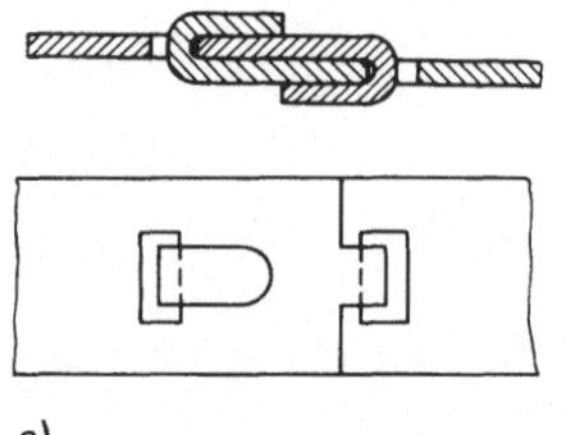

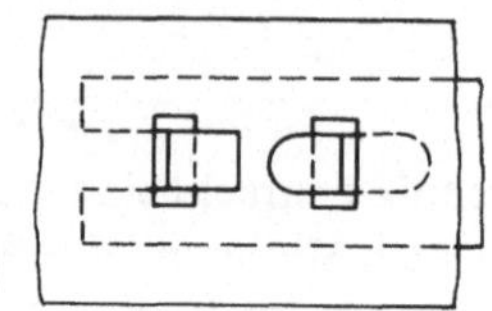

a)   b)

Bild IV/7
a) Zweiseitig umgebogene Lappen
b) einseitig umgebogene Lappen

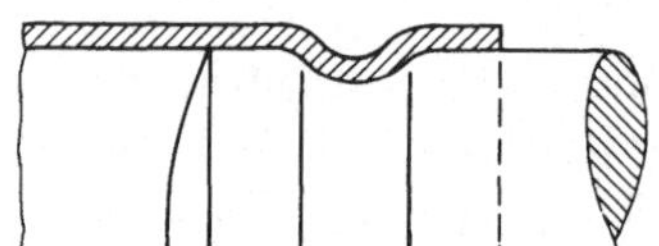

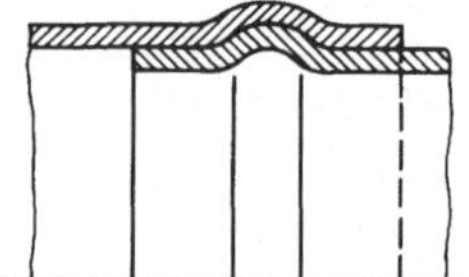

Bild IV/8 Aufwalzen eines Rohres
auf eine Welle durch Sicken

Bild IV/9 Verbinden zweier Rohr-
enden durch eingewalzte Sicken

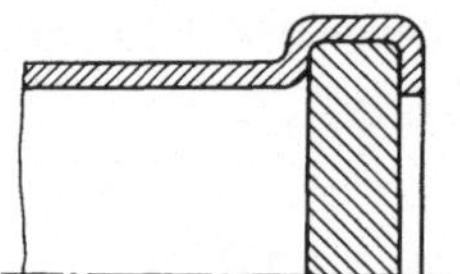

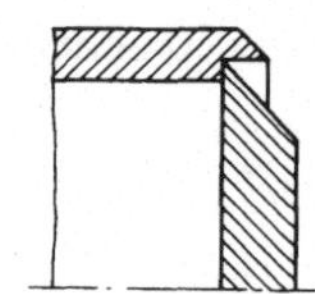

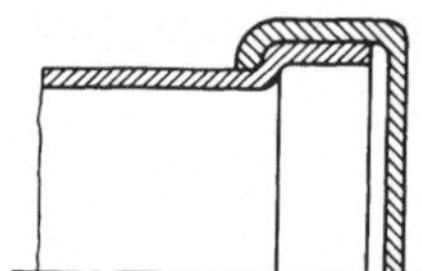

Bild IV/10 Umbördeln eines Randes
zur Befestigung von Glasscheiben

Bild IV/11 Rohrabschluß
durch Bördeln

Das *Nieten* ist ein sehr geläufiges Fügeverfahren, bei dem das Formänderungsvermögen
eines Niets oder eines Nietzapfens (Bild IV/3) zum Verbindungen zweier Teile ausgenutzt
wird. Ein Nietzapfen wird zweckmäßig vor der Umformung aufgebohrt, so daß ein bequemer Kraftangriff möglich ist. Das aufgebohrte Teil wird plastisch aufgeweitet und der
Rand so umgebogen, daß er fest auf dem Blech aufliegt. Das *Hohlnieten* (Bild IV/4) findet man häufig bei feinmechanischen Geräten und bei Spielzeug aus Blech. Dort wird
auch das Verbinden mit *ungebogenem Lappen* viel benutzt (Bild IV/5). Der Lappen kann
auch durch *Schränkung* (Bild IV/6) (Schubumformen nach DIN 8587) eine Verbindung
herstellen; in Bild IV/7 wird der Lappen nach einer oder nach zwei Seiten umgebogen. Je
nach Größe der zu übertragenden Kräfte wird man eine der möglichen Lappungen verwenden.

Durch *Sicken* können runde Teile miteinander verbunden werden. Ein Rohr hält auf
einem Rundstab sehr fest, wenn man das Rohr mit einer Sicke aufwalzt (Bild IV/8). Man
kann auch Rohre miteinander verbinden, indem man sie ineinanderschiebt und in die Ver-
bindungsstelle eine rundlaufende Sicke einwalzt (Bild IV/9).

Die Verbindung von Glasscheiben mit Blech erzeugt man durch *Umbördeln* eines überstehenden Randes (Bild IV/10). Blechscheiben können durch Bördeln als Abschlußteile
an Rohren angebracht werden (Bild IV/11).

Bild IV/12 Einfacher Falz

Bild IV/13 Doppelfalz

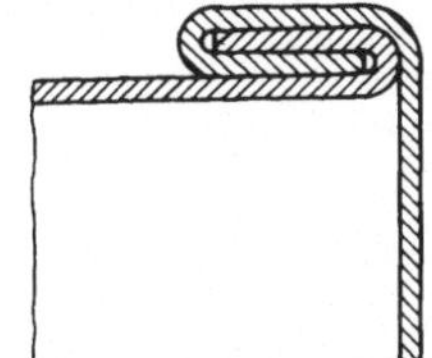
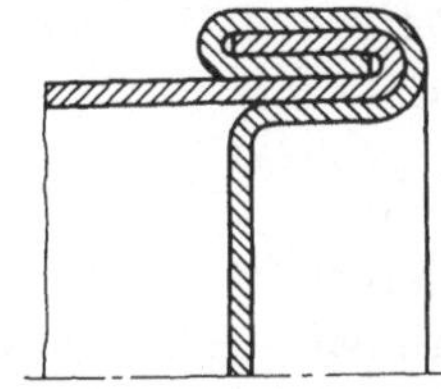

Bild IV/14 Dichtfalz an Behältern

Hohe Anforderungen werden an *Falze* gestellt. Ebene und zylindrische Bleche und Behälter werden durch Falze verbunden. Sie sollen vor allem dicht sein und gleichzeitig auch verhältnismäßig hohe Drücke, z.B. in den bekannten Spraydosen aushalten. Beim Verbinden von ebenen Blechteilen, etwa zu einem Kasten, dichtet der *einfache Falz* (Bild IV/12) an drei Flächen, die unter den nach der Umformung zurückbleibenden elastischen Kräften aufeinandergepreßt werden. Beim stehenden bzw. beim liegenden *Doppelfalz* werden bereits vier bis fünf Dichtflächen erzeugt (Bild IV/13). Entsprechend werden zylindrische Behälter (z.B. Konservendosen) mit ihren Böden verbunden, wobei der Zylinder von der Deckelseite her (Bild IV/14) oder auf der Innenseite abgestützt wird. Ein ebener Boden ist schwieriger herzustellen, weil die Abstutzung von innen unhandlicher ist als auf dem durchgedrückten Boden von außen. Ein nach innen gerollter Zylinderrand sieht zwar besser aus, ist aber schlechter zu dichten.

V Schrifttum

[1]   *Billigmann, J.* und *Feldmann, H.*: Stauchen und Pressen, Hanser Verlag München 1973

[2]   *Bredendick, F.* und *Mewes, H.J.*: Fertigungstechnik II, VEB Verlag Technik, Berlin 1964, Briefe für das Fernstudium

[3]   DIN 8580 Fertigungsverfahren Einleitung 1978

[4]   DIN 8582 Fertigungsverfahren Umformen 1971

[5]   DIN 8583 Fertigungsverfahren Druckumformen 1970

[6]   DIN 8584 Fertigungsverfahren Zugdruckumformen 1971

[7]   DIN 8585 Fertigungsverfahren Zugumformen 1970

[8]   DIN 8586 Fertigungsverfahren Biegeumformen 1971

[9]   DIN 8587 Fertigungsverfahren Schubumformen 1969

[10]   Dubbels Taschenbuch für den Maschinenbau, Springer Verlag, Berlin 1953

[11]   *Duesing, F. W.* und *Stodt, A.*: Freiformschmiede I, Werkstattbücher Nr. 11, Springer Verlag, Berlin 1954

[12]   *Feldmann, H. D.*: Fließpressen von Stahl, Springer Verlag, Berlin 1959

[13]   *Gentzsch, G.*: Hochleistungsumformung, VDI-Verlag, Düsseldorf 1962

[14]   *Gerlach, H.*: Das Glattwalzen kreiszylindrischer, ebener Werkstücke aus Gußeisen, Z. Werkstatttechnik 51 (1961) 10, S. 505–512

[15]   *Goszdziewski, H.*: Entwicklungsstand der Rundknetpressen, Z. Werkstattstechnik 45 (1955) 8, S. 373–380

[16]   *Grüning, K.*: Fortschritte im Kaltfließpressen, Blaue TR-Reihe Nr. 56, S. 27–48, Bern 1962

[17]   *Hoff, H.* und *Dahl, T.*: Grundlagen des Walzverfahrens, Verlag Stahl und Eisen, Düsseldorf 1955

[18]   *Hornauer, H.*: Vorausbestimmung der Umformungskräfte beim Strangpressen von Leichtmetallen, Z. Aluminium 32 (1956) 6, S. 350–356

[19]   *Hufnagel, W.*: Wie konstruiert man mit Aluminium im Maschinenbau. Z. VDI 122 (1980) 19, S. 224–240

[20]   *Kaessberg, H.*: Gesenkschmieden von Stahl I, Werkstattbücher Nr. 31, Springer Verlag, Berlin 1950

[21]   *Kienzle, O.*: Umformtechnik. Z. VDI 100 (1958) 27, S. 1281–1986

[22]   *Kienzle, O.*: Begriffe und Benennungen der Fertigungsverfahren. Z. Werkstattstechnik 56 (1966) 4, S. 169–173

[23]   *Kienzle, O.* und *Grüning, K.*: Über die Beanspruchungsverhältnisse in Blockaufnehmern von Strangpressen. Forschungsbericht des Landes Nordrhein-Westfalen Nr. 966, Westdeutscher Verlag Köln und Opladen 1961

[24]   *König, H.*: Glattwalzen. Schriftenreihe Feinbearbeitung, Stuttgart 1954

[25]   *Lange, K.*: Lehrbuch der Umformtechnik. Springer Verlag, Berlin 1972, Bd. I, 1974 Bd. 2, 1975 Bd. 3

[26]   *Lange, K.* und *Meyer-Holkämper, H.*: Gesenkschmieden, Springer Verlag, Berlin 1977

[27]   *Lange, K.* und *Hoang-Vu, Kh.*: Kaltgesenkschmieden – eine fertigungstechnische Alternative für kleine, genaue Formteile. Z. Werkstattstechnik 70 (1980), S. 569–574

[28]   *Laue, K.*: Die thermische und mechanische Beanspruchung der Strangpreßwerkzeuge. Z. Metallkunde 46 (1955) 1, S. 1–6

[29]   *Laue, K.*: Strangpressen. Z. Metallkunde 50 (1959) 9, S. 495–502

[30]   *Mäkelt, H.*: Arbeitsweise und Leistung von Umlaufpressen. Z. Werkstattstechnik 45 (1955) 8, S. 381–383.

[31] *Meyer, H.* und *Biederstedt, W.:* Der gegenwärtige Stand der Umformtechnik. Blaue TR-Reihe Nr. 36, Bern 1959

[32] *Oehler, G.* und *Kaiser, F.:* Schnitt-, Stanz- und Ziehwerkzeuge. Springer Verlag, Berlin 1954

[33] *Oehler, G.:* Biegen, Hanser Verlag, München 1963

[34] *Sellin, W.:* Metalldrücken. Werkstattbücher Nr. 171, Springer Verlag, Berlin 1955

[35] *Siebel, E.:* Grundlagen und Begriffe der bildsamen Formgebung. VDI-Verlag, Düsseldorf 1962

[36] *Siebel, E.* und *Beisswänger, H.:* Tiefziehen. Carl Hanser Verlag, München 1955

[37] *Uhlig, A.:* Die verschiedenen Rundknetpressenantriebe und ihre Eignung für unterschiedliche Fertigungsaufgaben. Z. Werkstattstechnik 55 (1965) 2, S. 57–60

[38] Richtlinien des VDI Nr. 3138: Kaltfließpressen, Düsseldorf 1970

[39] Richtlinien des VDI Nr. 3139: Kaltfließpressen von Stahl, Düsseldorf 1958

[40] Richtlinien des VDI Nr. 3170: Kalteinsenken von Werkzeugen, Düsseldorf 1961

[41] Richtlinien des VDI Nr. 3171: Kaltstauchen und Kaltpressen, Düssledorf 1958

[42] Richtlinien des VDI Nr. 3172: Flachprägen, Düsseldorf 1961

[43] Richtlinien des VDI Nr. 3173: Ziehen von Rohren aus Nichteisenmetallen, Düsseldorf 1959

[44] Richtlinien des VDI Nr. 3186: Werkzeuge für das Kaltfließpressen von Stahl, Düsseldorf 1974

[45] Richtlinien des VDI Nr. 3201: Fließkurven von Stahl, Düsseldorf 1957

[46] *Vieregge, K.:* Ein Beitrag zur Gestaltung des Gratspaltes beim Gesenkschmieden. Diss. T.U. Hannover 1969

VI Sachwortverzeichnis

Zerspantechnik

Von Eberhard Pauksch

8., verb. Aufl. 1989 XVI, 286 S mit 264 abbiund 28 Tab.
(Viewegs Fachbücher
ISBN 3-528-64040-5

Inhalt: Drehen – Hobeln und Stoßen – Bohren, Senken, Reiben – Fräsen – Räumen – Schleifen – Honen – Läppen.

In diesem Buch werden die Grundlagen und Zusammenhänge der wichtigsten Zerspanungsverfahren dargestellt. Sprache und Bilder sind klar und einfach gewählt, um den Inhalt gut verständlich zu machen. Trotzdem wird der Stoff gründlich durchgearbeitet. Alle DIN-Normen und deren Änderungen bis 1986 wurden berücksichtigt. Technische Entwicklungen und neueste Forschungsergebnisse insbesondere aus dem Bereich des Honens, wurden so weit wie möglich verarbeitet, um dem Leser den heutigen Kenntnisstand zu vermitteln. So liegt hier ein höchst aktuelles Buch von hohem Niveau vor, das sich für den Unterricht in Fachhochschulen eignet, das aber auch von fortgeschrittenen Praktikern zur Ergänzung ihres Fachwissens hinzugezogen werden kann.

Verlag Vieweg · Postfach 58 29 · D-6200 Wiesbaden